Roboter programmieren
mit NXT-G

Daniel Braun

Roboter programmieren mit NXT-G

für LEGO® MINDSTORMS® NXT

mitp

Bibliografische Information der Deutschen Nationalbibliothek
Die Deutsche Nationalbibliothek verzeichnet diese Publikation in der Deutschen Nationalbibliografie; detaillierte bibliografische Daten sind im Internet über <http://dnb.d-nb.de> abrufbar.

Bei der Herstellung des Werkes haben wir uns zukunftsbewusst für umweltverträgliche und wiederverwertbare Materialien entschieden. Der Inhalt ist auf elementar chlorfreiem Papier gedruckt.

ISBN 978-3-8266-9096-9
1. Auflage 2011

E-Mail: kundenbetreuung@hjr-verlag.de

Telefon: +49 6221/489-555
Telefax: +49 6221/489-410

www.mitp.de

Lektorat: Sabine Schulz
Sprachkorrektorat: Petra Heubach-Erdmann
Satz: III-satz, Husby, www.drei-satz.de
Druck: Beltz Druckpartner GmbH und Co. KG, Hemsbach

Inhaltsverzeichnis

1 **Vorwort** ... 11

2 **LEGO MINDSTORMS** ... 13
2.1 NXT ... 14
2.2 Hardware ... 14
2.3 Peripherie ... 15
2.3.1 Motor ... 15
2.3.2 Sensoren ... 16
2.3.3 Verbindung ... 21
2.4 Verschiedene Ausführungen ... 21
2.4.1 LEGO MINDSTORMS 8547 ... 22
2.4.2 LEGO MINDSTORMS 9797 ... 22
2.4.3 LEGO MINDSTORMS 9648 ... 22
2.4.4 Elektronische Teile ... 23

3 **Bedienung des NXT** ... 25
3.1 Hauptmenü ... 25
3.1.1 Try Me ... 27
3.1.2 Settings ... 29
3.1.3 View ... 31
3.1.4 NXT Program ... 32
3.1.5 Datalog ... 35

4 **Roboter bauen mit LEGO** ... 39
4.1 Die Steine ... 39
4.2 Grundregeln beim Roboterbau ... 40
4.2.1 Symmetrisch ... 40
4.2.2 Stabil ... 40
4.2.3 Einfach ... 41
4.2.4 Durchdacht ... 41
4.3 Antriebsarten ... 42
4.3.1 Räder ... 42
4.3.2 Ketten ... 43
4.3.3 Beine ... 43

4.4 Motoren und Sensoren anschließen 44
4.4.1 Belegung 44
4.4.2 Kabellänge und Kabelverlegen 44
4.5 Grundmodelle 45
4.5.1 Vierrädriges Grundmodell 45
4.5.2 Zweirädriges Grundmodell 60
4.5.3 Grundmodell mit Kettenantrieb 72

5 Software-Installation 93

6 Die Software im Überblick 97
6.1 Robo-Center 97
6.2 Mein Portal 98
6.3 Programmier-Oberfläche 99
6.4 NXT mit dem Computer verbinden 100
6.4.1 USB-Verbindung 100
6.4.2 NXT-Fenster 101
6.5 Werkzeuge 104
6.5.1 Klangbearbeitungsprogramm 104
6.5.2 Fernbedienung 106
6.5.3 Bildbearbeitungsprogramm 107
6.5.4 NXT-Firmware aktualisieren 110
6.5.5 Sensoren kalibrieren 111

7 Programmiergrundlagen 115
7.1 Was ist ein Programm? 115
7.2 EVA-Prinzip 117
7.3 Programme planen 117
7.4 Übungen 118

8 Hallo Welt! 119
8.1 Das erste Programm 119
8.2 Übungen 122

9 Motoren 123
9.1 Beispielprogramme 125
9.2 Entfernungen angeben 128
9.3 Motor-Block 128
9.4 Übungen 131

10 Konstanten und Datenknoten 133
10.1 Datenknoten 133
10.2 Konstanten 134
10.3 Verbindungen 136
10.4 Text-Konstanten 137
10.5 Übungen 138

11 Schalter und Logik 139
11.1 Schalter 139
11.1.1 Logik-Schalter 140
11.1.2 Zahlen-Schalter 142
11.1.3 Text-Schalter 143
11.2 Logik und boolesche Algebra 143
11.2.1 Operatoren-Übersicht 143
11.2.2 Wahrheitstafeln 144
11.2.3 Venn-Diagramme 146
11.2.4 Mathematische Schreibweise 148
11.2.5 Operatoren in NXT-G 149
11.3 Vergleichen 153
11.3.1 Bereiche 155
11.4 Übungen 157

12 Sensoren und Variablen 159
12.1 Sensoren 159
12.1.1 Warten auf Sensoren 159
12.1.2 Sensorwerte 165
12.1.3 Beispielprogramme 180
12.2 Variablen 182
12.2.1 Variable definieren 182
12.2.2 Variable-Block 184
12.2.3 Beispiele 186
12.3 Übungen 188

13 Schleifen 189
13.1 Endlosschleifen 189
13.1.1 Beispiele 190
13.2 Sensor-Schleifen 194
13.3 Zeit-Schleifen 196
13.4 Zähl-Schleifen 196

13.5 Logiksignal-Schleifen . . . 198
13.6 Übungen . . . 201

14 Display . . . 203
14.1 Anzeige-Block . . . 203
14.2 Ausgabe von Zahlen . . . 206
14.3 Texte aneinanderfügen . . . 207
14.4 Übungen . . . 209

15 Display-Programme . . . 211
15.1 Stoppuhr . . . 211
15.2 Aufnehmen und Abspielen . . . 214
15.3 Der springende Punkt . . . 216

16 Sounds . . . 221
16.1 Klang-Block . . . 221
16.1.1 Töne . . . 221
16.1.2 Klangdateien . . . 224
16.2 Übungen . . . 224

17 Dateien . . . 225
17.1 Schreiben . . . 226
17.2 Schließen . . . 227
17.3 Lesen . . . 227
17.4 Error handling . . . 229
17.5 Löschen . . . 230
17.6 Logiksignale verarbeiten . . . 230
17.7 Übungen . . . 232

18 Eigene Blöcke . . . 233
18.1 Eigene Blöcke erstellen . . . 233
18.2 Blöcke teilen . . . 239
18.3 Blöcke importieren . . . 241
18.4 Profile . . . 242
18.5 Übungen . . . 243

19 Beispielprogramme . . . 245
19.1 Sensoren kalibrieren . . . 245

20 Bluetooth . . . 253
20.1 NXTs verbinden . . . 253
20.2 Nachrichten senden . . . 254

20.3 Nachrichten empfangen 257
20.4 Verbinden über NXT-G 258
20.5 Kommunikation mit drei Robotern 260
20.5.1 Theorie 260
20.5.2 Implementierung 262
20.6 Protokolle 264
20.7 Übungen 265

21 LEGO Digital Designer 267
21.1 Installation 267
21.2 Oberfläche 270
21.2.1 Startbildschirm 270
21.2.2 Hauptbildschirm 271
21.3 Bedienung 272
21.4 Werkzeuge 274
21.4.1 Auswahlwerkzeuge 275
21.4.2 Vervielfältigungswerkzeug 275
21.4.3 Drehwerkzeug 276
21.4.4 Umklappwerkzeug 276
21.4.5 Werkzeug für flexible Elemente 276
21.4.6 Farbwerkzeug 276
21.4.7 Ausblendewerkzeug 277
21.4.8 Löschwerkzeug 277
21.4.9 Tastenkürzel für Werkzeuge 277
21.5 Modi 278
21.5.1 Aufbaumodus 278
21.5.2 Anzeigemodus 278
21.5.3 Bauanleitungsmodus 279

22 Perspektiven 281
22.1 Programmiersprachen 281
22.1.1 NXC 281
22.1.2 NBC 283
22.1.3 leJOS / Java 283
22.1.4 pbLua 284
22.2 Hardware 284
22.2.1 LEGO-Sensoren 284
22.2.2 HiTechnic-Sensoren 285
22.2.3 Mindsensors-Sensoren 286
22.3 Community 287

A Lösungen 289
A.1 Kapitel 7 289
A.2 Kapitel 8 289
A.3 Kapitel 9 290
A.4 Kapitel 10 290
A.5 Kapitel 11 291
A.6 Kapitel 12 291
A.7 Kapitel 13 291
A.8 Kapitel 14 292
A.9 Kapitel 16 293
A.10 Kapitel 17 293
A.11 Kapitel 18 293
A.12 Kapitel 20 294

Stichwortverzeichnis 295

Kapitel 1

Vorwort

Liebe Leserinnen, liebe Leser,

LEGO, das klingt für viele nach Spielzeug, nach etwas für Kinder. Mit der MINDSTORMS-Reihe und speziell mit dem NXT hat LEGO aber schon lange Produkte im Angebot, für die sich nicht nur Kinder, sondern auch Erwachsene begeistern und die an Grundschulen, Gymnasien und sogar Universitäten zur Lehre eingesetzt werden.

Während der NXT in den USA offensiv beworben wird und sich großer Beliebtheit erfreut, ist er bei uns weiterhin eher ein Geheimtipp. Keine andere im Handel erhältliche Hardware macht den Einstieg in die Robotik und die Informatik so einfach wie der NXT.

Neben der Hardware ist es auch die mitgelieferte Software, die den NXT so einsteigerfreundlich macht. Mit dem auf LabVIEW basierenden NXT-G liefert LEGO mit dem NXT ein Programmiersystem, das es ermöglicht, auch komplexe Programme ohne eine einzige Zeile Code, sondern nur über grafische Elemente zu realisieren. Aufgrund der zahlreichen Möglichkeiten will aber auch das gelernt sein und hier ist der NXT leider weniger einsteigerfreundlich. Denn ein Dokument, gar in gedruckter Form, das den Umgang mit NXT-G von der Pike auf lehrt, liegt dem NXT nicht bei.

Genau darum wird es in diesem Buch gehen, gemeinsam wollen wir anhand praktischer Beispiele das Programmieren mit NXT-G lernen, und zwar ohne Vorkenntnisse vorauszusetzen. Dabei werden wir uns nicht nur NXT-G im Speziellen anschauen, sondern immer auch die Vorgehensweise beim Programmieren im Allgemeinen im Blick behalten, damit Sie am Ende nicht nur NXT-G programmiert haben, sondern auch gelernt haben, wie Programme geplant und realisiert werden, und somit später auch dafür gewappnet sind, neue, auch textbasierte, Programmiersprachen zu lernen.

Neben der Installation und Verwendung der Software werden wir uns am Anfang des Buches in einem ausführlichen Kapitel auch mit dem Bau von Robotern auseinandersetzen. Allerdings soll es weniger darum gehen, dass ich konkrete Modelle zum Nachbauen vorgebe, als dass Sie selbst ein Gefühl dafür entwickeln, wie ein guter Roboter aussehen sollte. Nichtsdestotrotz finden Sie in diesem Kapitel aber auch konkrete Bauanleitungen für Grundmodelle, die Sie im Laufe dieses

Buches zum Testen der Programme verwenden können und nach Belieben erweitern und umbauen können.

Zum Abschluss des Buches werden wir dann noch einen kurzen Blick in die Zukunft werfen, welche Möglichkeiten der NXT Ihnen noch bietet, sich weiterzuentwickeln, auch wenn Sie dann schon echte Profis im Umgang mit NXT-G sind.

Viele der Programme, die Ihnen im Laufe dieses Buches begegnen, finden Sie auch zum Download auf der Buchseite unter `www.mitp.de/9096`.

Sollten Sie zu irgendeinem Zeitpunkt Fragen zum Buch, Kritik, Anregungen oder Lob haben, oder auch weiterführende Fragen, können Sie mich jederzeit gerne kontaktieren, entweder über meine Website, `www.daniel-braun.com`, oder per Mail an `info@daniel-braun.com`.

Bevor wir voll einsteigen, möchte ich mich noch ganz besonders bei Karl-Heinz Barzen bedanken, der mit viel Zeit, Arbeit und vor allem Geduld einen wichtigen Teil zu diesem Buch beigetragen hat und geholfen hat, es so einsteigerfreundlich wie möglich zu gestalten. Außerdem gilt mein Dank auch dem Verlag und meiner Lektorin, Sabine Schulz, für die gute Zusammenarbeit.

Viel Spaß beim Lesen, Bauen und Programmieren!

Daniel Braun

Kapitel 2

LEGO MINDSTORMS

LEGO kennen viele aus ihrer Kindheit oder von den eigenen Kindern, LEGO, das sind bunte Spielzeugklötze, mit denen man die verschiedensten Dinge bauen kann. Das stimmt aber nur teilweise. Seit vielen Jahren bietet LEGO mit der MINDSTORMS-Serie Produkte an, die viel mehr sind als nur ein Spielzeug.

Zu der MINDSTORMS-Familie gehören mittlerweile der RCX in den Versionen 1.0, 1.5 und 2.0 sowie der NXT und seit Neuestem auch der NXT 2.0. Sowohl beim RCX als auch beim NXT handelt es sich um »programmierbare Bausteine«, wie sie LEGO nennt, also im Prinzip kleine Computer in LEGO-Steinen verpackt. Ursprünglich waren die MINDSTORMS-Produkte als Lehrmittel geplant, begeistern aber seit vielen Jahren Jung und Alt.

Damit man richtige Roboter bauen kann, gibt es für die programmierbaren Bausteine zahlreiche Sensoren und Motoren.

Programmiert werden können die MINDSTORMS-Systeme entweder mit einer grafischen Oberfläche, die LEGO mitliefert und die auf LabView, einer grafischen Programmiersprache von National Instruments, basiert, oder mit zahlreichen alternativen Programmiersprachen aus der Fangemeinde.

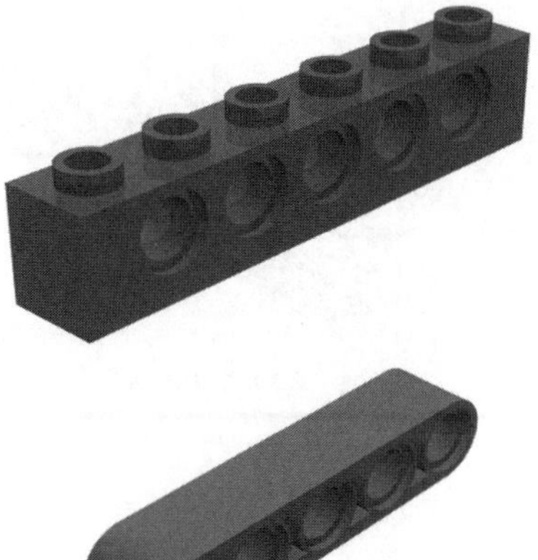

Abb. 2.1: Alter LEGO-Stein mit Noppen (oben) und neuer Stein ohne Noppen (unten) im Vergleich

Zu den MINDSTORMS-Paketen gehören seit jeher auch LEGO-Technik-Teile, mit denen die Chassis für die Roboter gebaut werden können. Während die Technik-Teile, die beim RCX verwendet wurden, noch die für LEGO typischen »Noppen« aufwiesen, hat man beim NXT komplett auf die Noppen verzichtet, was ein Umdenken beim Bau von Robotern nötig macht, worauf ich später auch noch einmal genau eingehen werde.

Da sich in diesem Buch alles um den NXT und den NXT 2.0 dreht, wollen wir uns diese beiden nun besonders genau anschauen.

2.1 NXT

Der NXT als neuestes Mitglied der MINDSTORMS-Familie ist seit Oktober 2006 in Deutschland erhältlich, seit August 2009 ist eine überarbeitete Version, der NXT 2.0 im Handel. Der Name »NXT« kommt übrigens angeblich vom englischen *next*, was so viel bedeutet wie *nächster, folgender*, offiziell von LEGO bestätigt ist das allerdings nicht.

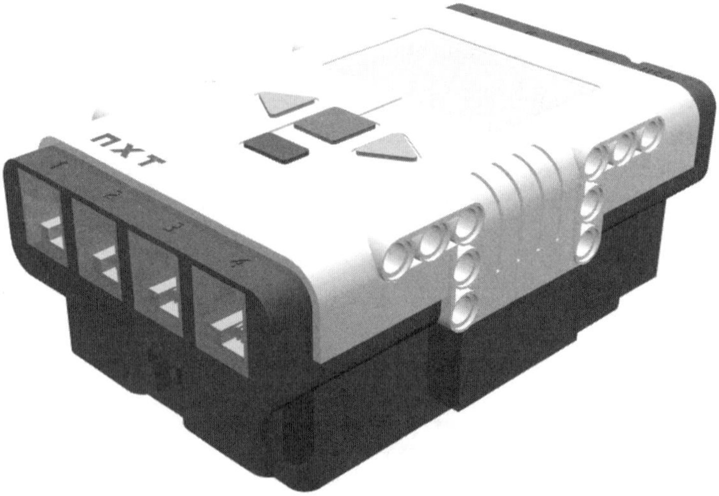

Abb. 2.2: NXT

2.2 Hardware

Viel wichtiger als der Name ist aber auch, was im Plastik-Gehäuse des NXT steckt, und spätestens hier wird deutlich, dass es sich nicht um ein Spielzeug handelt.

Der NXT verfügt über gleich zwei Prozessoren, einen 32-Bit- und einen 8-Bit-ATMEL-Mikroprozessor (für die technisch Interessierten, es handelt sich um einen AT91SAM7S256 und einen ATmega48). Verbindung mit dem PC kann der NXT entweder per Bluetooth oder per USB-Anschluss aufnehmen, eine echte Neuerung in der MINDSTORMS-Serie, beim RCX kam noch ausschließlich die langsame und störanfällige Infrarotschnittstelle zum Einsatz.

Neben dem 100 × 64 Pixel großen Schwarzweiß-Display verfügt der NXT auch über einen eingebauten Lautsprecher.

Zum Anschluss von Peripherie verfügt der NXT über drei Anschlüsse für Motoren und vier Anschlüsse für Sensoren.

2.3 Peripherie

Schauen wir uns die erwähnten Motoren und Sensoren etwas genauer an.

2.3.1 Motor

Der neue NXT-Motor unterscheidet sich nicht nur optisch stark von seinem Vorgänger, sondern auch was die Funktion angeht.

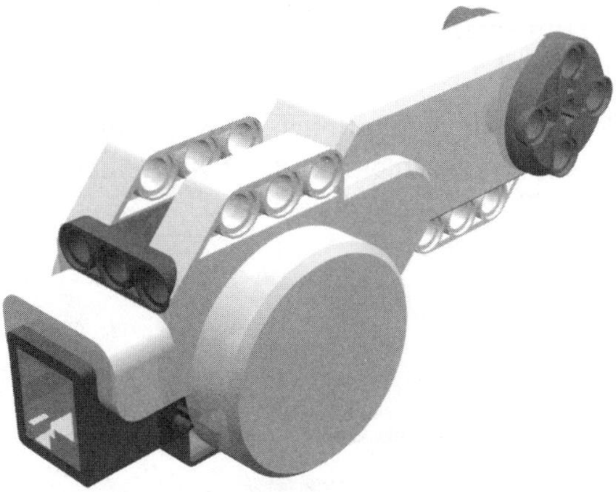

Abb. 2.3: Motor

Zum Messen der Motor-Rotationen muss man beim RCX einen extra Sensor benutzen, was nicht nur ungenauer ist, sondern auch noch einen Sensor-Port belegt. Beim neuen NXT-Motor ist der Rotationssensor deshalb direkt im Motor eingebaut und benötigt keinen zusätzlichen Anschluss. Dabei arbeitet der verbaute Rotationssensor auf 1° genau und ist damit deutlich genauer als sein Vorgänger.

Der NXT wird standardmäßig mit drei dieser Motoren geliefert.

2.3.2 Sensoren

Tastsensor

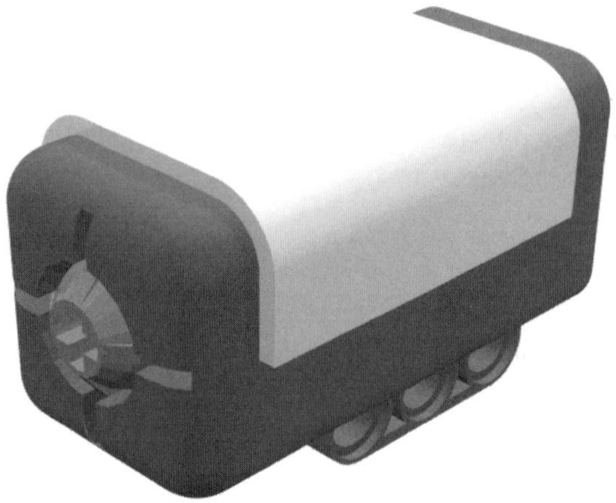

Abb. 2.4: Tastsensor

Der Tastsensor ist der einfachste aller Sensoren, die es für den NXT gibt. Es handelt sich dabei im Grunde um einen einfachen Schalter, der die Zustände gedrückt (1) und nicht gedrückt (0) kennt.

Daher ist auch die Funktionsweise recht einfach. Wird die Plastik-Taste gedrückt, wird ein Stromkreis im Inneren geschlossen, der NXT bemerkt den Stromfluss und erkennt damit, dass der Tastsensor gedrückt wird.

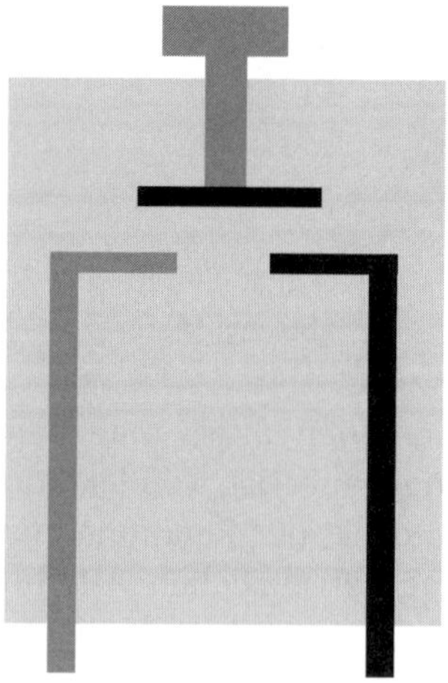

Abb. 2.5: Funktionsschema Tastsensor – geöffnet

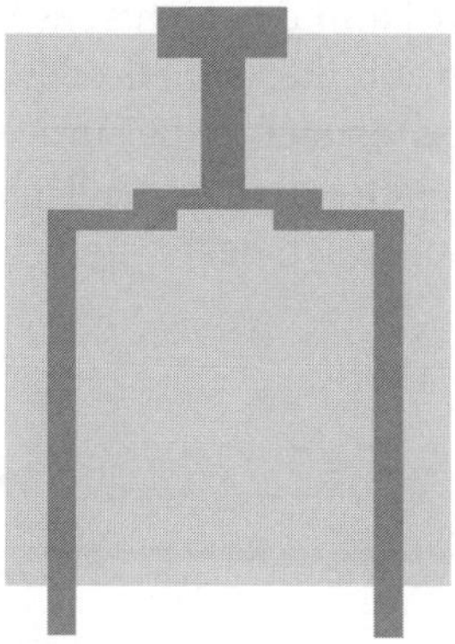

Abb. 2.6: Funktionsschema Tastsensor – geschlossen

Der Tastsensor kann zum einen als Schalter verwendet werden, um zum Beispiel Benutzereingaben in laufenden Programmen zu machen, aber auch zur Kollisionsabfrage, indem er am Rand eines Roboters angebracht wird.

Dem NXT-Standardpaket liegen zwei Exemplare des Tastsensors bei, wie bei allen anderen Sensoren gilt aber auch hier, Tastsensoren können bei Bedarf auch einzeln erworben werden.

Lichtsensor (NXT 1.0)

Der Lichtsensor ist der größte Unterschied zwischen den NXT-Versionen 1.0 und 2.0. Denn während der NXT 1.0 noch, wie sein Vorgänger, der RCX, mit einem Lichtsensor ausgeliefert wurde, wird der NXT 2.0 mit einem Farbsensor ausgeliefert. Trotzdem kann der Lichtsensor aber nicht nur am NXT 1.0, sondern auch am NXT 2.0 verwendet werden.

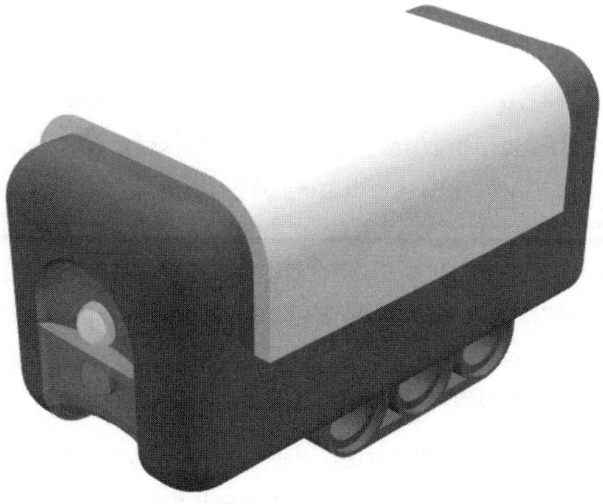

Abb. 2.7: Lichtsensor

Im Gegensatz zum Farbsensor kann der Lichtsensor nicht die Farbe eines Untergrundes messen, sondern nur, ob dieser hell oder dunkel ist. Dazu sendet eine rote LED am Lichtsensor (dass es sich dabei um eine Infrarot-LED handelt, ist übrigens ein sehr weit verbreiteter Irrglaube) Licht aus, das dann vom Boden reflektiert wird, je heller der Boden ist, desto mehr Licht wird reflektiert.

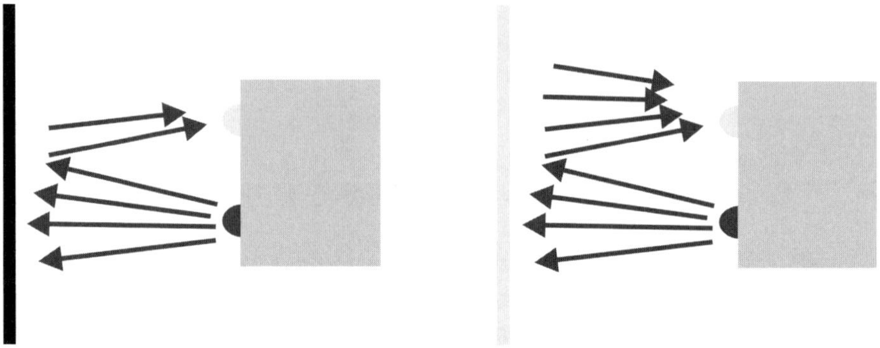

Abb. 2.8: Funktionsschema Lichtsensor bei dunklem (links) und hellem (rechts) Untergrund

Eine Fotozelle oberhalb der roten LED misst, wie viel des Lichtes reflektiert wird, daraus lassen sich dann Rückschlüsse auf die Helligkeit des Bodens ziehen.

Der Nachteil liegt darin, dass dunkle Farben zum Beispiel untereinander nur schwer zu unterscheiden sind, weswegen der Lichtsensor auch durch den Farbsensor ersetzt wurde. Allerdings ist der Sensor auch beim Erkennen von Helligkeiten nicht immer sehr genau. Da der Lichtkegel relativ weit streut, kommt es bei Übergängen zwischen sehr unterschiedlichen Farben oft zu Problemen, da sehr viele Zwischenwerte angezeigt werden, da das Licht gleichzeitig von einer hellen und einer dunklen Fläche reflektiert wird und deshalb »Zwischentöne« entstehen.

Farbsensor (NXT 2.0)

Der Farbsensor, der mit dem NXT 2.0 ausgeliefert wird, sendet nicht nur rotes Licht aus, sondern auch blaues und grünes. Vermischen sich diese drei Lichtstrahlen, wirkt das Licht für das menschliche Auge weiß. Außerdem besitzt der Farbsensor mehrere Fotozellen, die nicht nur das gesamte auftreffende Licht messen, sondern auch, wie viel von welcher Farbe reflektiert wird. Dabei können die verschiedenen Farben durch die verschiedenen Wellenlängen des Lichts unterschieden werden. Man kann sich den Farbsensor also wie eine Kombination aus drei Lichtsensoren vorstellen, einen für jede Farbe.

Übrigens gab es bereits vor Erscheinen des NXT 2.0 einen Farbsensor der Firma HiTechnic für den NXT, der sogar etwas genauer arbeitet als der Farbsensor von LEGO.

Ultraschallsensor

Der technisch anspruchsvollste Sensor ist mit Sicherheit der Ultraschallsensor. Mit dem Ultraschallsensor können Entfernungen vom Sensor zu Gegenständen gemessen werden. Dabei funktioniert der Sensor nach dem Vorbild der Fledermäuse.

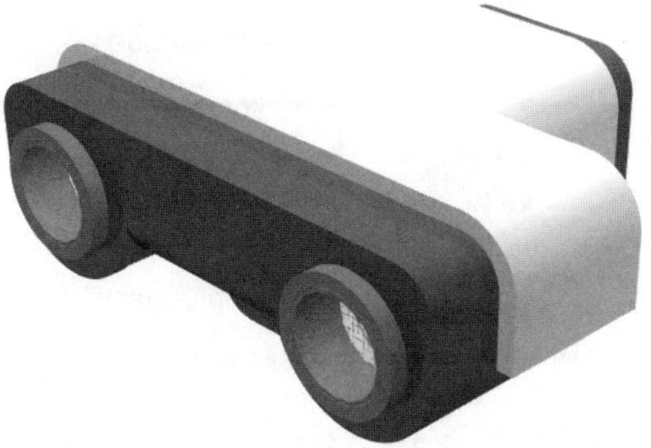

Abb. 2.9: Ultraschallsensor

Das eine »Auge« des Sensors sendet einen Schallimpuls aus, mit einer für Menschen unhörbaren Frequenz. Trifft dieser Schallimpuls nun auf einen Gegenstand, so wird er zum Sensor zurückreflektiert, wo er auf das zweite »Auge« trifft. Aus der Zeitspanne zwischen Absenden des Impulses und der Reflexion kann dann die Entfernung ermittelt werden, die der Gegenstand zum Sensor hat.

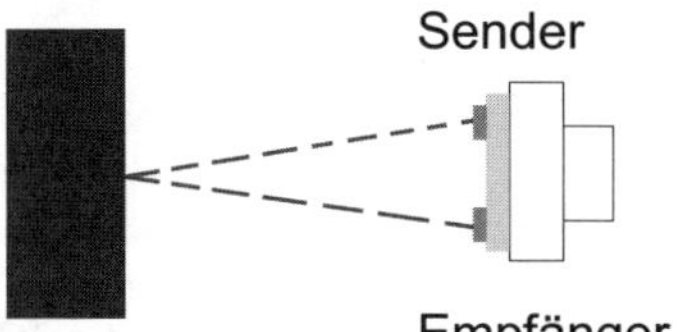

Abb. 2.10: Funktionsweise Ultraschallsensor

Allerdings ist der Ultraschallsensor relativ empfindlich, was oft zu Problemen bei den Messungen führt. Zum einen funktioniert der Ultraschallsensor nur in einem begrenzten Abstand zuverlässig. Wird der Abstand zu groß (> 30 cm) oder zu klein (< 3 cm), liefert der Ultraschallsensor keine oder falsche Werte.

Außerdem ist die Genauigkeit bei geraden Oberflächen wesentlich besser als bei runden oder gewölbten Oberflächen, da die Schallwellen hier abgelenkt werden können. Problematisch ist auch die Verwendung mehrerer Ultraschallsensoren in direkter Umgebung, hierbei können sich die Schallwellen der verschiedenen Sensoren gegenseitig stören und dadurch die Messung beeinflussen.

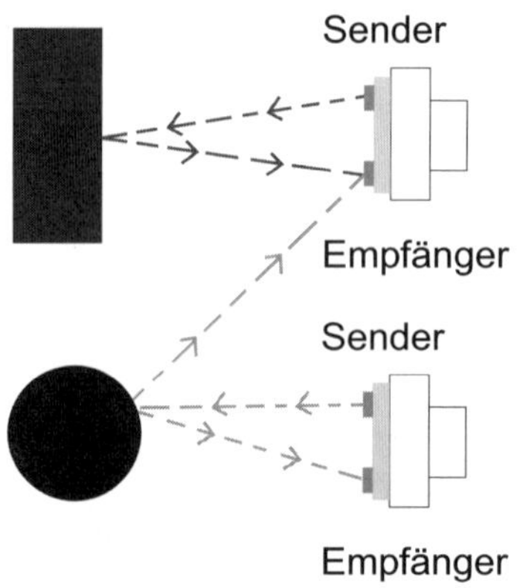

Abb. 2.11: Probleme bei der Verwendung mehrerer Ultraschallsensoren

Hinweis

Alle Haustierbesitzer sollten darauf achten, dass möglichst keine Tiere in der Nähe sind, wenn der Ultraschallsensor benutzt wird. Katzen zum Beispiel, oder auch Hunde, können den Schallimpuls im Gegensatz zum Menschen nämlich hören und empfinden diesen als sehr unangenehm.

Geräuschsensor (NXT 1.0)

Wie auch der Lichtsensor wurde der Geräuschsensor (oft auch Soundsensor genannt) nur mit dem NXT 1.0 ausgeliefert, im Gegensatz zum Lichtsensor, der durch den Farbsensor ersetzt wurde, gibt es für den Geräuschsensor aber keinen Ersatz.

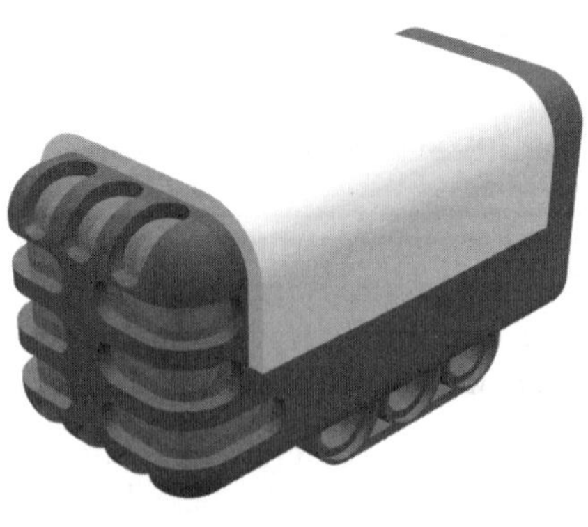

Abb. 2.12: Geräuschsensor

Beim Geräuschsensor handelt es sich um ein einfaches Mikrofon, mit dem die Lautstärke von Geräuschen gemessen werden kann.

2.3.3 Verbindung

Sowohl Motoren als auch Sensoren werden mit einem Kabel an den NXT angeschlossen.

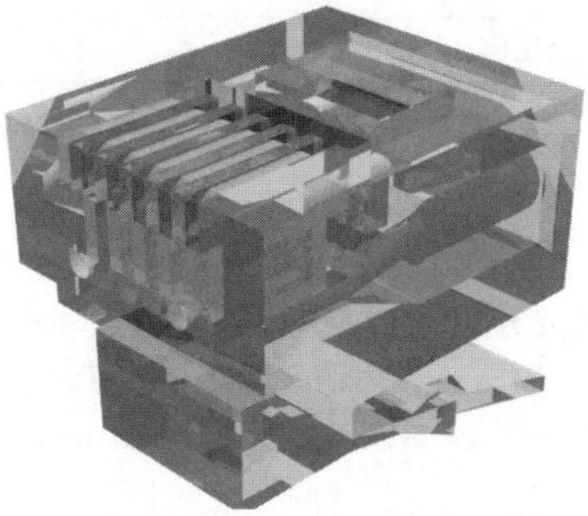

Abb. 2.13: NXT-Verbindungsstecker

Der Stecker erinnert im ersten Moment an einen Telefonstecker. Es handelt sich dabei um eine abgeänderte Form eines RJ12-Steckers mit 6 Adern.

Mit dem Kabel kann man aber nicht nur Sensoren und Motoren mit dem NXT verbinden, sondern, wie Sie später noch sehen werden, zwei NXTs miteinander verbinden.

Um die Motoren und Sensoren des alten RCX an einem NXT zu nutzen, hat LEGO ein spezielles Adapter-Kabel im Sortiment.

2.4 Verschiedene Ausführungen

Der NXT ist nicht nur in zwei verschiedenen Versionen erhältlich, sondern es gibt auch verschiedene so genannte NXT-Kästen, also verschiedene NXT-Sets, die sich durch das mitgelieferte Zubehör unterscheiden.

Set-Nummer	Inhalt
8547	NXT 2.0 3 Motoren 1 Ultraschallsensor 2 Tastsensoren 1 Farbsensor CD mit Software 612 LEGO-Teile

Tabelle 2.1: Kurzübersicht über die verschiedenen NXT-Sets

Set-Nummer	Inhalt
9797	NXT (1.0) 3 Motoren 2 Tastsensoren 1 Lichtsensor 1 Geräuschsensor 3 Adapterkabel 1 Akku-Pack Zusätzliche LEGO-Teile
9648	672 LEGO-Teile

Tabelle 2.1: Kurzübersicht über die verschiedenen NXT-Sets (Forts.)

2.4.1 LEGO MINDSTORMS 8547

Das aktuelle Standard-Paket trägt die Nummer 8547 und enthält neben dem NXT 2.0 drei Motoren, einen Ultraschallsensor, zwei Tastsensoren, den Farbsensor, eine CD mit Software und 612 LEGO-Teile zum Bauen von Robotern.

Was fehlt, sind Batterien und ein gutes, gedrucktes Handbuch. Für den Einstieg ist dieses Paket empfehlenswert. Wer allerdings komplizierte Bauvorhaben realisieren will, wird mit den mitgelieferten Steinen recht bald an die Grenzen stoßen, zumal bereits vorhandene LEGO-Steine zumeist nicht genutzt werden können, da diese noch von der alten »Noppen«-Bauweise sind.

Das Standard-Paket mit dem NXT 1.0 trug ebenfalls die Nummer 8547, ist aber inzwischen nicht mehr erhältlich.

2.4.2 LEGO MINDSTORMS 9797

Darf es etwas mehr sein? Dann ist das Education Basis Set das richtige. Es enthält neben dem NXT 1.0 ebenfalls drei Motoren und zwei Tastsensoren, außerdem einen Lichtsensor, einen Geräuschsensor, drei Adapterkabel zum Anschließen alter RCX-Motoren und Sensoren, ein Akku-Pack für den NXT und einige Steine mehr als das Standardpaket.

Aber Achtung, das Adapterkabel zum Laden des Akkus und die Software müssen separat gekauft werden. Das Education-Set ist im Handel ca. 20 Euro teurer als das Standardpaket.

2.4.3 LEGO MINDSTORMS 9648

Beim Set mit der Nummer 9648 handelt es sich um ein Erweiterungspaket, hier ist also kein NXT mit dabei. Dafür aber 672 zusätzliche Bauteile, damit auch größere Roboter ohne Problem gebaut werden können. Allerdings hat das Set auch einen vergleichsweise stolzen Preis und enthält keine elektronischen Bauteile, wie zum Beispiel Sensoren.

2.4.4 Elektronische Teile

Die elektronischen Einzelteile, wie Kabel, Adapter, Akku, Aufladekabel, Sensoren und Motoren können bei LEGO auch einzeln nachgekauft werden. Inzwischen gibt es auch einen recht großen Sensormarkt von Drittherstellern, die eigene Sensoren für den NXT entwickeln. Einige davon werden wir uns später noch im Detail anschauen.

Kapitel 3

Bedienung des NXT

Damit vorerst auch genug der grauen Theorie, jetzt wollen wir richtig loslegen und beginnen, logischerweise damit, den NXT einzuschalten. Bevor das geht, brauchen wir aber die passende Energie-Versorgung. Im Fall des NXT sind das sechs 1,5-V-AA-Batterien, die unter der Klappe an der Unterseite des NXT untergebracht werden und nicht zum Lieferumfang gehören. Da der NXT auf Dauer nicht gerade sparsam ist, lohnt sich die Anschaffung von Akkus, das schont die Umwelt und den eigenen Geldbeutel.

Abb. 3.1: Batterien im NXT

3.1 Hauptmenü

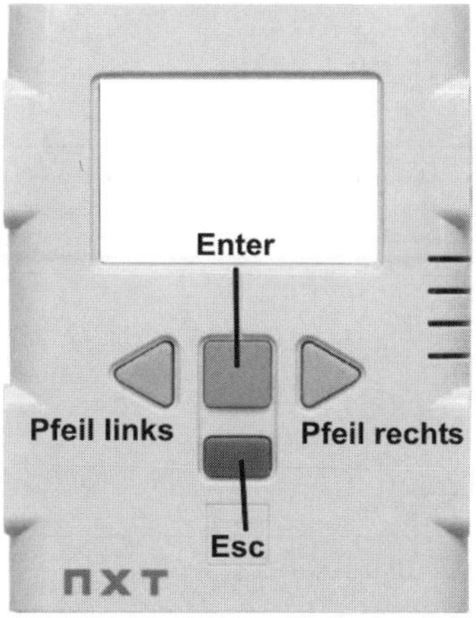

Abb. 3.2: Buttons des NXT

Sind die Batterien erst einmal eingelegt, starten Sie den NXT einfach, indem Sie für zwei bis drei Sekunden den orange Enter-Button drücken. Auf dem Display erscheint eine kleine Animation und es ertönt ein Start-Sound, danach ist der NXT angeschaltet und Sie befinden sich im Hauptmenü.

Dort gibt es insgesamt sieben Menüpunkte, die wir uns nun alle nacheinander anschauen wollen. Bevor wir uns aber die Menüpunkte im Einzelnen anschauen, sollten Sie sich zuerst einen groben Überblick über die Menüstruktur des NXT verschaffen. Eine verkürzte Abbildung der Menüstruktur finden Sie in Tabelle 3.1. Hier finden Sie immer links den Namen des Menüs und rechts darunter die einzelnen Menüeinträge. Also im Hauptmenü gibt es zum Beispiel einen Menüpunkt NXT PROGRAM und einen Menüpunkt MY FILES, der wiederum selbst ein Menü ist und vier Unterpunkte hat, und so weiter.

Hauptmenü		
	My Files	
		Software files
		NXT files
		Sound files
		Datalog files
	NXT Program	
	NXT Datalog	
	View	
	Bluetooth	
		On/Off
	Settings	
		Volume
		Sleep
		NXT Version
		Delete files
	Try Me	
		Try-Color
		Try-Touch
		Try-Light
		Try-Ultrasonic
		Try-Motor
		Try-Sound

Tabelle 3.1: Übersicht über die Menüstruktur des NXT

Wie Sie sehen, ist das gesamte Menü nur in englischer Sprache verfügbar, daher heißen die Menüpunkte im Hauptmenü: My Files, also *Meine Dateien*, NXT Program, NXT Datalog, View, was so viel bedeutet wie *ansehen*, Bluetooth, Settings, also *Einstellungen*, und zu guter Letzt Try Me, also *Versuch mich*.

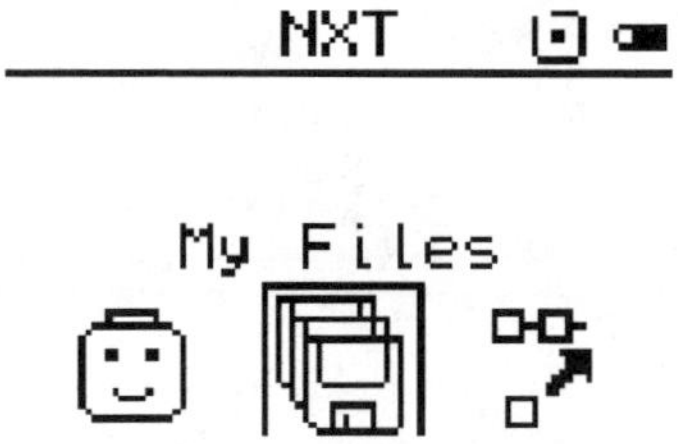

Abb. 3.3: Hauptmenü auf dem NXT-Display

In der oberen rechten Ecke von Abbildung 3.3 sehen Sie die Batteriestandsanzeige des NXT. Der Kreis links daneben dreht sich und zeigt Ihnen damit an, dass der NXT arbeitet und nicht abgestürzt ist, denn auch das kann, wie bei einem Computer, passieren. Sollte das einmal eintreten, hilft es meist, die Batterien kurz zu entfernen und den NXT einfach wieder anzuschalten.

3.1.1 Try Me

Da wir ja in die Praxis einsteigen wollen, fangen wir mit dem vielversprechenden Menüpunkt Try Me an. Sie drücken also im Hauptmenü einmal den Pfeil-links-Button und dann den Enter-Button, um in den Menüpunkt Try Me zu gelangen.

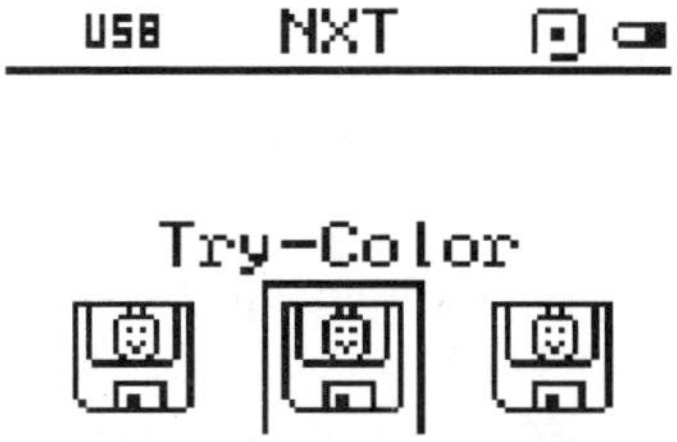

Abb. 3.4: Try Me-Menü

Hier öffnet sich ein weiteres Menü, das sechs neue Unterpunkte bietet, der erste heißt Try-Color, also *Farbe ausprobieren*, gemeint ist damit der Farbsensor. Sie nehmen also den Farbsensor, Besitzer des NXT 1.0 müssen noch kurz in der Theorie bleiben, da sie keinen Farbsensor besitzen, und verbinden ihn mit einem Kabel mit dem Sensor-Eingang 3, sprich mit der Buchse an der unteren Seite des NXT, über der eine kleine 3 zu lesen ist. Dann verbinden Sie noch einen Motor per Kabel, entweder mit dem Motorenausgang B oder C, beide befinden sich auf der oberen Seite des NXT.

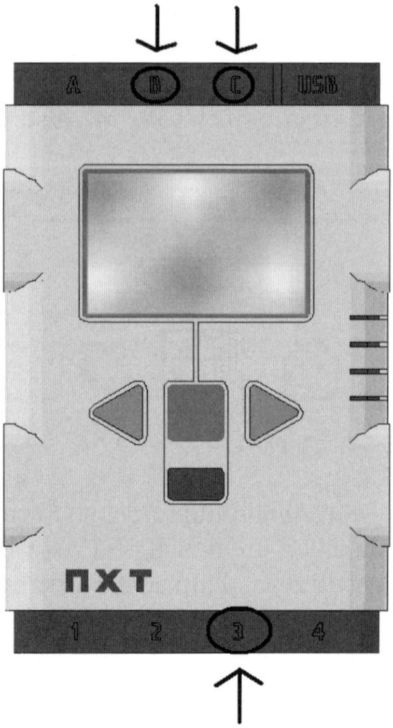

Abb. 3.5: Position der Ausgänge B und C (oben) und des Eingangs 3 (unten)

Per Enter-Taste rufen Sie nun das Programm TRY-COLOR auf, indem Sie die Enter-Taste erneut drücken, starten Sie es auch und Sie werden sehen, je nachdem, welche Farbe der Untergrund hat, über dem sich der Farbsensor befindet, dreht sich der Motor und es ertönt ein Geräusch. Zum Testen eignet sich übrigens perfekt das NXT Test Pad, das mit dem NXT geliefert wird, auf dem verschiedene Farben angebracht sind.

Beenden können Sie das Programm über die Esc-Taste, drücken Sie diese noch einmal, sind Sie wieder im TRY ME-Menü. Mit der Pfeil-rechts-Taste kommen Sie nun zum Punkt TRY-TOUCH, also *Tastsensor probieren*. Dazu schließen Sie zuerst den Tastsensor an den Sensor-Eingang 1 an und starten das Programm dann, indem Sie zweimal hintereinander die Enter-Taste drücken.

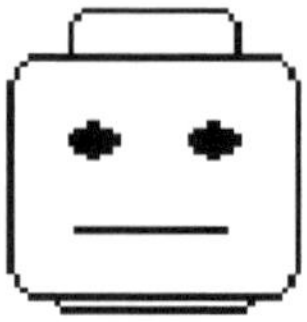

Abb. 3.6: TRY-TOUCH-Programm

Wie Sie sehen werden, erscheint auf dem Display der Kopf eines LEGO-Männchens. Drücken Sie nun den Tastsensor, hören Sie ein »Upps« und der Mund des Kopfes öffnet sich, bis Sie den Sensor wieder loslassen. Beenden können Sie das Programm wieder durch zweimaliges Drücken der Esc-Taste, danach finden Sie sich im TRY ME-Menü wieder.

Mit der Pfeil-rechts-Taste geht es zum nächsten Programm und jetzt sind die NXT-1.0-Besitzer am Zug, die können hier nämlich ihren Lichtsensor testen, indem sie ihn an Sensor-Eingang 3 anschließen und dann die verschiedenen Töne hören. Starten und stoppen lässt sich das Programm wie die beiden anderen auch. Analog dazu funktioniert auch das nächste Programm, TRY-ULTRASONIC, nur eben mit dem Ultraschallsensor und an Sensor-Eingang 4.

Noch einen Eintrag weiter rechts findet man TRY-MOTOR. Hier verändert sich der gespielte Ton, wenn man einen Motor an Ausgang A anschließt und diesen dann von Hand dreht.

Der letzte Eintrag ist wieder exklusiv für NXT-1.0-Besitzer, denn hier kann man den Soundsensor ausprobieren, der nur mit dem NXT 1.0 geliefert wird. Dazu schließt man den Soundsensor einfach an Eingang 1 an und einen Motor an Ausgang B oder C. Schon bewegt sich der Motor bei Geräuschen.

Tipp

Den letzten Menüeintrag erreichen Sie entweder, indem Sie sechsmal die Pfeil-rechts-Taste drücken, oder viel einfacher, indem Sie einmal die Pfeil-links-Taste drücken.

3.1.2 Settings

Der nächste Menüeintrag, den wir uns anschauen wollen, ist SETTINGS, also *Einstellungen*. Wenn Sie sich noch im TRY ME-Menü befinden, müssen Sie einmal den Esc-Button drücken, um wieder in das Hauptmenü zu gelangen. Der Menüeintrag befindet sich links neben TRY ME und wird durch einen Schraubenschlüssel symbolisiert.

Abb. 3.7: Menüpunkt SETTINGS

Im Settings-Menü finden Sie die Unterpunkte Volume, also die Einstellung für die Lautstärke, Sleep, hier kann die automatische Abschaltung des NXT eingestellt werden, NXT Version, hier wird die Firmware-Version Ihres NXT angezeigt, und Delete files, hier können Dateien auf dem NXT gelöscht werden.

Beginnen wir mit Volume und öffnen die Option, durch Drücken des Enter-Buttons. Hier kann man nun mit Hilfe der Pfeil-links- und der Pfeil-rechts-Taste die Lautstärke des NXT zwischen 0 (aus) und 4 (laut) einstellen, was sehr hilfreich ist, da die Tastentöne des NXT auf Dauer doch etwas nervig werden können. Um die geänderte Lautstärke zu speichern, müssen Sie den Enter-Button drücken, wird der Esc-Button gedrückt, wird die Änderung der Lautstärke verworfen.

Hinweis

Die Änderung der Lautstärke gilt nur für die Menüs des NXT. Wie Sie später noch sehen werden, kann die Lautstärke in Programmen individuell geregelt werden. Am einfachsten wird das deutlich, wenn Sie die Lautstärke auf 0 stellen und dann das Programm Try Touch starten. Im Menü gibt der NXT keinen Ton mehr von sich, sobald Sie das Programm starten, hören Sie bei gedrücktem Sensor aber trotzdem noch das »Upps«.

Nachdem Sie den Menüpunkt Volume über den Esc-Button wieder verlassen haben, finden Sie rechts daneben Sleep. Hier kann die automatische Abschaltung des NXT konfiguriert werden. Denn um Strom zu sparen, kann sich der NXT automatisch abschalten, wenn er nichts tut, das gilt natürlich nicht, wenn gerade ein Programm läuft. Sie können zwischen 2, 5, 10, 30 oder 60 Sekunden wählen für die Wartezeit bis zur Abschaltung, oder sie mit Never, also *Nie*, komplett abschalten. Die Auswahl funktioniert auch hier wieder über die beiden Pfeil-Buttons und muss mit dem Enter-Button bestätigt werden.

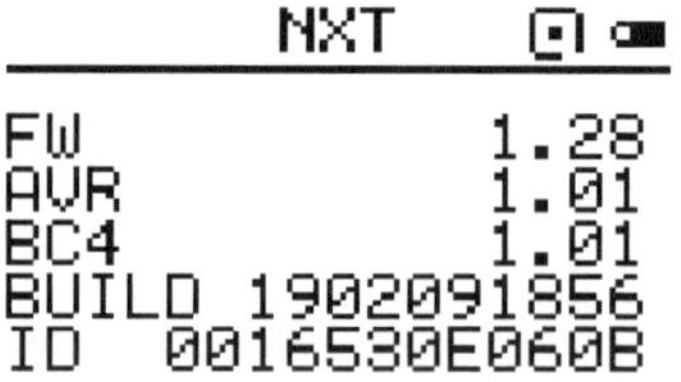

Abb. 3.8: NXT Version-Anzeige

Der nächste Punkt im Settings-Menü trägt den Namen NXT Version und tut auch genau das, nämlich die Version des eigenen NXT anzeigen. In der ersten Zeile wird die Version der installierten Firmware, daher die Abkürzung FW, angezeigt. Der NXT in Abbildung 3.8 läuft also mit der Firmware-Version 1.28. Die Versionsnummer neben AVR gibt die Version der Software des Mikrocontrollers an und ist für uns eher uninteressant. Dasselbe gilt auch für die Versionsnummer des BC4-Chips, der für die Bluetooth-Verbindungen zuständig ist. Der Build macht genauere Angaben über die verwendete Firmware-Version. ist für den täglichen Gebrauch aber ebenso uninteressant wie die ID, die Seriennummer des NXT.

Als letzten Unterpunkt des Settings-Menü schauen wir uns noch den Punkt Delete Files an, der durch einen Mülleimer symbolisiert wird. Übersetzt bedeutet der Name *Dateien löschen* und genau das können Sie hier auch tun. Zur Wahl stehen die Kategorien Software files, NXT files, Sound files, Datalog files und Try Me files. Unter die Kategorie Software files fallen alle Programme, die Sie selbst erstellt haben und auf den NXT geladen haben, diese Gruppe sollte also zurzeit noch leer sein. Wenn Sie eine Gruppe löschen möchten, wählen Sie diese mit den Pfeiltasten aus, drücken den Enter-Button und bestätigen noch einmal mit dem Enter-Button.

Vorsicht

Durch Bestätigen der Löschung werden **alle** Dateien in dieser Kategorie unwiederbringlich gelöscht.

Hinter der Kategorie NXT Files stecken Programme, die direkt am NXT erstellt wurden, wie das funktioniert, schauen wir uns später noch an. Unter Sound Files werden alle Audiodateien gespeichert, da dazu auch der Start- und die Menüsounds gehören, sollte man diese Kategorie nicht löschen. Die Programme aus dem Menüpunkt Try Me werden unter Try Me files gespeichert, löschen Sie diese Kategorie, können Sie die Try Me-Programme nicht mehr starten. Was die so genannten Datalog files sind, werden wir uns später in diesem Kapitel noch genau ansehen.

3.1.3 View

Da ich den Menüpunkt Bluetooth vorerst überspringen möchte, kommen wir jetzt zum Punkt View, was so viel bedeutet wie *betrachten* oder *ansehen*. Betrachten kann man sich unter diesem Menüpunkt die Werte angeschlossener Sensoren, auch ohne dafür extra ein Programm schreiben zu müssen.

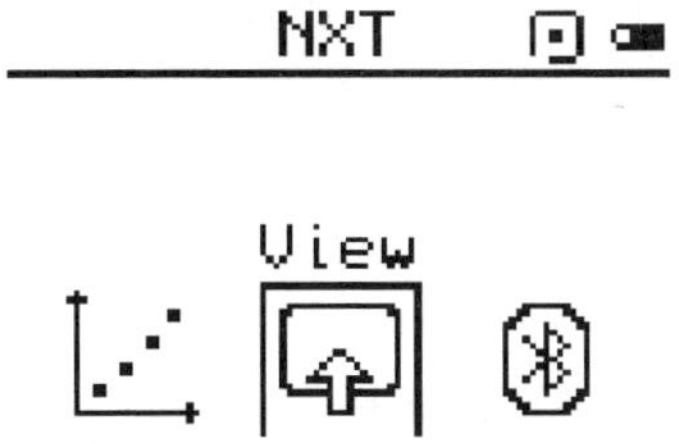

Abb. 3.9: Menüpunkt View

Bevor Sie die Werte aber ablesen können, muss erst ausgewählt werden, von welchem Sensor die Werte ausgelesen werden sollen. Zur Auswahl stehen: SOUND DB und SOUND DBA für den Soundsensor, REFLECTED LIGHT und AMBIENT LIGHT für den Lichtsensor, einmal für die Messung mit eingeschalteter roter LED und einmal ohne, TEMPERATURE °C und TEMPERATURE °F für den optional erhältlichen Wärmesensor in der Einheit Grad Celsius beziehungsweise Grad Fahrenheit, MOTOR ROTATIONS und MOTOR DEGREES für die Anzeige der gesamten Rotationen eines Motors beziehungsweise der Rotation in Grad, TOUCH für einen angeschlossenen Tastsensor, ULTRASONIC INCH und ULTRASONIC CM für den Ultraschallsensor, einmal in der Einheit Inch und einmal in der Einheit Zentimeter, und zum Schluss COLOR für den Farbsensor.

Abb. 3.10: VIEW-Menü

Egal für welchen Sensor Sie die Werte anzeigen lassen möchten, bevor die Werte als Zahl auf dem Display ausgegeben werden können, muss erst festgelegt werden, an welchem Eingang der Sensor angeschlossen ist, beziehungsweise bei den Motoren, an welchem Ausgang sie angeschlossen sind.

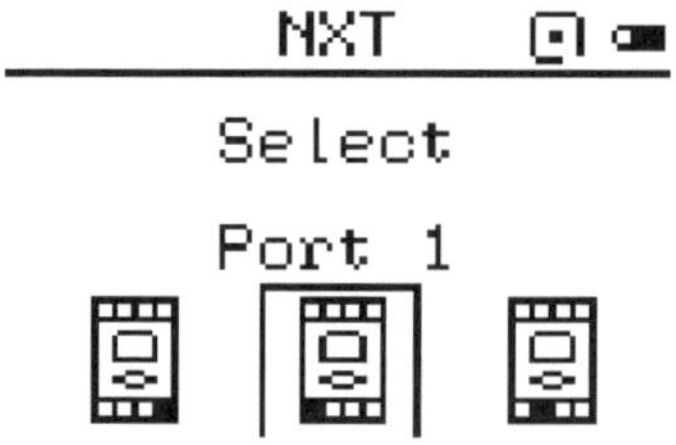

Abb. 3.11: Port-Auswahl

Wie Sie später noch oft sehen werden, ist das VIEW-Menü beim Schreiben von Programmen, zum Beispiel um einer Linie zu folgen, sehr nützlich, da man hier schon vorab überprüfen kann, welche Sensorwerte zur Laufzeit zu erwarten sind.

3.1.4 NXT Program

Mit dem Wissen, das Sie bisher gesammelt haben, können Sie sich nun daran wagen, Ihr erstes eigenes Programm zu erstellen. Das geht praktischerweise ganz ohne PC, direkt am NXT. Dazu wählen Sie einfach im Hauptmenü den Eintrag mit dem Namen NXT Program.

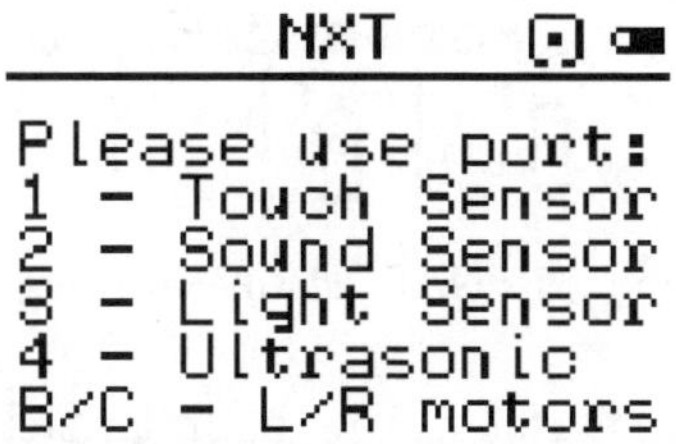

Abb. 3.12: Displayanzeige nach Start von NXT Program

Nachdem der Menüpunkt geöffnet wurde, wird, bis der Enter-Button gedrückt wird, der in Abbildung 3.12 gezeigte Startbildschirm angezeigt.

Hier wird angegeben, an welche Eingänge und Ausgänge Sensoren und Motoren angeschlossen werden. Anders als bei »richtigen« Programmen, die Sie nachher am Computer erstellen werden, ist das bei den einfachen Programmen, die direkt am NXT erstellt werden können, nämlich fest vorgegeben.

Der Tastsensor muss immer am Sensor-Eingang 1 angeschlossen sein. Der Soundsensor gehört an Eingang 2, der Licht- beziehungsweise Farbsensor an Eingang 3 und Sensor-Eingang 4 ist für den Ultraschallsensor reserviert.

Die Motoren müssen an die Ausgänge B für die linke Seite und C für die rechte Seite angeschlossen werden. Zur besseren Übersicht und zum einfacheren Nachschlagen ist die Belegung noch einmal in Tabelle 3.2 aufgeführt.

Sensor / Motor	Eingang / Ausgang
Tastsensor	1
Soundsensor	2
Lichtsensor / Farbsensor	3
Ultraschallsensor	4
Motor links	B
Motor rechts	C

Tabelle 3.2: Anschlussübersicht für NXT Program

Nachdem der Startbildschirm geschlossen wurde, zeigt sich das eigentliche Programm, wie in Abbildung 3.13 zu sehen. Die fünf Kästchen im oberen Bereich zeigen die Struktur des Programms, das Sie erstellen. Jedes Programm, das mit NXT Program erstellt wird, besteht aus zwei Aktionen. Aktionen, das können in diesem Fall entweder das Drehen der Motoren oder das Spielen eines Tons sein.

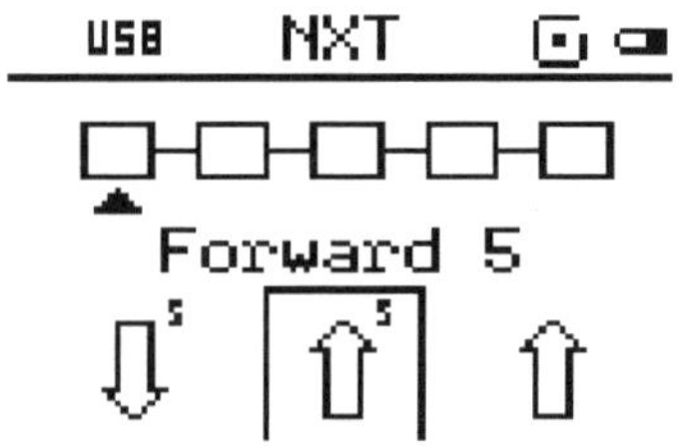

Abb. 3.13: NXT PROGRAM-Anzeige

Nachdem NXT PROGRAM gestartet wurde, befindet sich unter dem Kästchen auf der linken Seite ein kleiner schwarzer Pfeil, der anzeigt, welches Kästchen aktuell bearbeitet wird. Mit den Pfeiltasten kann nun eine Aktion am unteren Rand ausgewählt werden. Neben geradeaus, rückwärts-, links und rechts fahren stehen auch Töne zur Auswahl. Eine kleine Besonderheit bieten dabei die beiden Aktionen FORWARD 5 und BACKWARD 5, denn sie sagen dem Motor auch gleich, dass er nicht nur eine, sondern gleich fünf Umdrehungen machen soll. Sobald Sie eine Auswahl getroffen haben, bestätigen Sie diese mit dem Enter-Button, und der Pfeil springt automatisch auf das zweite Kästchen.

Hier kann nun keine Aktion ausgewählt werden, sondern eine Bedingung, wie lange die vorherige Aktion ausgeführt werden soll. Möchten Sie, dass sich der Motor nur einmal dreht (oder fünfmal, wenn Sie FORWARD 5 oder BACKWARD 5 ausgewählt haben), können Sie hier einfach EMPTY, also *leer* wählen. Ansonsten können Sie zwischen verschiedenen Zeitangaben wählen, dann drehen die Motoren so lange, bis die Zeit abgelaufen ist. Sie können auch Sensoren verwenden, also zum Beispiel die Motoren so lange drehen lassen, bis der Tastsensor gedrückt wird, bis der Licht- oder Farbsensor eine helle oder dunkle Fläche entdeckt, bis der Ultraschallsensor ein Objekt entdeckt oder bis der Soundsensor ein lautes Geräusch wahrnimmt. Auch hier wird die Auswahl wieder durch Drücken des Enter-Buttons bestätigt.

Tipp

Möchten Sie ein Kästchen ändern, müssen Sie solange den Esc-Button drücken, bis der Pfeil unter dem gewünschten Kästchen ist, leider geht dabei auch der Inhalt aller anderen Kästchen davor verloren.

Der dritte Kasten ist wieder für Aktionen reserviert und funktioniert genau wie der erste und in den vierten Kasten gehört wieder die dazu passende Bedingung.

Zum Schluss kann noch ausgewählt werden, ob die Befehlsfolge nur einmal ausgeführt werden soll, symbolisiert durch das STOP-Schild, oder ob sie wiederholt werden soll, symbolisiert durch die zwei Pfeile.

Herzlichen Glückwunsch, damit haben Sie Ihr erstes Programm erstellt! Sie können das Programm jetzt speichern und ausführen und sich anschauen, wie die Motoren reagieren. Natürlich sind Sie bei dieser Art der Erstellung von Programmen sehr eingeschränkt und können wirklich nur sehr simple Programme erstellen, aber im Laufe dieses Buches werden Sie nach und nach auch die Erstellung größerer, komplexerer Programme lernen, den ersten Schritt haben Sie bereits geschafft. Aber bevor wir uns der Programmierung mit dem PC zuwenden, wollen wir uns im nächsten Kapitel erst einmal anschauen, wie man einen passenden Roboter zur Software baut.

3.1.5 Datalog

Zum Abschluss dieses Kapitels widme ich mich noch dem Menüeintrag DATALOG. Unter diesem Menüpunkt können Sie sich die Werte von Sensoren auf dem Display anzeigen lassen, wie bei VIEW. Allerdings ermöglicht DATALOG darüber hinaus auch, die Daten in einer Datei abzuspeichern, so dass Sie sich später anschauen können, wann welcher Sensorwert aufgetreten ist.

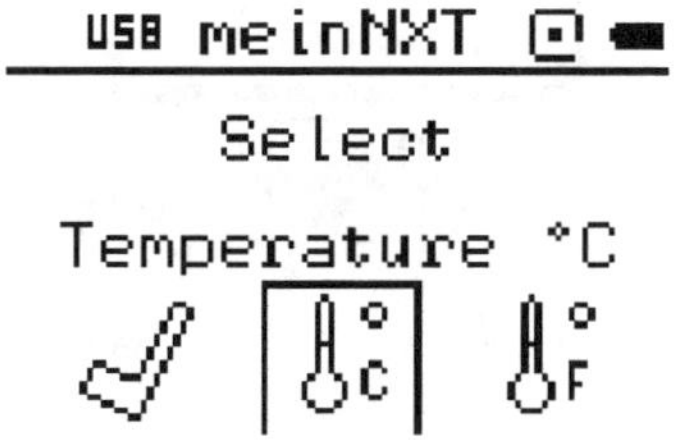

Abb. 3.14: DATALOG

Dazu wählen Sie zunächst aus der Liste aus, welchen Sensor Sie gerne verwenden möchten, wie in Abbildung 3.14 zu sehen.

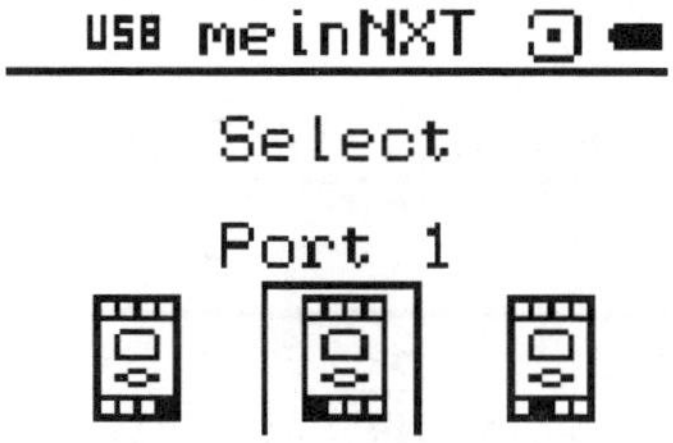

Abb. 3.15: DATALOG: Portwahl

Danach können Sie den Port auswählen, an dem der Sensor, den Sie überwachen möchten, angeschlossen ist. Anders als unter dem Menüpunkt VIEW können Sie aber nicht nur einen Sensor überwachen, sondern bis zu vier, also an jedem Port einen. Wenn Sie alle Sensoren entsprechend Ihren Wünschen ausgewählt haben, bestätigen Sie Ihre Auswahl mit dem Menüeintrag DONE.

Abb. 3.16: Nach der Wahl der Sensoren

Danach kommen Sie in das in Abbildung 3.16 zu sehende Menü. Sobald Sie nun die orange Eingabetaste auf dem NXT drücken, werden die Sensoren überwacht.

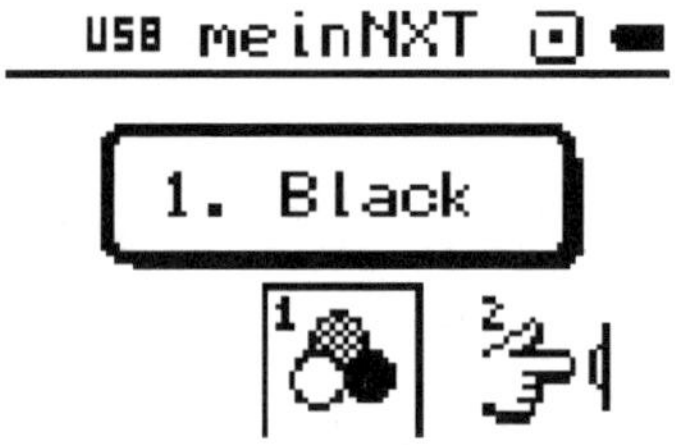

Abb. 3.17: Während der Überwachung der Sensoren

Während der Überwachung der Sensoren bekommen Sie auf dem Display die aktuellen Werte der Sensoren angezeigt. Haben Sie mehrere Sensoren zur Überwachung ausgewählt, so werden diese am unteren Rand mit der entsprechenden Portnummer angezeigt. Durch Verwendung der Pfeiltasten können Sie zwischen den verschiedenen Sensoren wechseln. Möchten Sie die Überwachung beenden, drücken Sie einmal auf die graue Zurück-Taste auf dem NXT.

Abb. 3.18: Speichern der Aufnahme

Dann sind Sie allerdings nicht direkt wieder im Hauptmenü, sondern kommen erst noch in das in Abbildung 3.18 gezeigte Zwischenmenü. Hier können Sie nun auswählen, ob Sie die aufgenommenen Daten auf dem NXT speichern wollen, SAVE, oder ob Sie die Daten verwerfen wollen. Falls Sie sich dazu entscheiden, die Daten zu speichern, zeigt Ihnen der NXT noch kurz den Dateinamen an, unter dem die Daten abgelegt wurden, bevor Sie in das Hauptmenü zurückkehren.

Wie Sie die auf dem NXT gespeicherten Daten auf Ihren Computer überspielen, werden Sie sich dann später anschauen, wenn wir uns eingehender mit der Computer-Software beschäftigen, die dem NXT beiliegt.

Kapitel 4

Roboter bauen mit LEGO

»Mit LEGO-Steinen bauen, das kann doch jeder«, mag man zumindest im ersten Moment denken. Auch wenn das Bauen mit LEGO-Steinen eigentlich recht unkompliziert ist, einen Roboter bauen, auch wenn er »nur« aus LEGO-Steinen besteht, ist gar nicht so einfach.

4.1 Die Steine

Ich hatte vorher schon einmal kurz erwähnt, dass mit dem NXT keine gewöhnlichen LEGO-Steine mehr mitgeliefert werden, im Kasten befinden sich nur so genannte LEGO-Technik-Teile. Diese kommen ohne die für LEGO typischen »Noppen« aus, wie in Abbildung 4.1 zu sehen ist.

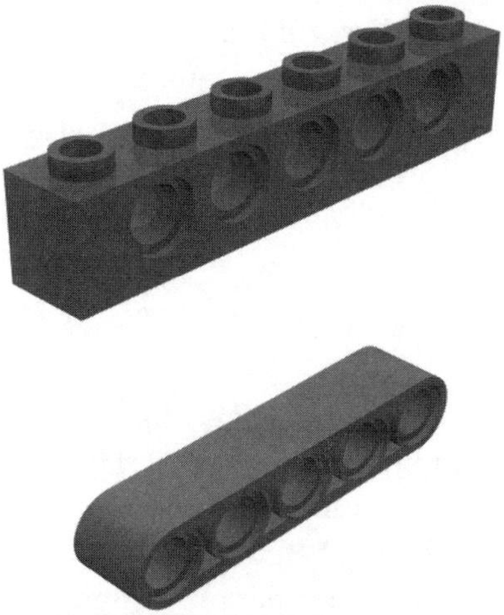

Abb. 4.1: Neuer Stein ohne Noppen (unten) im Vergleich

Das Besondere daran ist, dass die Teile nicht mehr einfach aufeinander gesteckt werden können, sondern mit zusätzlichen Teilen verbunden werden müssen, dadurch werden die Modelle zwar weniger schwer und bleiben trotzdem stabil, Sie sollten Ihre Modelle aber noch genauer planen als vorher, da man bei dem Bau mit den neuen Teilen weniger flexibel ist.

Bevor wir uns später in diesem Kapitel mit einigen konkreten Modellen auseinandersetzen, wollen wir uns erst ein paar allgemeine Grundregeln anschauen, die beim Bau jedes LEGO-Roboters beachtet werden sollten.

4.2 Grundregeln beim Roboterbau

Jeder gute Roboter sollte folgende Eigenschaften haben:

- symmetrisch
- stabil
- einfach
- durchdacht

Die Schlagwörter allein verraten aber noch nicht, wie Sie das erreichen, deshalb hier zunächst ein paar allgemeine Tipps.

4.2.1 Symmetrisch

Fangen wir mit dem Punkt »symmetrisch« an. Warum sollte ein Roboter immer möglichst symmetrisch aufgebaut sein? Ganz einfach: Je symmetrischer ein Roboter aufgebaut ist, desto gleichmäßiger verteilt sich auch das Gewicht. Die gleichmäßige Gewichtsverteilung ist besonders wichtig, damit der Roboter möglichst gerade fährt. Denn auch wenn sich geradeaus fahren relativ trivial anhört, nur gut konstruierte Roboter haben eine wirklich gerade Fahrbahn. Zwar kann man eine schiefe Fahrbahn, zumindest teilweise, über das Programm ausgleichen, die bessere Methode ist aber, den Roboter von Anfang an so zu bauen, dass er möglichst gerade fährt.

4.2.2 Stabil

So ein Roboter muss schon das ein oder andere aushalten, manchmal fährt er gegen Gegenstände, wenn man zu langsam ist, fällt er auch schon mal eine Treppenstufe oder Ähnliches runter und auch die Motoren können einiges an Kraft aufbringen, das kann wackelige Roboter schnell auseinanderfallen lassen. Deshalb sollten Sie beim Roboterbau immer darauf achten, ein stabiles Grundgerüst zu bauen. Wie erreicht man das? Wie vorher schon erwähnt, besitzen die LEGO-Teile des NXT keine Noppen mehr, deshalb werden die Teile auch nicht mehr über die Noppen, sondern über spezielle Verbindungsstücke zusammengehalten. Das gibt Ihnen als Konstrukteur die Möglichkeit, selbst zu entscheiden, wie viele Verbindungen Sie herstellen möchten. Zum Fixieren reichen immer zwei Verbindungen, je mehr Verbindungsstücke Sie jedoch nutzen, desto stabiler wird der spätere Roboter. Hier sollten Sie einen Mittelweg finden, denn es ist mit Sicherheit auch nicht sinnvoll, in jedes Loch ein Verbindungsstück zu stecken, und auch manchmal gar nicht möglich, zum Beispiel dann, wenn man auf zwei Seiten andere Teile befestigen möchte. Bei der Verteilung der Verbindungsstücke sollten Sie darauf achten, falls Sie nur zwei verwenden, immer den größtmöglichen Abstand zwischen zwei Stücken zu wählen, bei mehreren sollten Sie dagegen darauf achten, dass die Abstände gleich sind.

4.2.3 Einfach

Bauen Sie einen Roboter nicht komplizierter als nötig, verwenden Sie nur so viele Teile, wie unbedingt sein müssen. Je mehr Teile ein Roboter hat, umso schwerer wird es, ihn komplett symmetrisch zu halten, außerdem wird es schwerer, Erweiterungen anzubringen oder eventuell gelockerte Verbindungen zu finden. Gerade bei der Verwendung von Zahnrädern sollten Sie diesen Grundsatz beherzigen, denn je mehr Zahnräder Sie benutzen, desto mehr der ursprünglichen Leistung geht verloren, und umso größer wird das Risiko, dass sich Zahnräder verkanten oder rausspringen.

4.2.4 Durchdacht

Natürlich muss nicht jedes Modell stundenlang geplant sein. Bauen Sie aber einen Roboter für ein größeres Projekt oder einen, mit dem Sie länger arbeiten und auf dem Sie aufbauen möchten, so sollten Sie sich schon vor dem Bau einige Gedanken machen, denn wenn man erst einmal angefangen hat, vergisst man schnell etwas und im Nachhinein ist es immer komplizierter, Änderungen vorzunehmen.

Bei der Planung eines Modells sollten Sie auf jeden Fall die drei vorangegangen Punkte berücksichtigen, es gibt aber auch noch ein paar weitere Knackpunkte, die man leicht vergisst:

- **Kabel** – Bedenken Sie schon bei der Planung, dass Sie Kabel zu den Sensoren und Motoren verlegen müssen. Achten Sie darauf, dass die Kabel nicht über den Boden schleifen oder in bewegliche Teile geraten können.
- **Batterien** – Bedenken Sie, dass Sie eventuell die Batterien des NXT wechseln müssen, und sorgen Sie dafür, dass Sie die Batterien tauschen können, ohne den Roboter komplett auseinandernehmen zu müssen. Wenn Sie Akkus verwenden, achten Sie darauf, dass die Ladebuchse erreichbar bleibt.
- **USB-Anschluss** – Auch der USB-Anschluss sollte erreichbar sein, ohne dass der Roboter auseinandergebaut werden muss, da sonst das Überspielen neuer Programme, Programmupdates und Firmware-Updates nicht möglich ist.
- **Display und Buttons** – Achten Sie auch darauf, dass der Einschaltbutton erreichbar ist, da Sie den NXT sonst nicht einschalten können und die Programme

nicht starten können, auch der ESC-Button sollte gut erreichbar sein, falls Sie ein Programm schnell beenden müssen. Je nachdem welche Aufgabe der Roboter später erledigen soll, kann es auch nötig sein, dass man die Displayanzeige ablesen kann, auch das sollte schon bei der Planung berücksichtigt werden.

4.3 Antriebsarten

Diese Grundregeln gelten zwar für alle Roboter, aber natürlich sind nicht alle Roboter gleich, im Gegenteil, die Möglichkeiten sind schier unendlich. Bevor wir uns an unseren ersten eigenen Roboter wagen, wollen wir uns die drei häufigsten Antriebsarten für NXT-Roboter anschauen, denn welchen Antrieb man wählt, macht einen sehr großen Unterschied für das spätere Modell.

4.3.1 Räder

Der »klassische« Antrieb für einen Roboter sind natürlich Räder, meistens vier. Es gibt aber auch die Möglichkeit, ein Modell mit zwei oder drei Rädern zu bauen. Da mit dem NXT nur drei Motoren mitgeliefert werden, ist es üblich, unabhängig von der Anzahl der Räder zwei Motoren zu benutzen, um die Räder anzutreiben.

Vierrad-Variante

Bei der Vierrad-Variante können also entweder nur zwei Räder angetrieben werden und die anderen nur mitrollen, oder man verbindet jeweils zwei Räder über Zahnräder miteinander und treibt somit alle vier Räder an. Der Vorteil eines Vierradantriebs liegt ganz klar darin, dass er schnell ist und besonders gut die Spur halten kann, also besonders gerade fährt. Dafür ist das Drehen schwer und oft sehr ungenau, da zwei Räder beim Drehen blockieren und über den Boden schleifen.

Dreirad-Variante

Bei der Dreirad-Variante werden für gewöhnlich zwei Räder vorne eingebaut und direkt an die Motoren angeschlossen. Dahinter in der Mitte wird das dritte Rad angebracht. Um zu verhindern, dass dieses beim Drehen blockiert, wird es oft beweglich, wie bei einem Einkaufswagen, angebracht. Das hat den Vorteil, dass sich das dritte Rad beim Drehen in Drehrichtung bewegt und das Drehen somit einfacher und schneller funktioniert. Die Schwachstelle eines solchen Antriebs ist aber, dass das dritte Rad in dieser Position stehen bleibt; möchte man nun wieder geradeaus fahren, steht es beim Anfahren schief und der Roboter fährt schief. Ein solcher Antrieb ist also eher für Roboter geeignet, die zum Beispiel Linien folgen sollen und keine langen, geraden Strecken zurücklegen müssen.

Zweirad-Variante

Die Zweirad-Variante wird klassischerweise wie eine Dreirad-Variante realisiert, nur wird das dritte Rad durch einen »Schleifer« ersetzt, also ein LEGO-Teil, das über den Boden schleift. Die Zweirad-Variante ist ebenso wendig wie ein Dreiradantrieb, hat jedoch den Vorteil, dass kein drittes Rad da ist, das beim Anfahren blockieren kann. Zwar fährt der Roboter damit immer noch nicht so gerade wie mit einem Vierradantrieb, in der Praxis hat sich die Zweirad-Variante aber meist als der beste Kompromiss zwischen Wenden und Geradeausfahren herausgestellt. Eine weitere Variation der Zweirad-Variante ist der Schlitten. Hierbei werden die antreibenden Räder meist hinten am Roboter angebaut und vorne werden zwei LEGO-Steine als Kufen angebaut, das sorgt noch einmal für eine Verbesserung beim Geradeausfahren. Allerdings hat diese Form des Antriebs auch einen Nachteil, denn gerade wenn ein Roboter große Steigungen bewältigen muss, sind die hinten angebrachten Antriebsräder sehr nachteilig, da der Roboter am Anfang der Steigung leichter hängen bleibt und auch eher dazu neigt, nach hinten zu fallen.

4.3.2 Ketten

Wenn ein Roboter Stufen oder extreme Steigungen bewältigen soll oder auf der Stelle drehen muss, kommt man bei Rädern, egal mit welchem Antrieb, bald an die Grenzen des Möglichen. Genau hier liegt das Spezialgebiet von Kettenantrieben. Mit nur zwei Motoren ist es so möglich, dass der Roboter auf der Stelle drehen kann und auch große Steigungen schafft. Wie Sie sich schon denken können, hat natürlich auch der Kettenantrieb seine Nachteile. So ist ein Roboter mit Kettenantrieb langsamer als ein vergleichbares Modell mit Rädern, außerdem kann es leicht passieren, dass die Ketten von den Führungsrädern abrutschen. Das größte Hindernis für alle NXT-Besitzer dürfte jedoch sein, dass mit dem neuen Roboter standardmäßig keine Ketten mehr mitgeliefert werden. Hier haben Besitzer des älteren RCX einen Vorteil, denn der wurde noch mit Ketten ausgeliefert und diese Ketten können selbstverständlich auch für den NXT genutzt werden.

4.3.3 Beine

Besonders populär sind NXT-Roboter mit »Beinen«, man spricht auch von humanoiden Robotern. Roboter, die auf zwei Beinen laufen wie Menschen, sind am schwierigsten zu konstruieren, denn man muss sie exakt ausbalancieren, damit sie beim Laufen nicht umfallen, außerdem ist der Antrieb nur mit Zahnrädern zu realisieren. Besonders vorteilhaft sind die zweibeinigen Roboter dabei noch nicht einmal unbedingt, sie sind nicht besonders schnell oder wendig, hier steht eher die Herausforderung bei der Konstruktion im Vordergrund. Um komplexere Ausführungen zu bauen, benötigt man mindestens vier Motoren, einfachere Ausführungen, wie wir sie auch in diesem Buch bauen werden, können aber auch mit den zwei mitgelieferten Motoren des NXT realisiert werden.

4.4 Motoren und Sensoren anschließen

Das Gehirn und das Herz jedes Roboters ist zwar der NXT, aber ohne die Sensoren und Motoren, sozusagen die Sinne und die Muskeln eines Roboters, geht gar nichts. Deshalb sollten Sie auch auf die Verkabelung der Motoren und Sensoren achten.

4.4.1 Belegung

Wie Sie bereits wissen, bietet der NXT drei Ausgänge für Motoren und vier Eingänge für Sensoren. Um es später beim Programmieren einfacher zu haben, sollten Sie darauf achten, dass Sie die Motoren und Sensoren bei jedem Modell möglichst gleich anschließen, also zum Beispiel den linken Motor immer an Ausgang A und den rechten Motor immer an Ausgang C. Natürlich funktioniert das, gerade bei den Sensoren, nicht immer, da die Anzahl und die Typen der verwendeten Sensoren wechseln, trotzdem sollten Sie darauf achten, die Belegung wenigstens so weit wie möglich immer gleich zu halten. In diesem Buch werden wir, soweit nicht anders angegeben, immer folgende Belegung verwenden:

Motor	Ausgang
Linker Motor	A
Zusatzmotor	B
Rechter Motor	C

Tabelle 4.1: Belegung Motoren

Sensor	Eingang
Farbsensor / Lichtsensor	1
Tastsensor	2
Soundsensor / weiterer Tastsensor	3
Ultraschallsensor	4

Tabelle 4.2: Belegung Sensoren

4.4.2 Kabellänge und Kabelverlegen

Mit dem NXT werden Kabel in verschiedenen Längen mitgeliefert. Beim Verbauen dieser Kabel sollten Sie möglichst darauf achten, dass das verwendete Kabel immer so kurz wie möglich ist, am besten so, dass es nur gerade eben passt, so verhindern Sie ein Kabelwirrwar. Außerdem sollten die Kabel immer so verlegt werden, dass der Roboter nicht daran hängen bleiben kann, das heißt, sie sollten auf keinen Fall über den Roboter hinausragen. Außerdem sollten Sie immer darauf achten, dass die Kabel nicht in der Nähe von Motoren oder anderen beweglichen Teilen verlaufen, da sich die Kabel hier leicht verfangen.

4.5 Grundmodelle

An dieser Stelle werden wir uns gemeinsam drei Grundmodelle anschauen. Grundmodelle deshalb, weil sie zum einen besonders einfach und damit einsteigerfreundlich aufgebaut sind, aber auch, weil sie Platz für Erweiterung, zum Beispiel durch Sensoren, bieten und damit als Grundmodell für eigene Entwürfe genutzt werden können. Für jedes der Grundmodelle finden Sie im Folgenden eine Bauanleitung.

4.5.1 Vierrädriges Grundmodell

Starten werden wir mit einem Modell mit vier Rädern, bei dem zwei Räder angetrieben werden. Wie oben bereits beschrieben, wird auch unser Modell später sehr gerade fahren können, aber eher schlecht wenden.

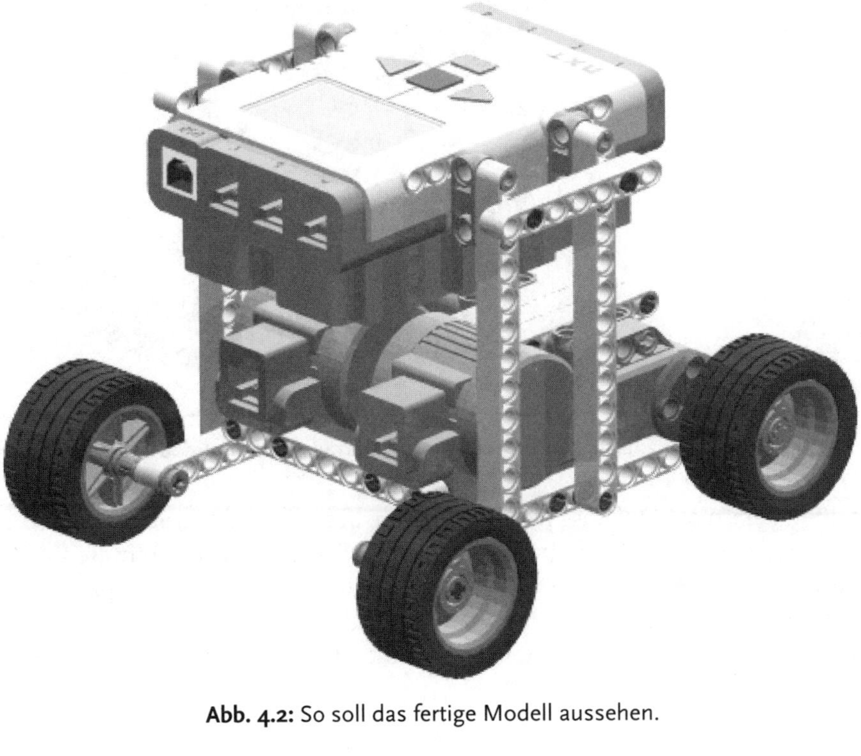

Abb. 4.2: So soll das fertige Modell aussehen.

Teile-Liste

Zuerst einmal sollten Sie alle Teile zusammensuchen, die zum Bau des Modells benötigt werden:

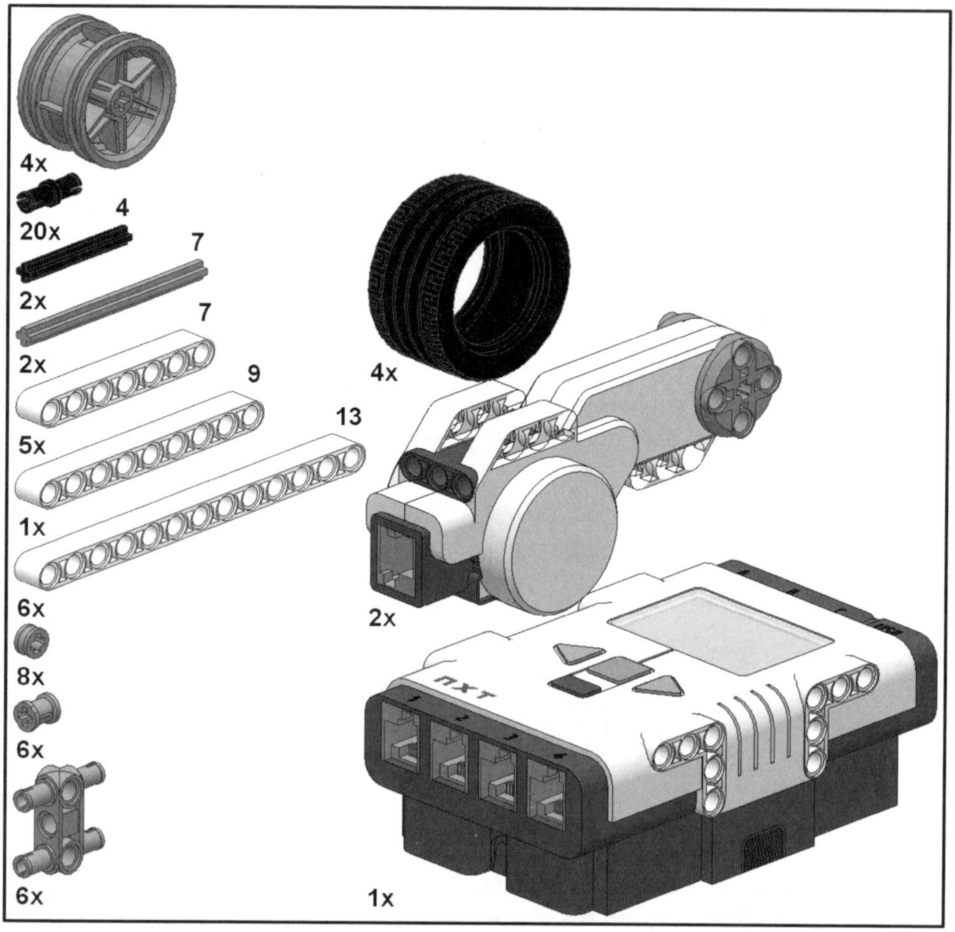

Abb. 4.3: Liste der Bauteile für das vierrädrige Grundmodell

Sie sollten darauf achten, dass alle Bauteile, insbesondere die kreuzförmigen Stangen, die passende Länge haben. Die Länge der Stangen wird durch die nebenstehende Zahl angegeben, also im Fall von Abbildung 4.3 zum Beispiel 4 und 7. Abmessen können Sie die Stangen ganz einfach, indem Sie sie an ein normales Bauteil halten und zählen, wie viele Löcher die Stange überdeckt, und das mit der angegebenen Zahl vergleichen.

Bauanleitung

1

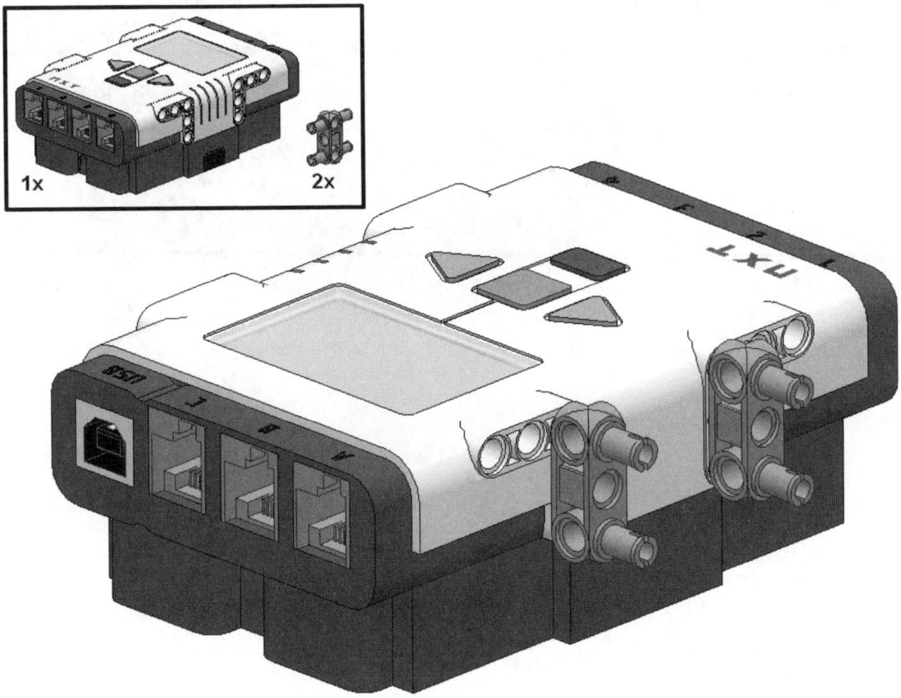

2

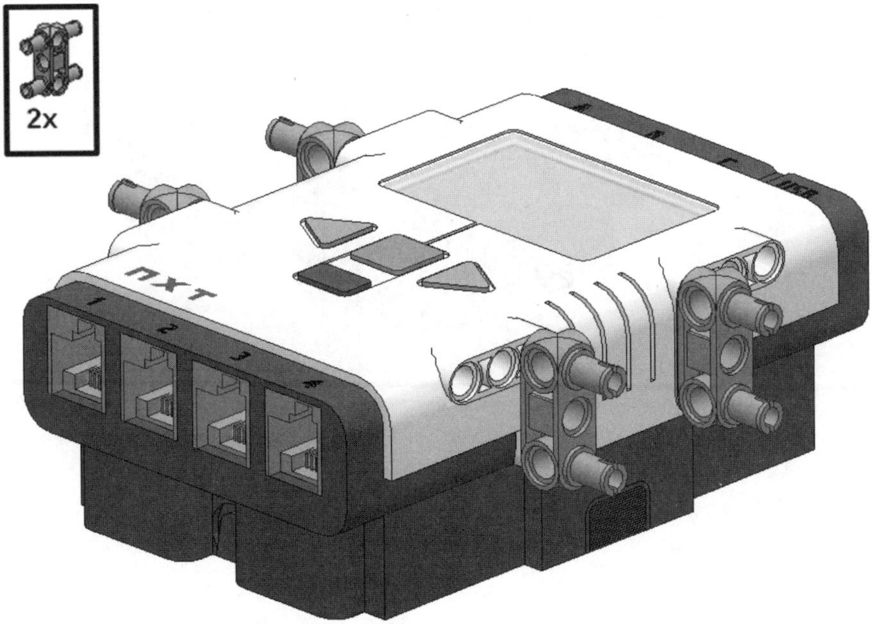

3

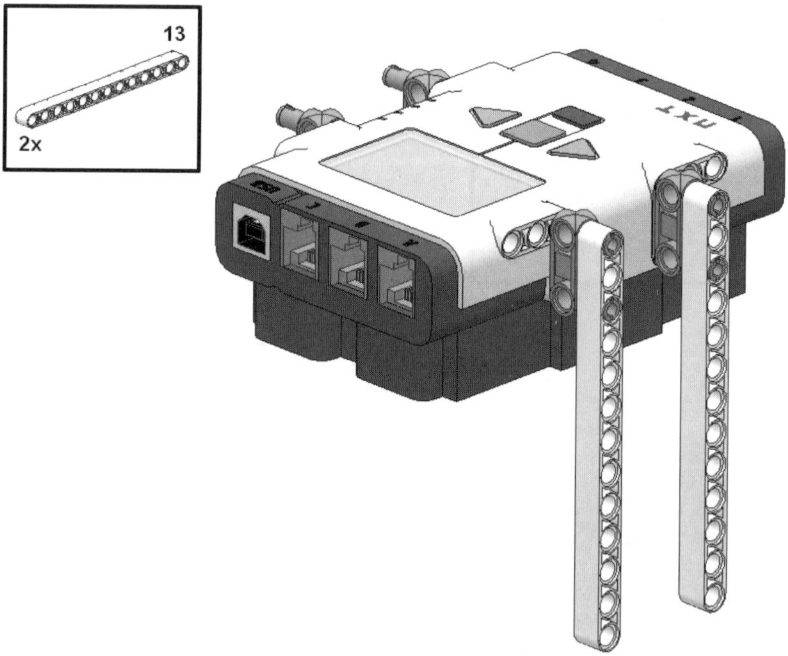

4

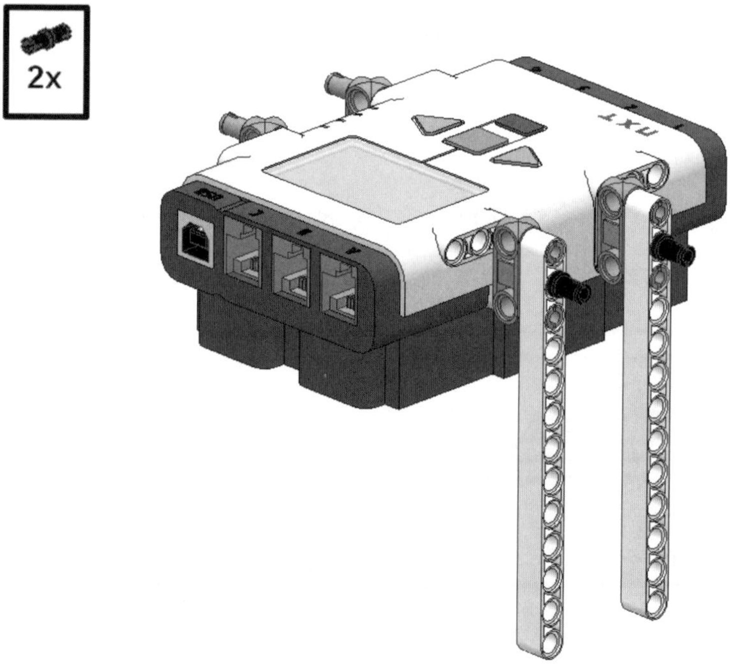

5

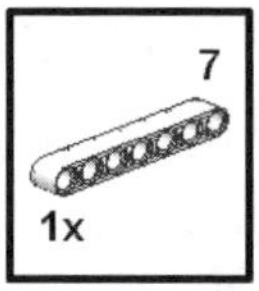

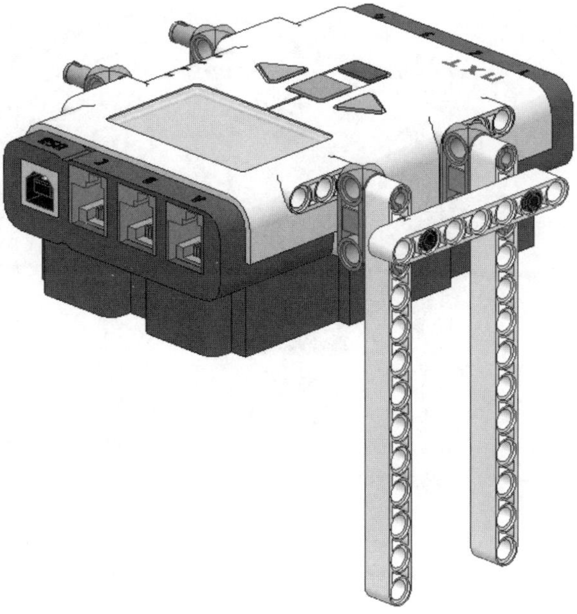

6

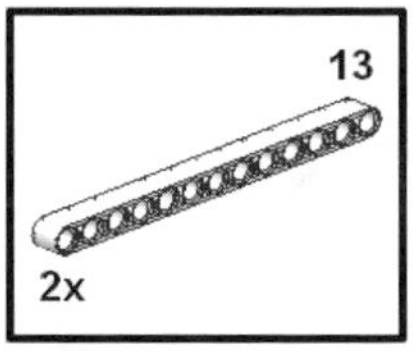

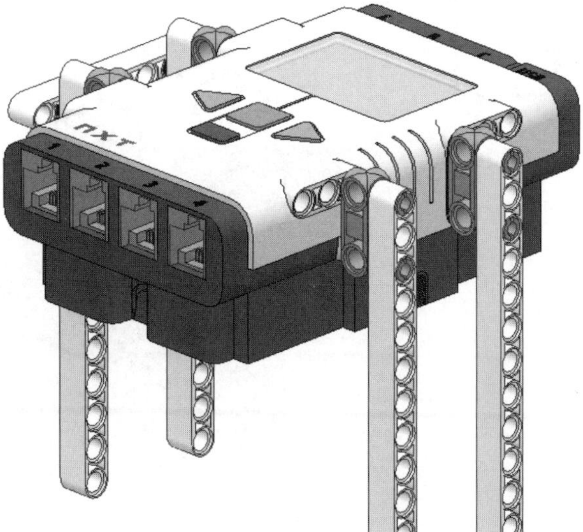

7

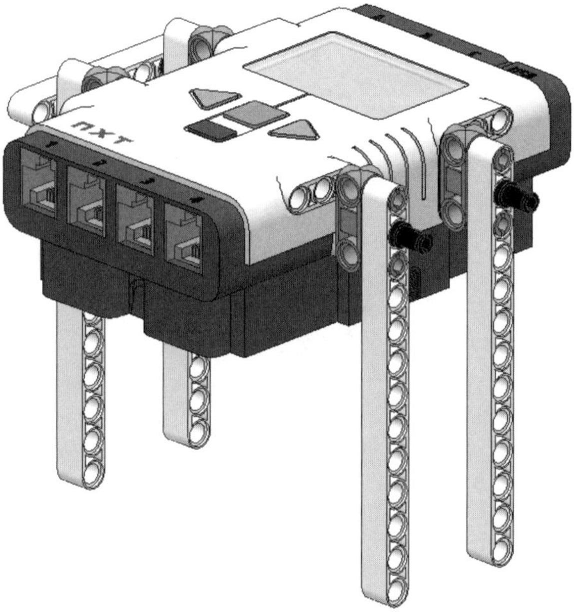

8

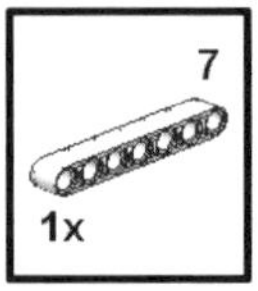

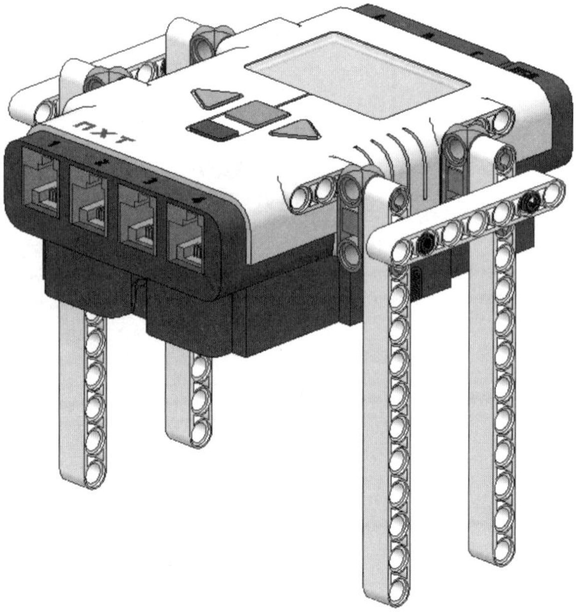

9

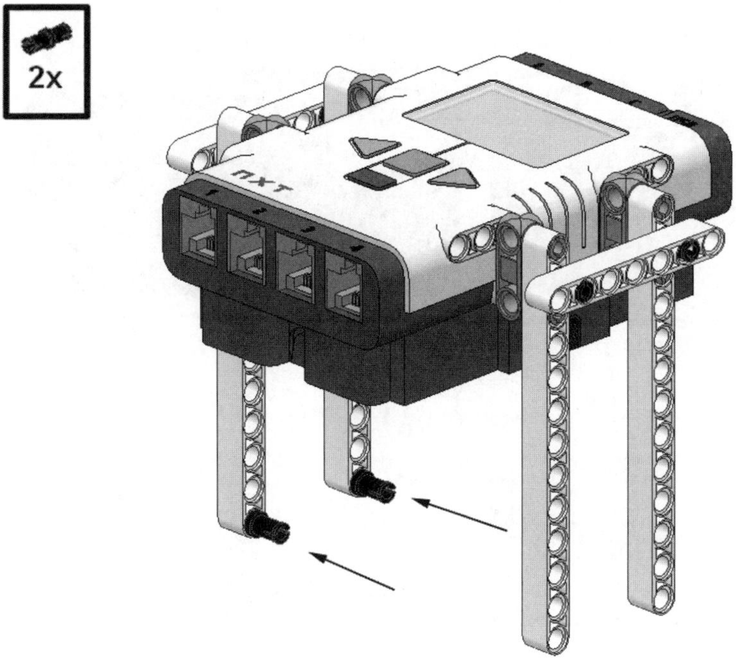

10

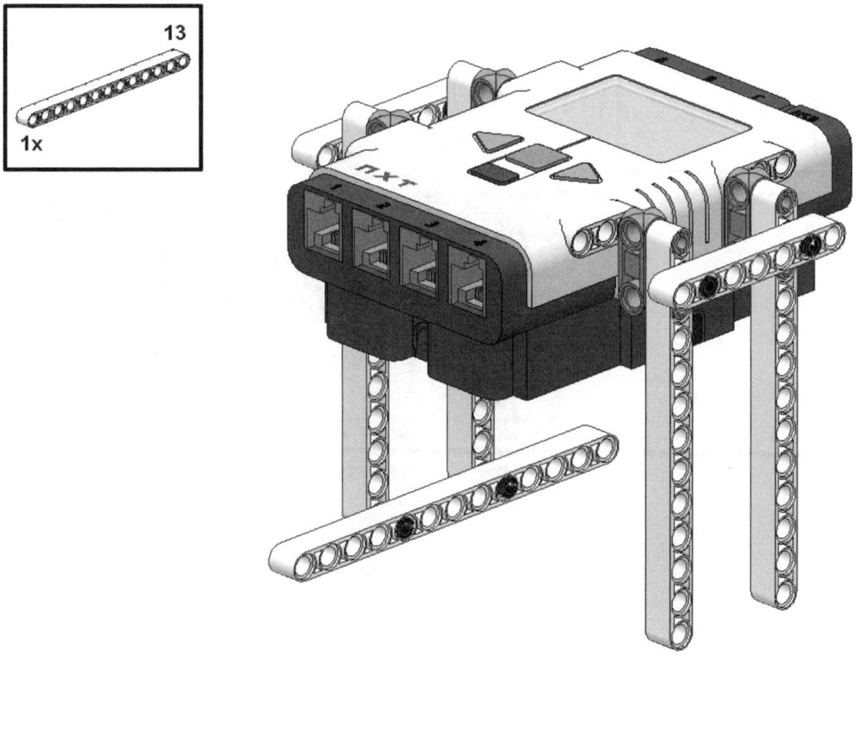

11

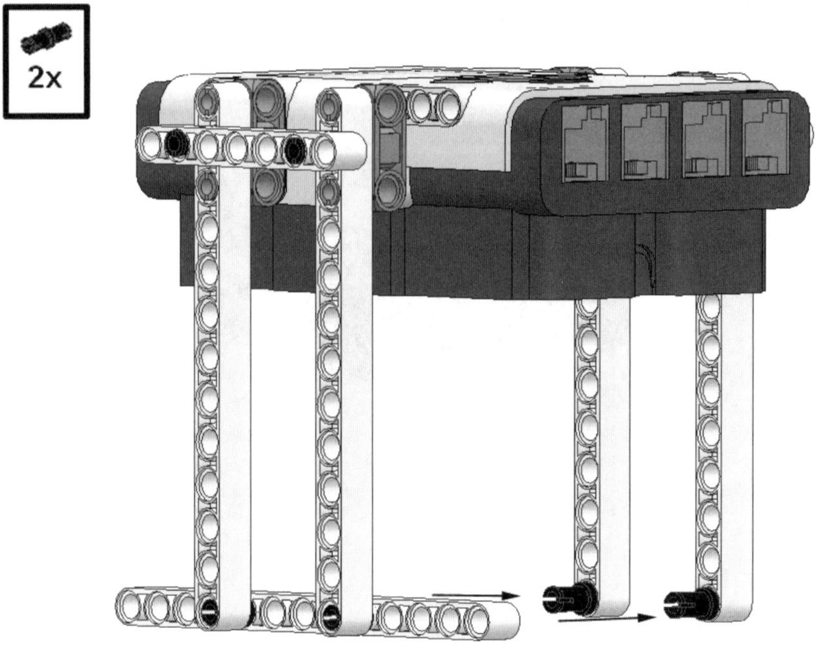

12

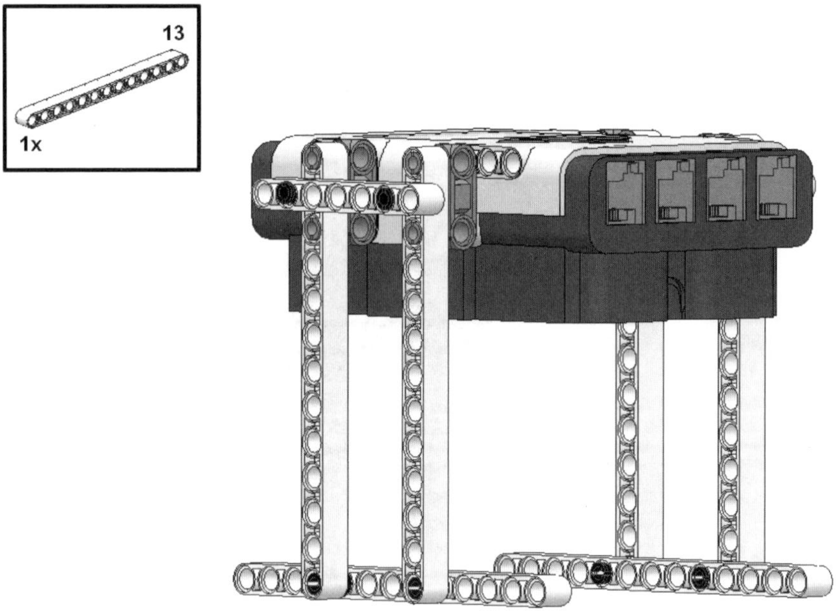

13

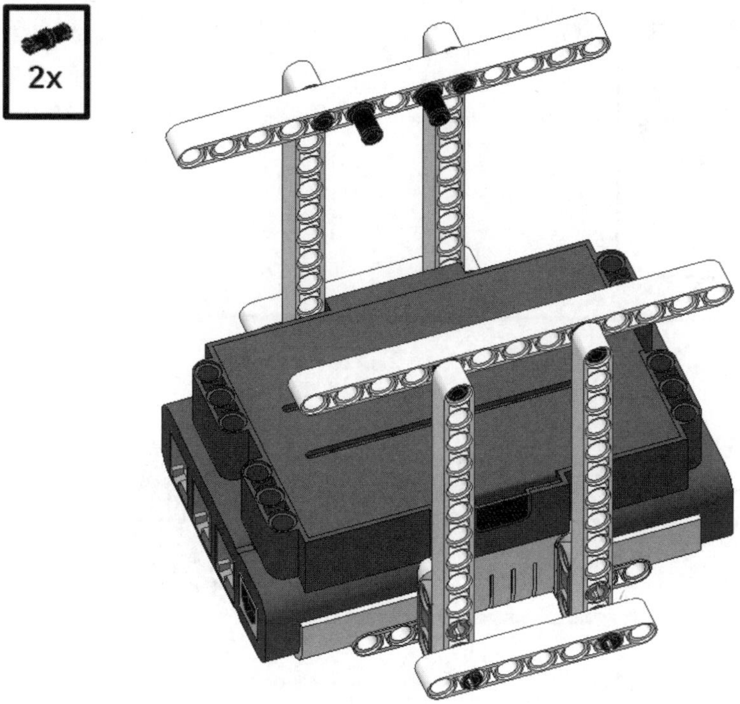

Zwischenschritt

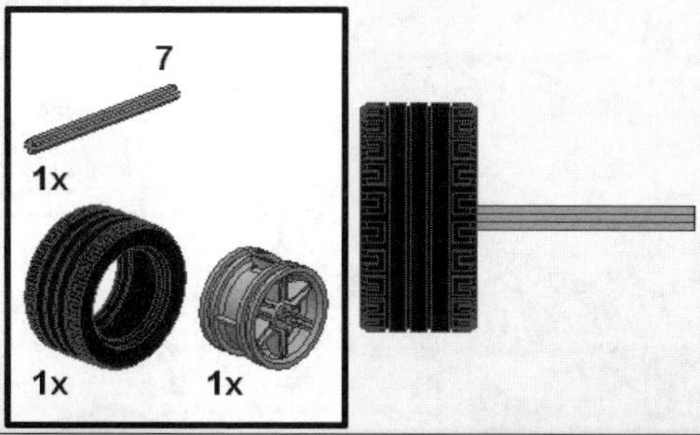

Zwischenschritt

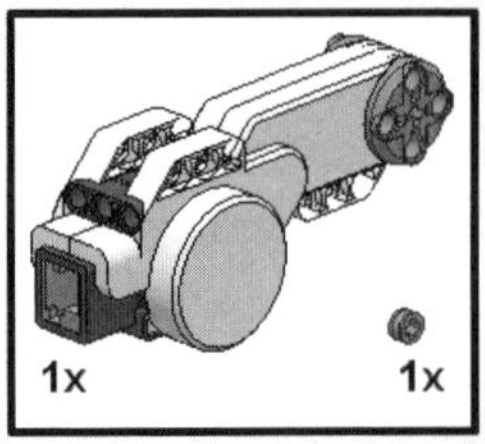

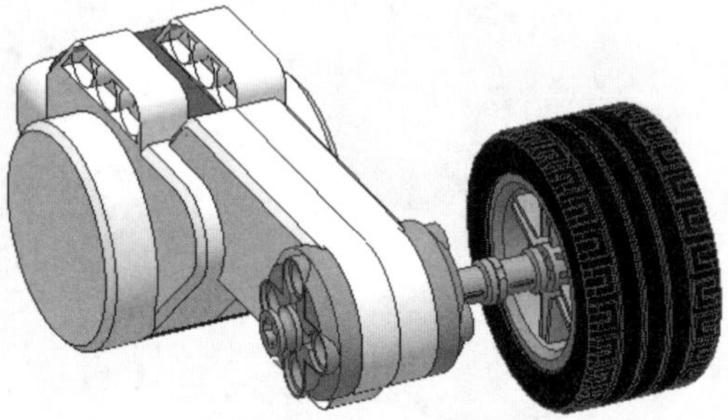

14

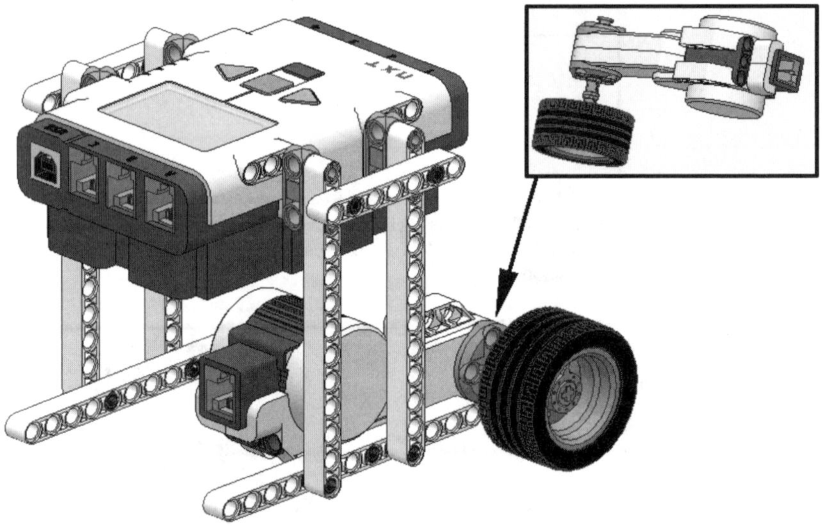

15

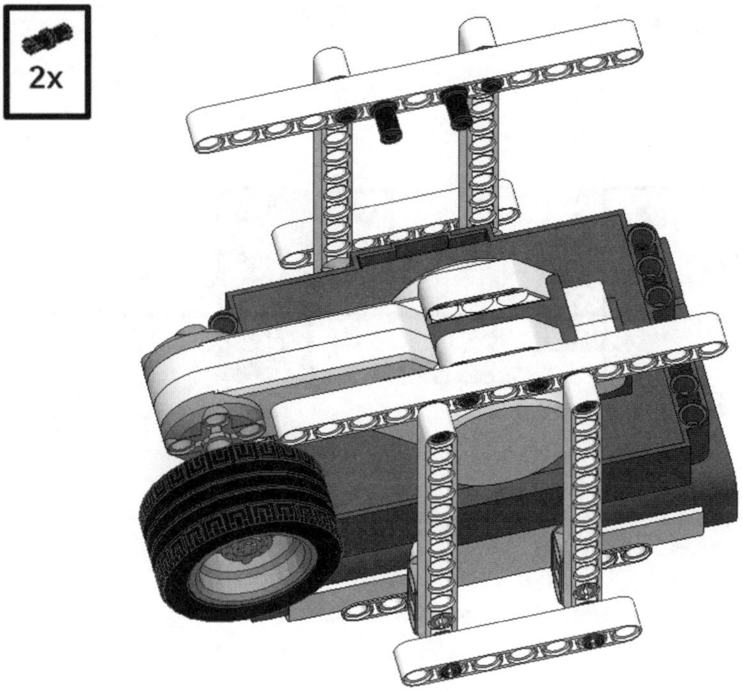

Zwischenschritt

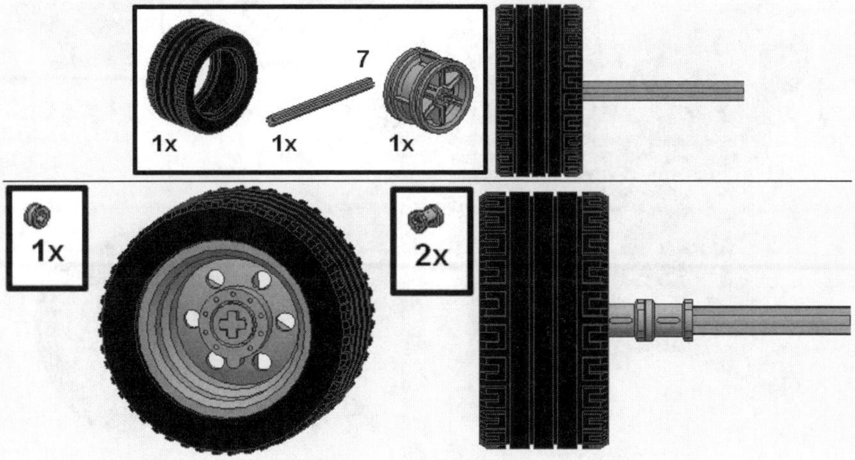

Zwischenschritt

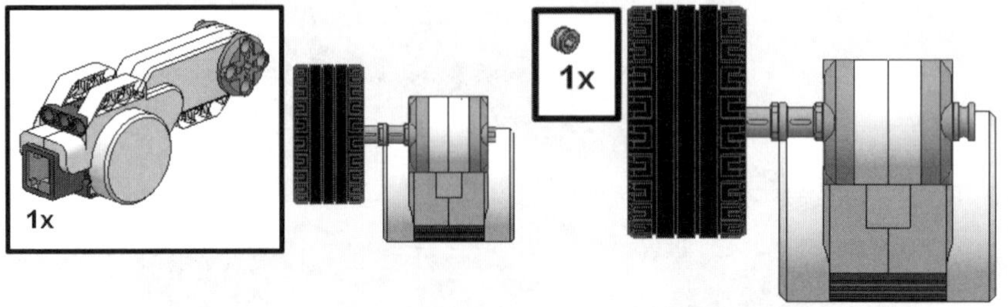

16

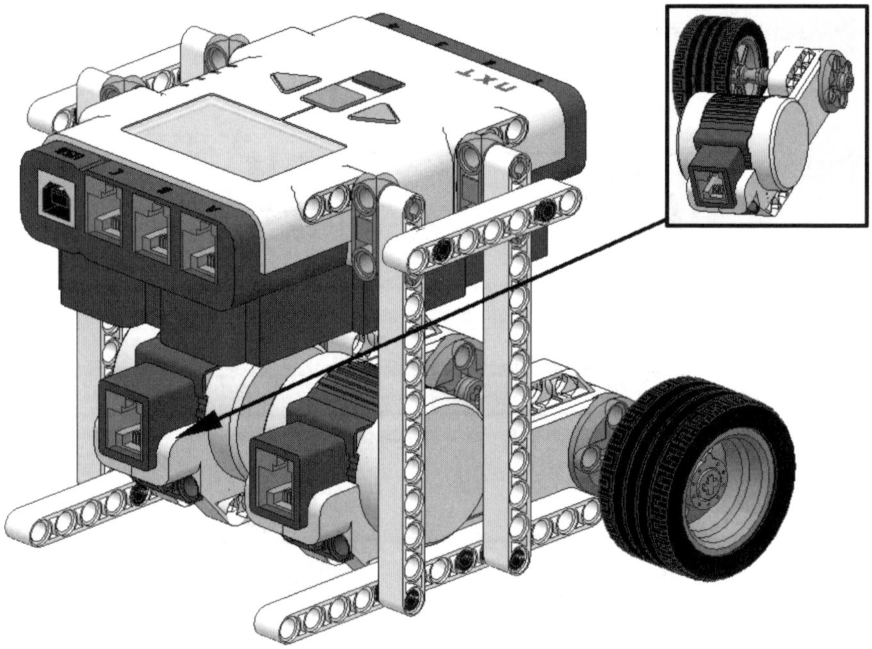

17

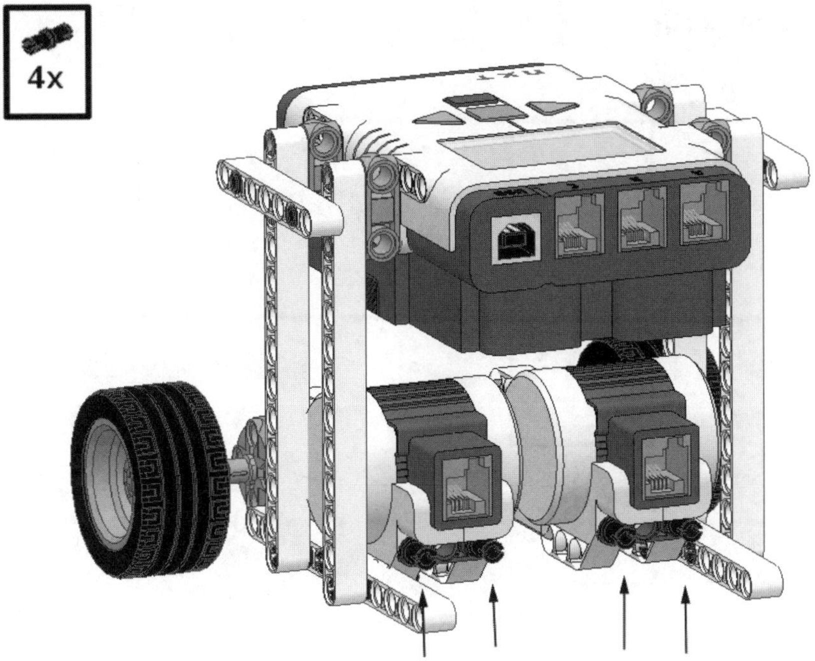

18

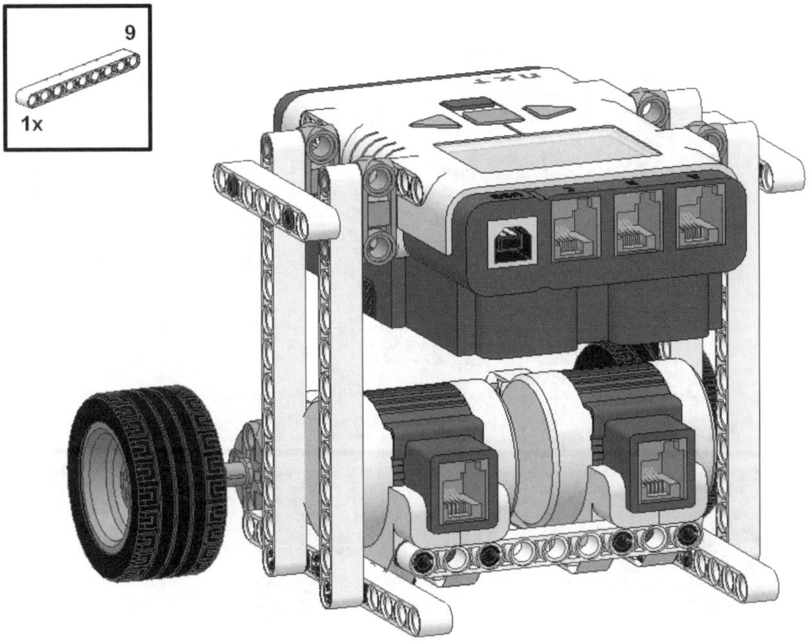

Zwischenschritt

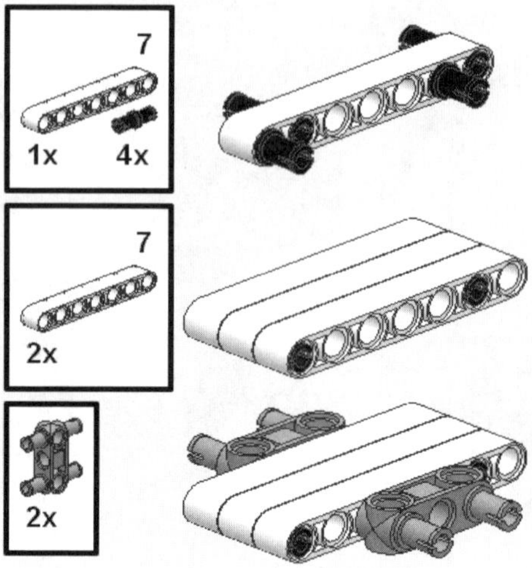

19

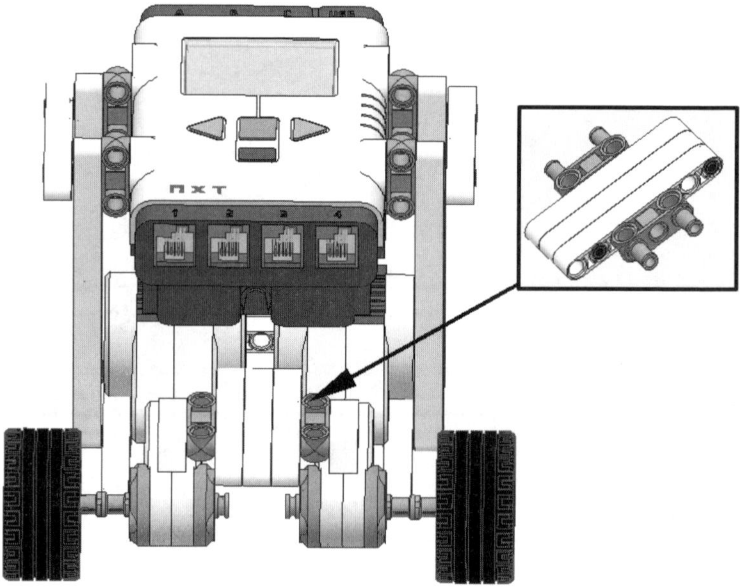

Zwischenschritt

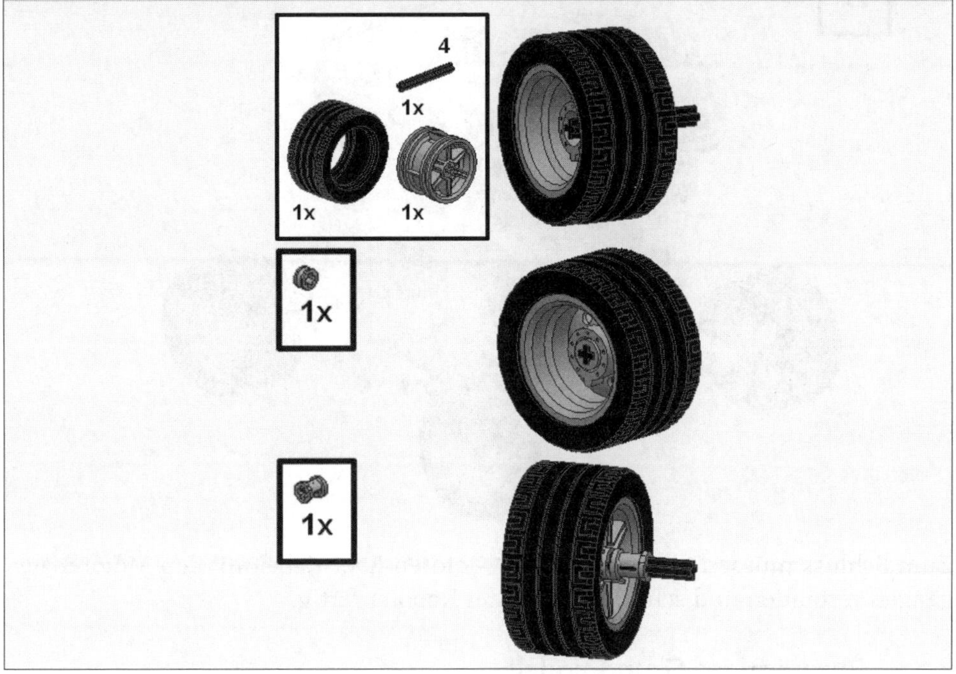

20

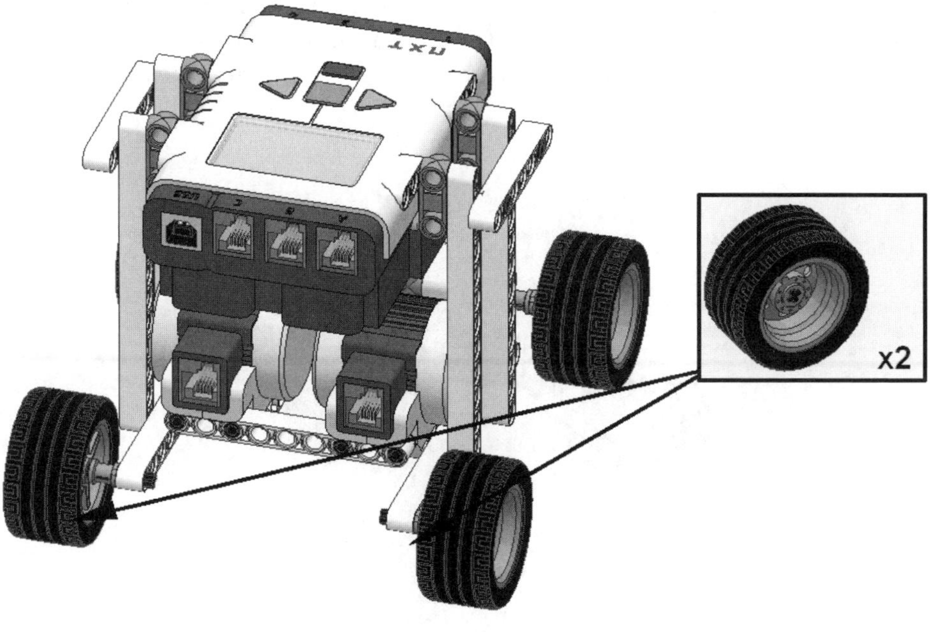

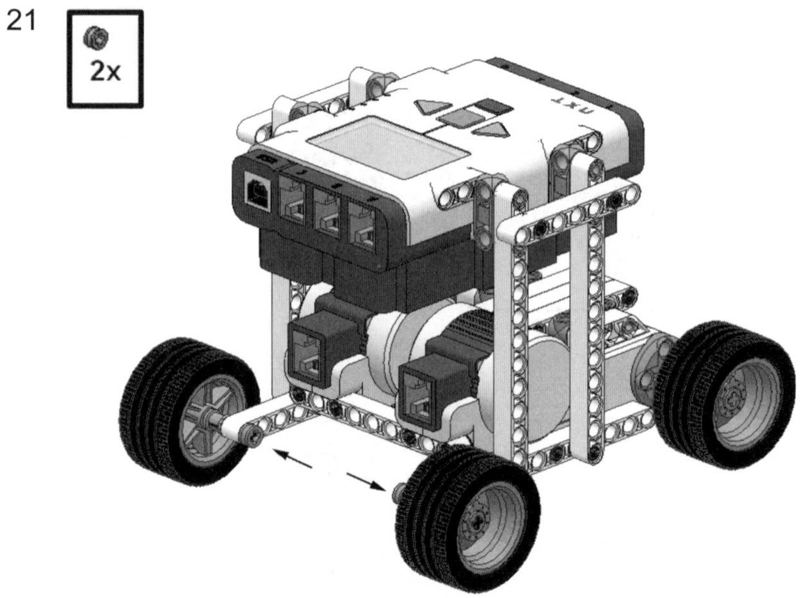

Zum Schluss müssen Sie nur noch die Motoren über Kabel mit den Motorenausgängen verbinden und schon ist Ihr erster Roboter fertig.

4.5.2 Zweirädriges Grundmodell

Als Nächstes wollen wir uns ein Modell mit zwei Rädern anschauen, wie zuvor aufgeführt hat diese Bauweise den Vorteil, dass der Roboter wendiger ist und trotzdem noch gut geradeaus fährt. Dieses Modell werden Sie auch im späteren Verlauf des Buches verwenden, um Ihre erstellten Programme auszuführen.

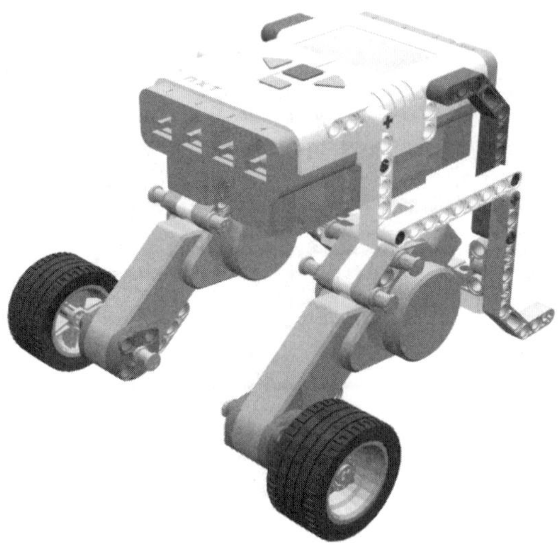

Abb. 4.4: Das fertige Modell mit zwei Rädern

Teile-Liste

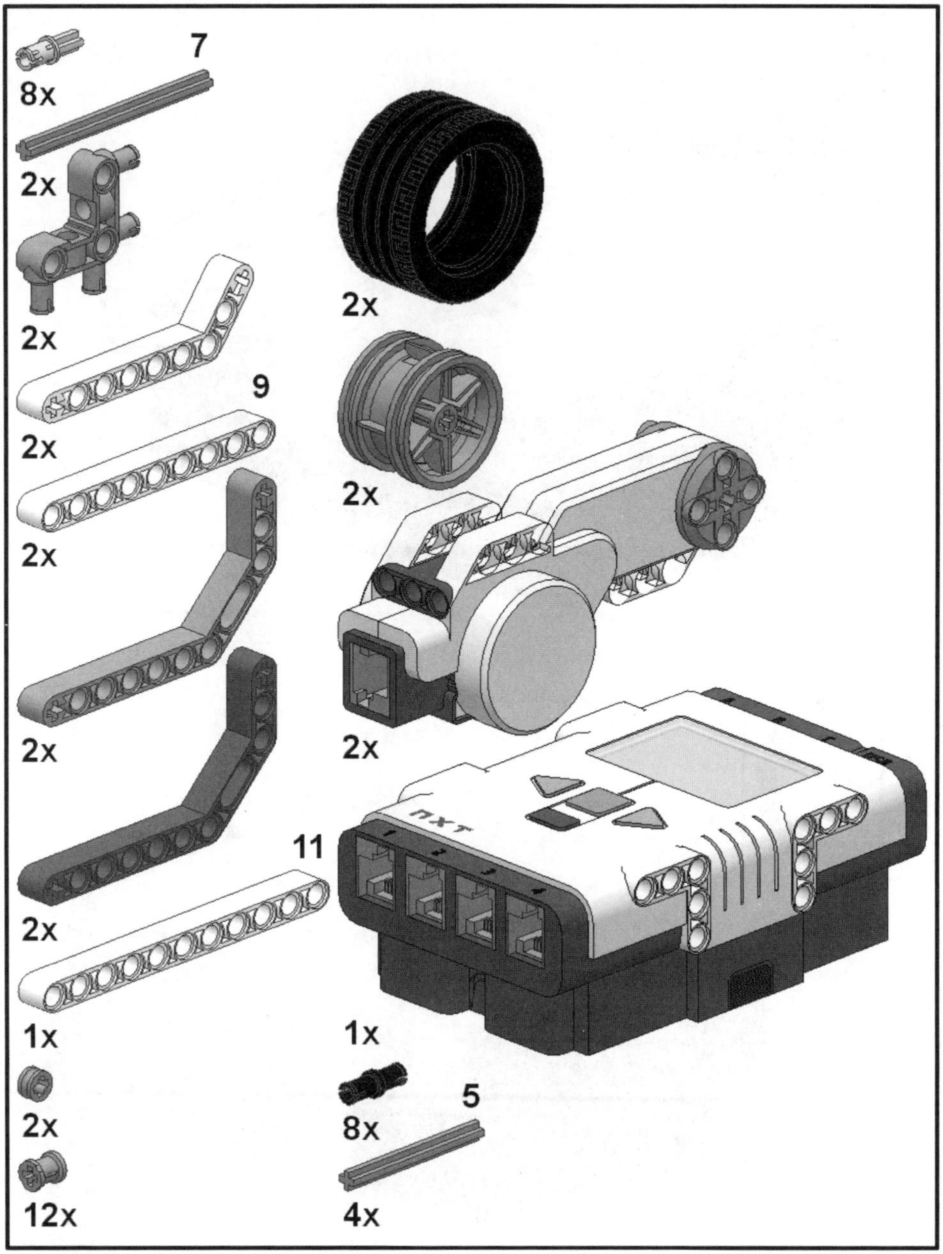

Abb. 4.5: Liste der Bauteile für das zweirädrige Grundmodell

Bauanleitung

1

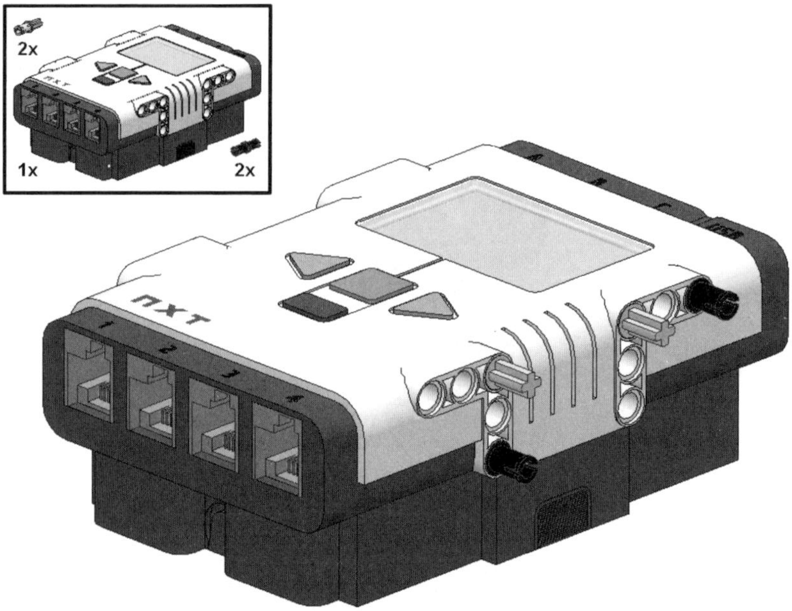

2

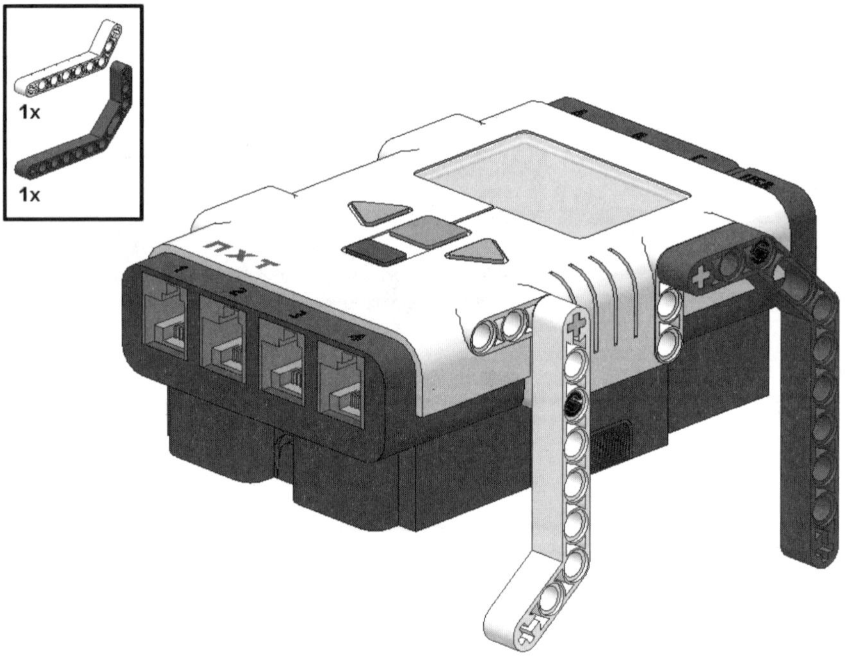

3

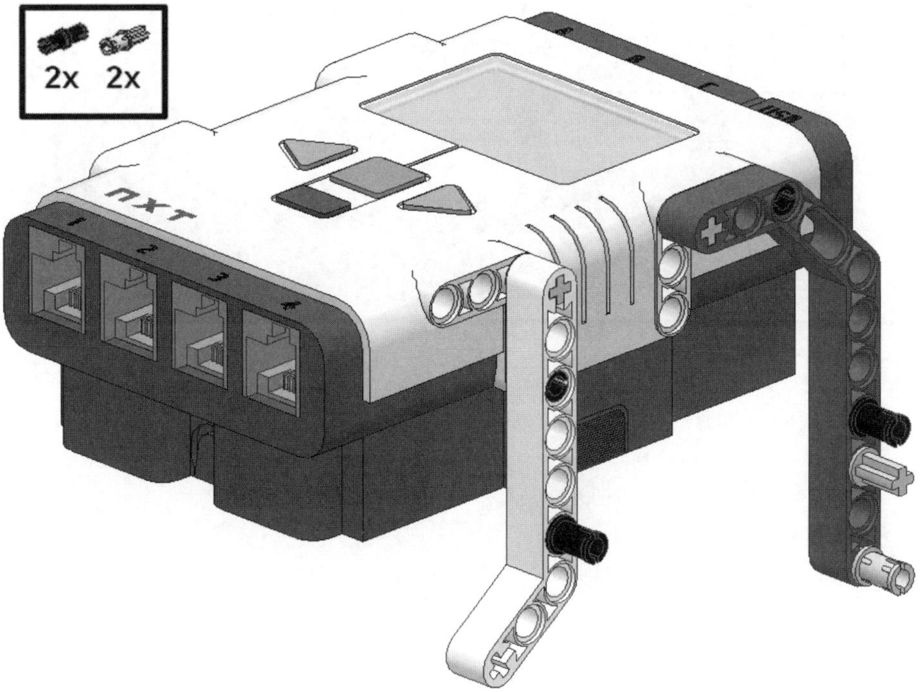

4

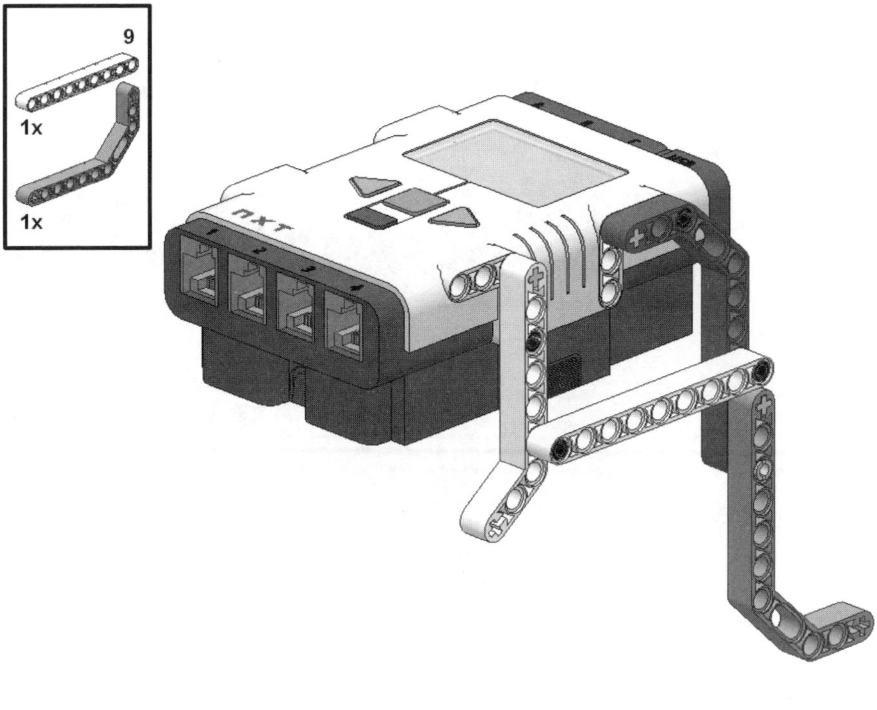

5

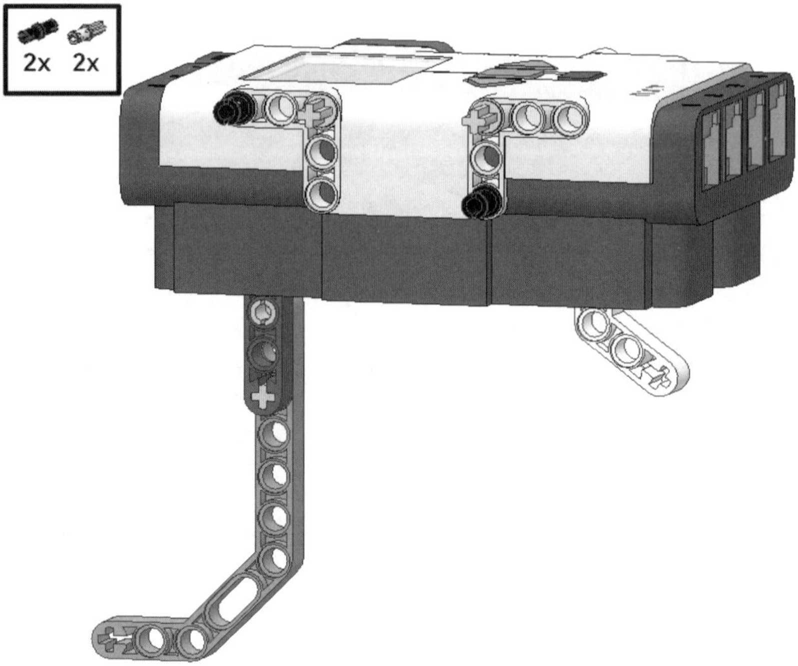

6

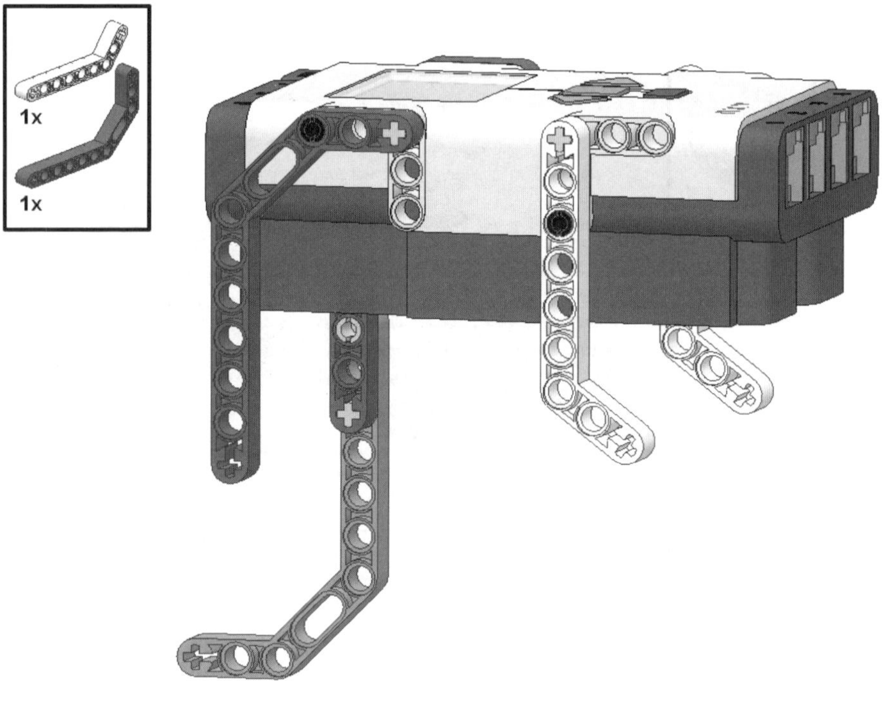

7

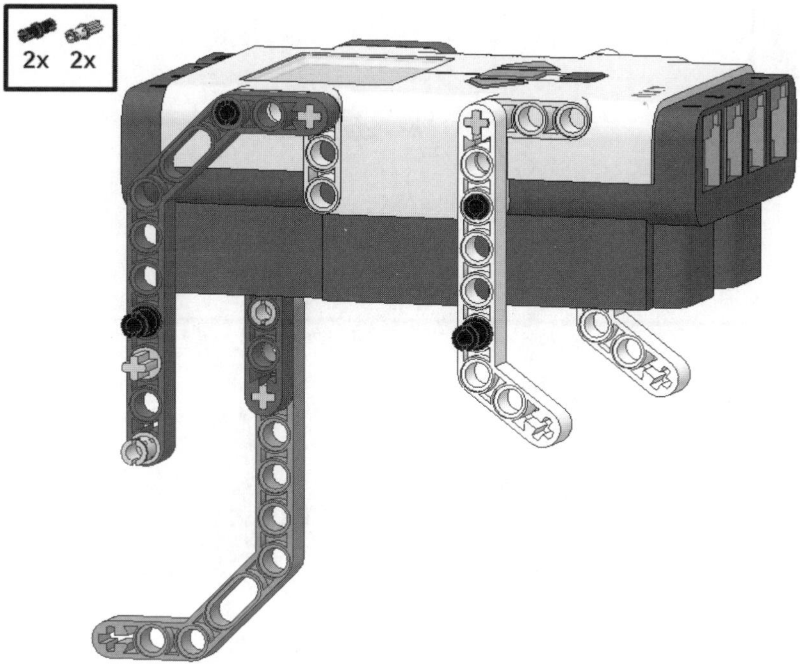

8

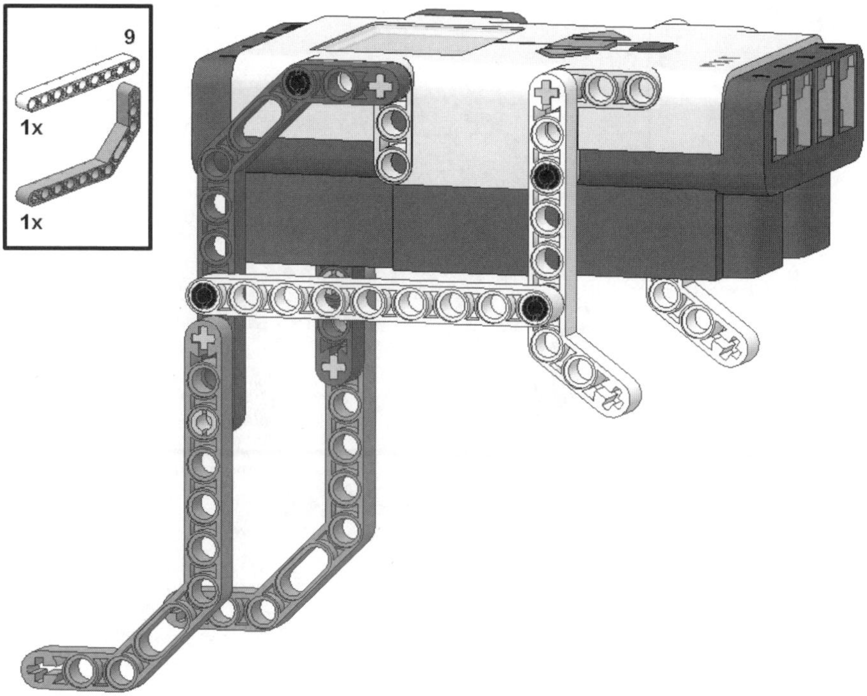

9

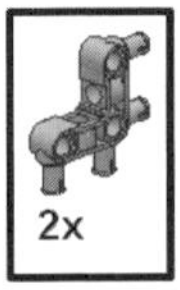

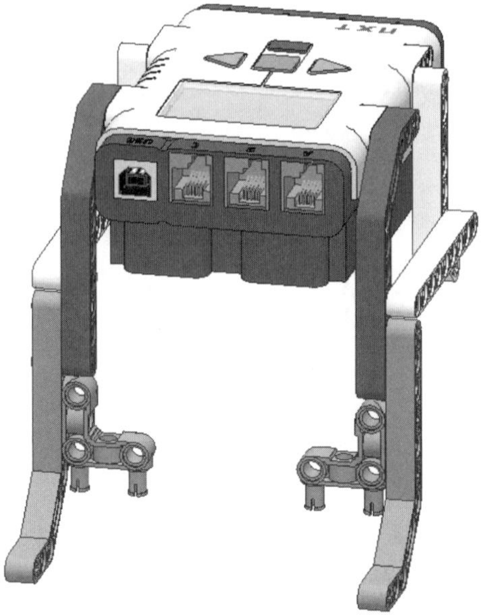

10

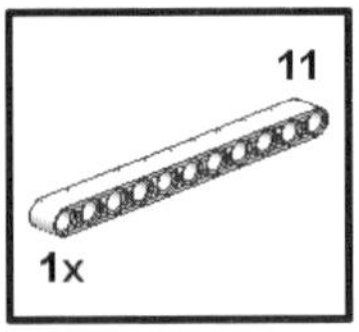

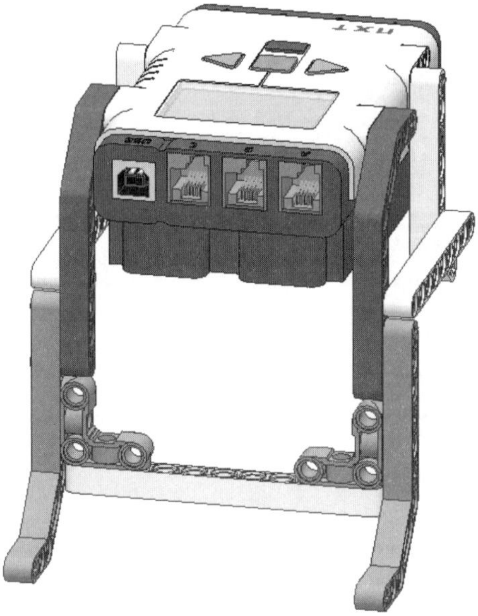

Zwischenschritt

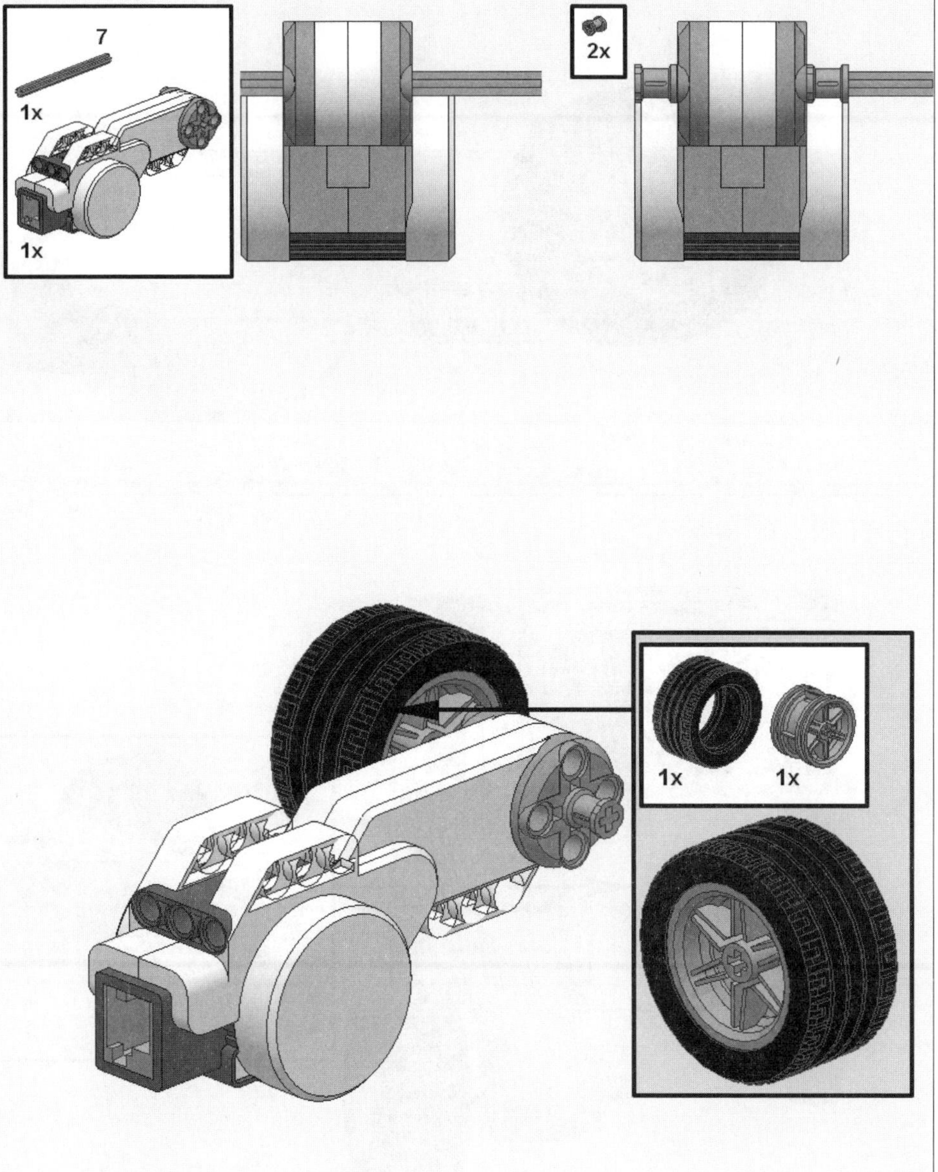

Zwischenschritt

11

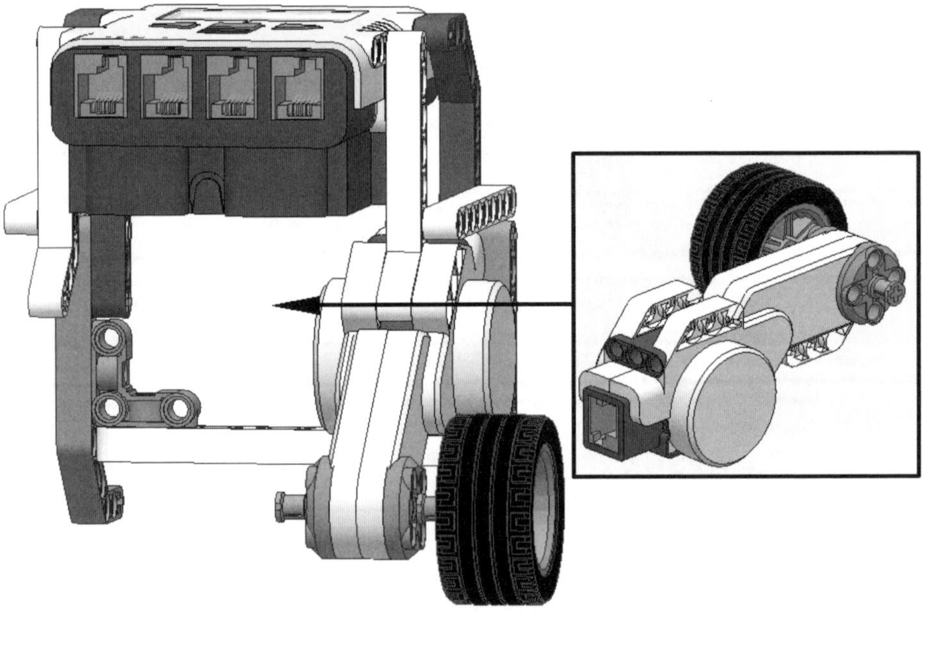

12

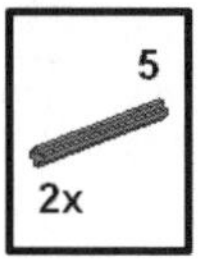

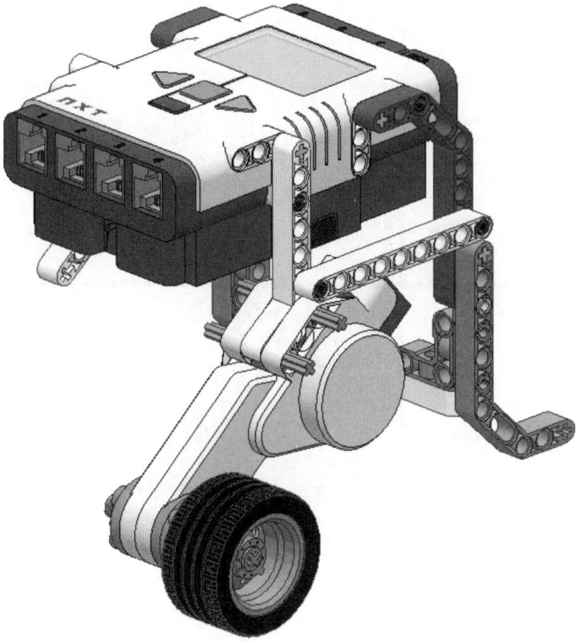

13

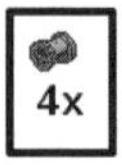

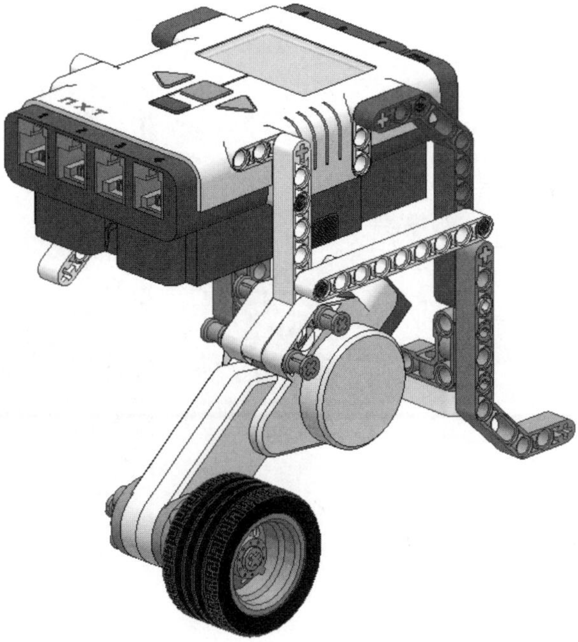

Zwischenschritt

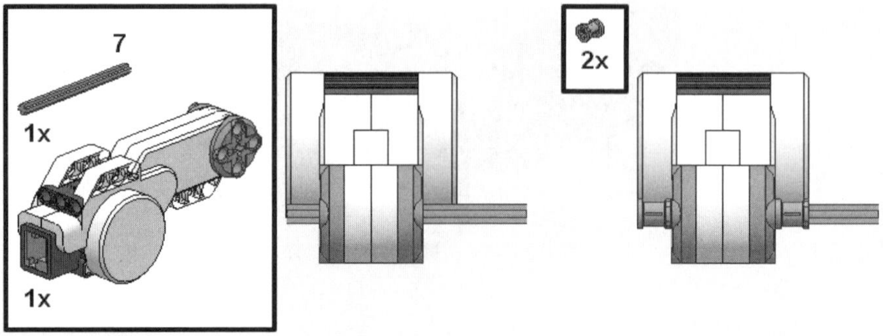

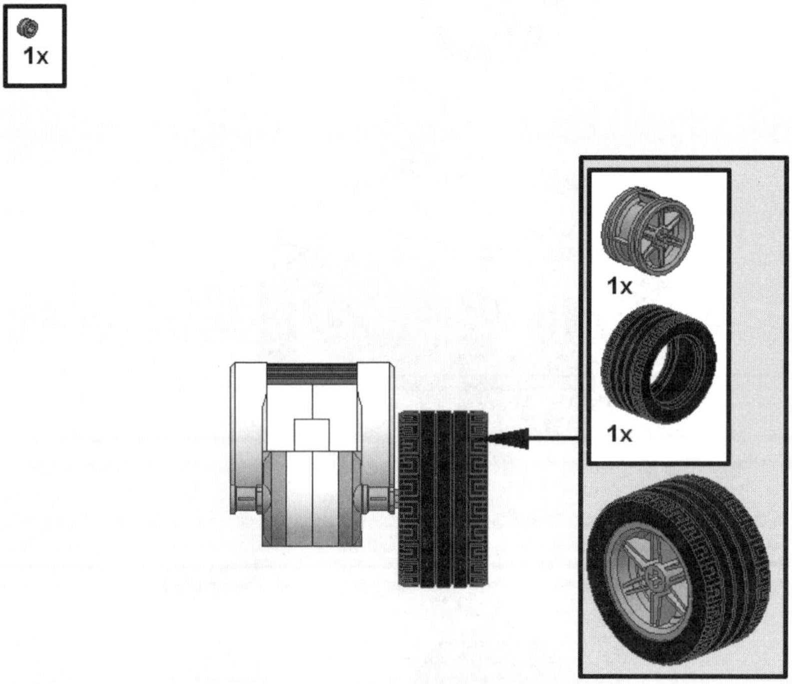

14

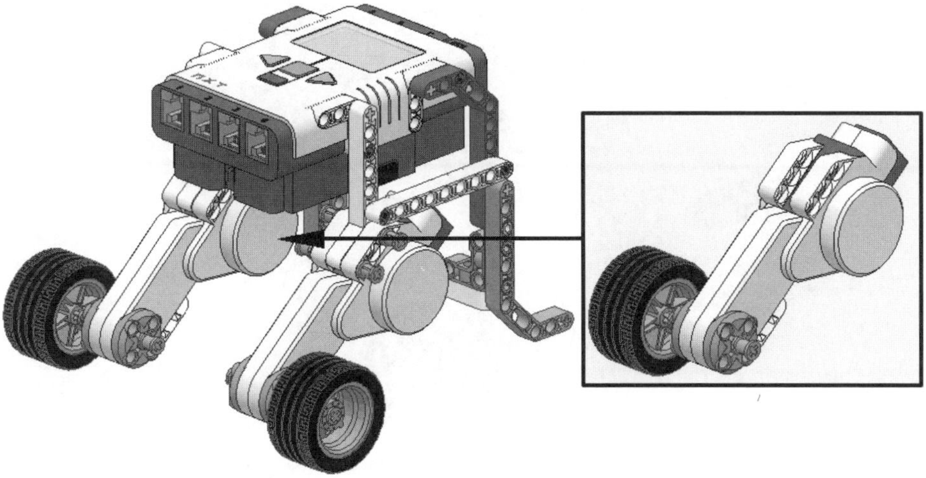

15

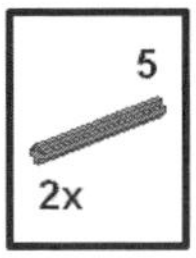

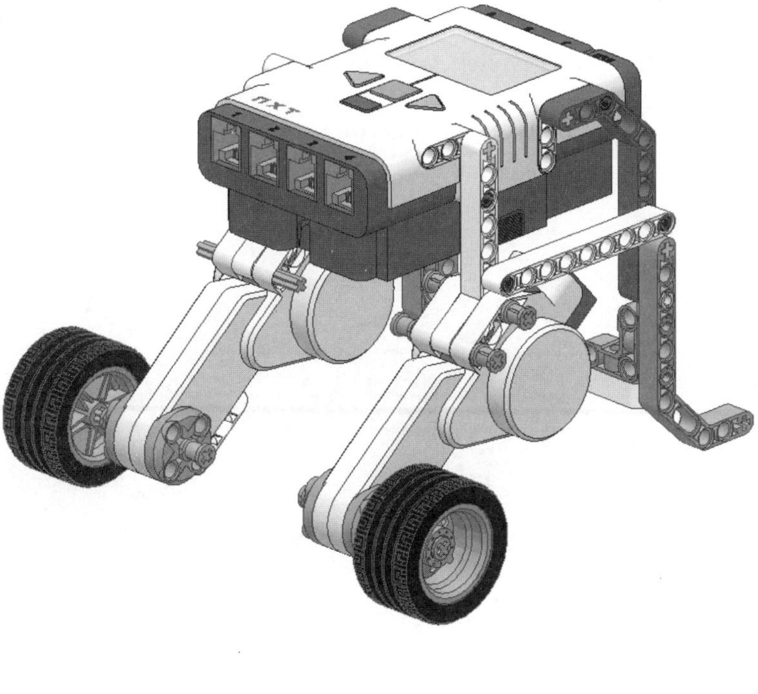

16

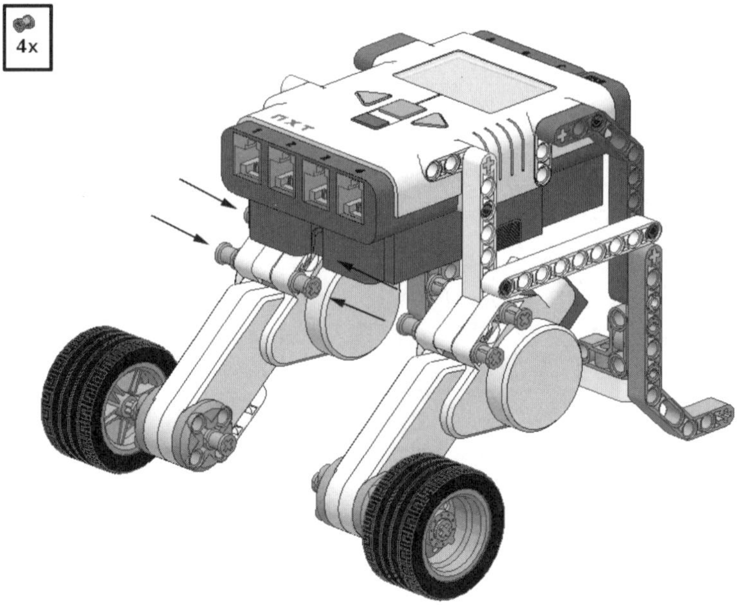

Zum Abschluss müssen Sie wieder die Motoren mit dem NXT verbinden und schon ist das Modell mit zwei Rädern fertig.

4.5.3 Grundmodell mit Kettenantrieb

Als letztes Modell wollen wir uns nun noch einen Roboter mit Kettenantrieb anschauen. Wie vorher hat der einige Vorteile, zum Beispiel kann er auf der Stelle wenden, ist dafür aber eher langsam und auch nicht ganz einfach zu bauen.

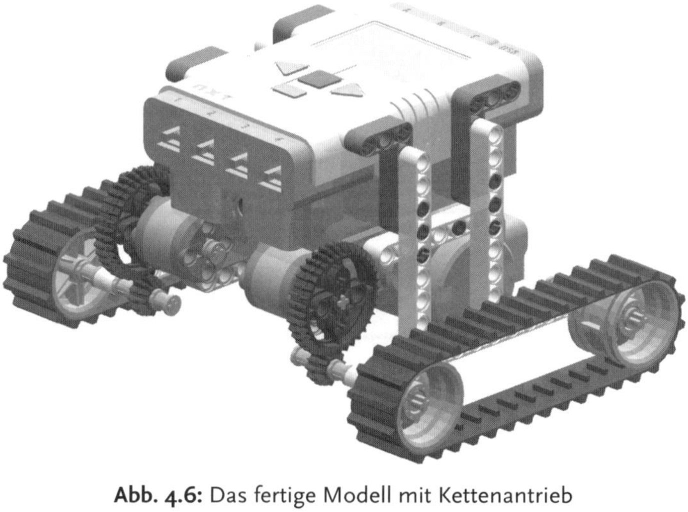

Abb. 4.6: Das fertige Modell mit Kettenantrieb

Teile-Liste

Zuerst einmal sollten Sie alle Teile zusammensuchen, die zum Bau des Modells benötigt werden:

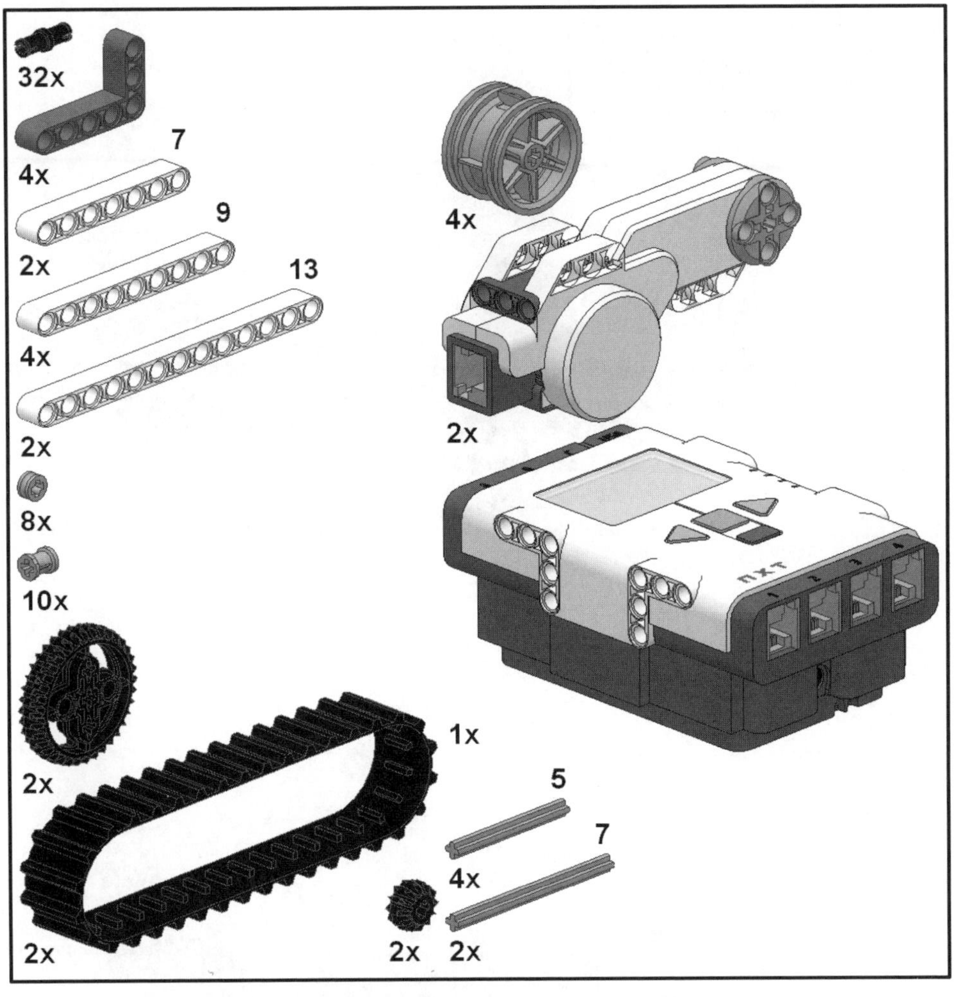

Abb. 4.7: Die benötigten Teile für unser Kettenmodell

Bauanleitung

1

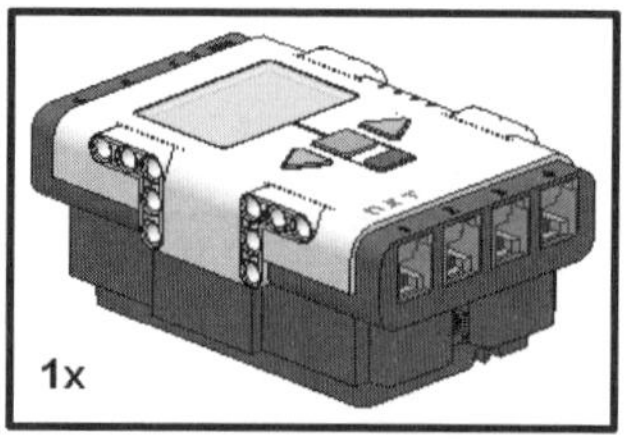

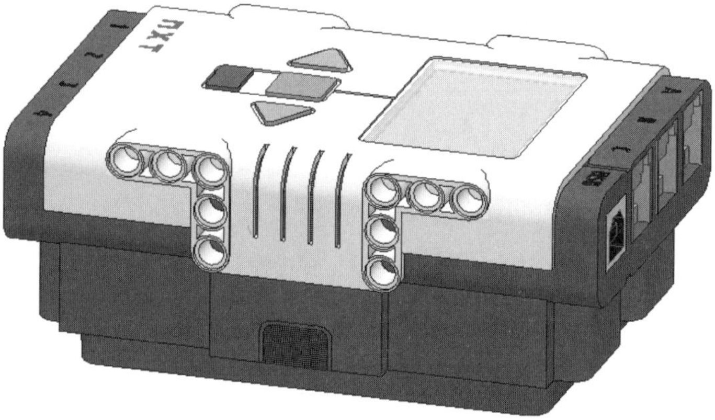

2

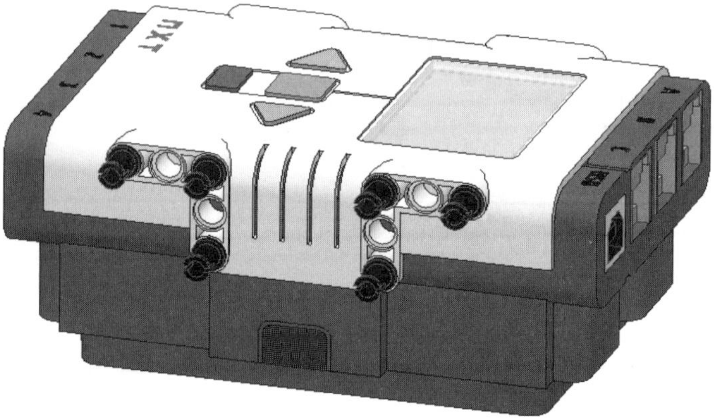

3

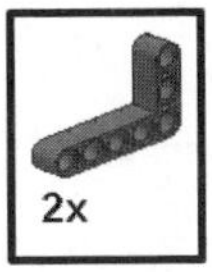

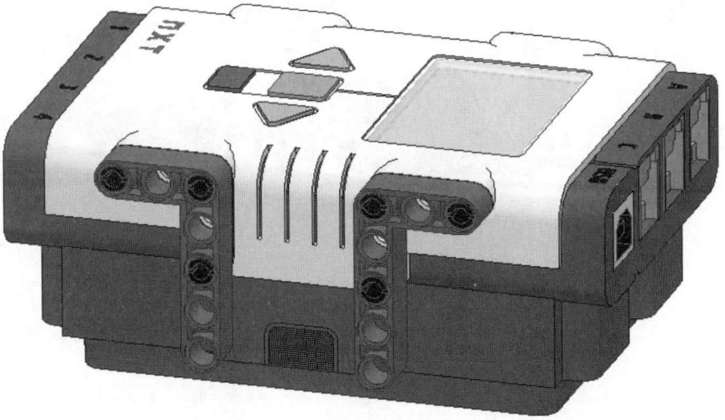

4

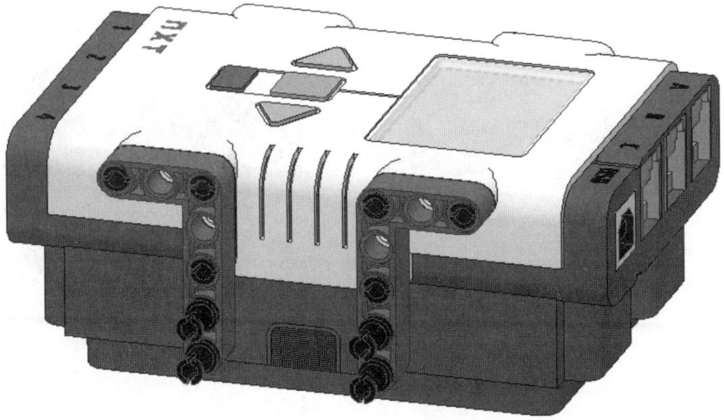

5

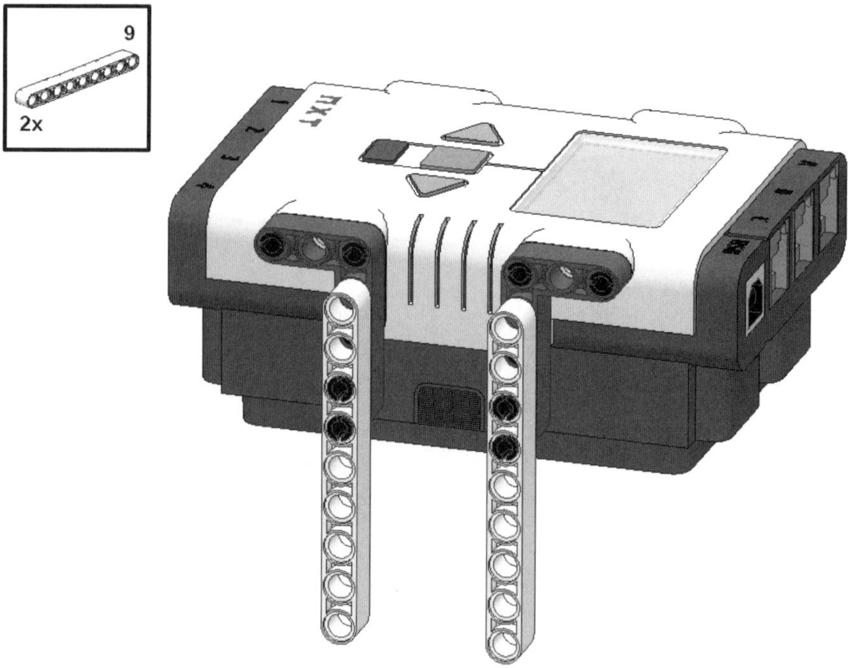

6

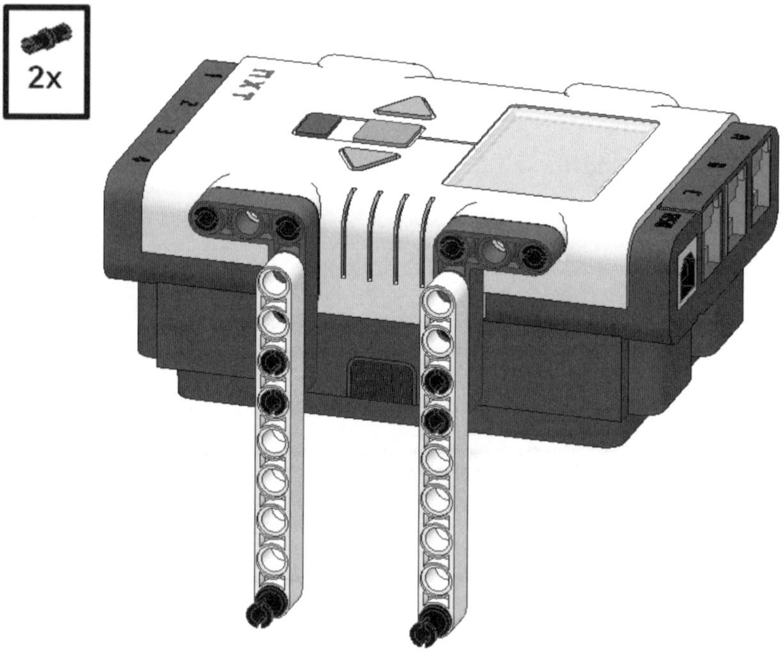

7

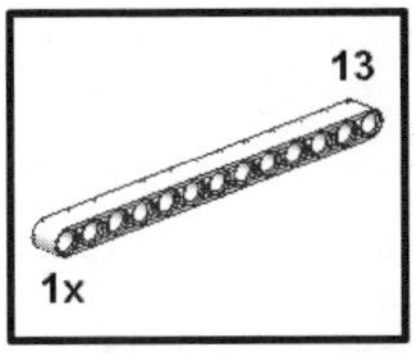

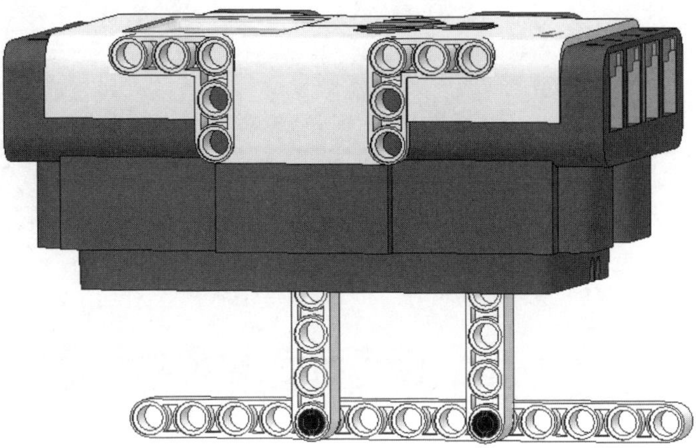

8

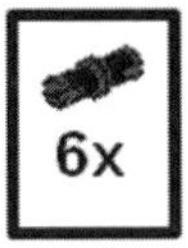

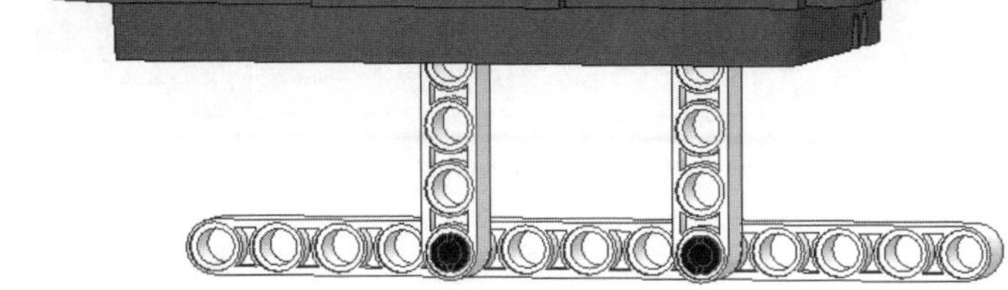

9

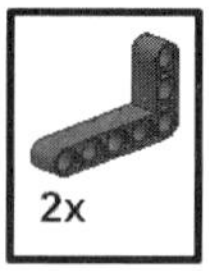

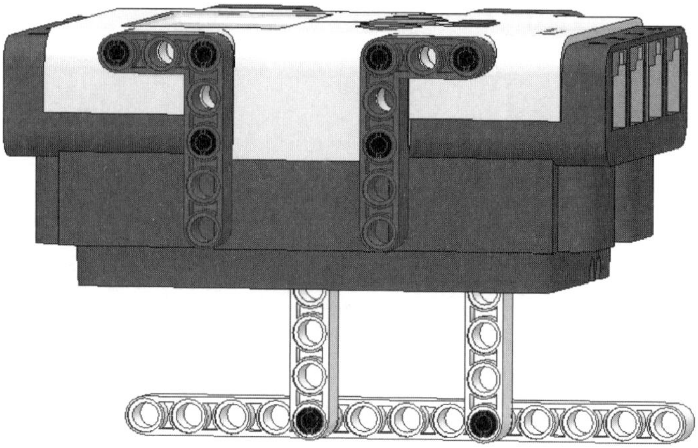

10

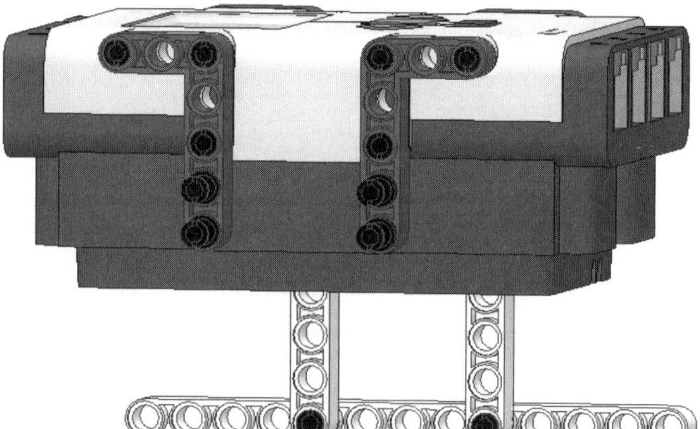

13

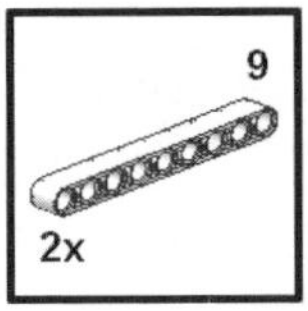

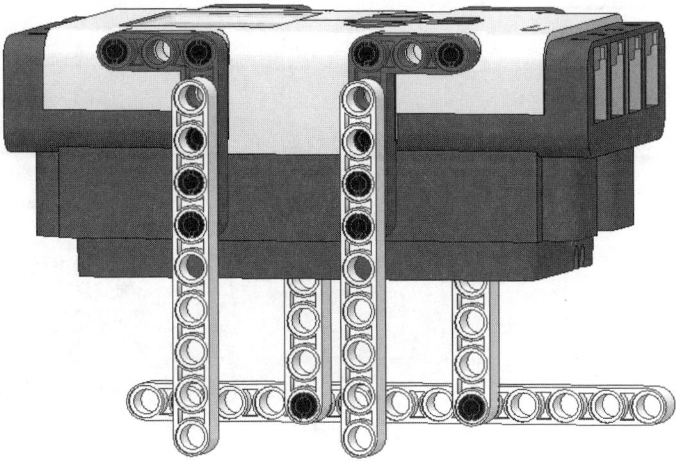

12

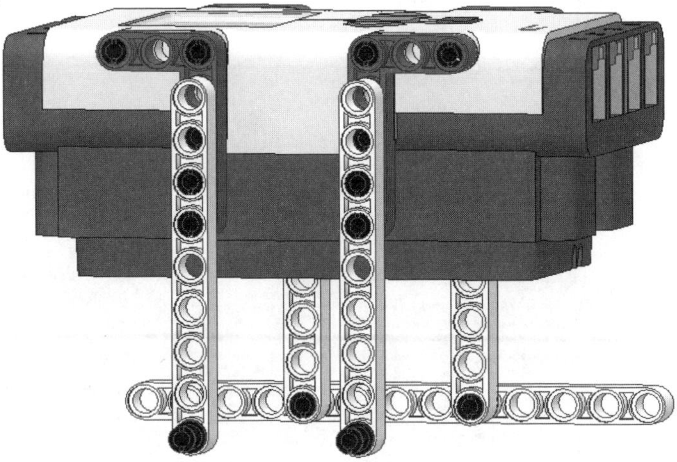

13

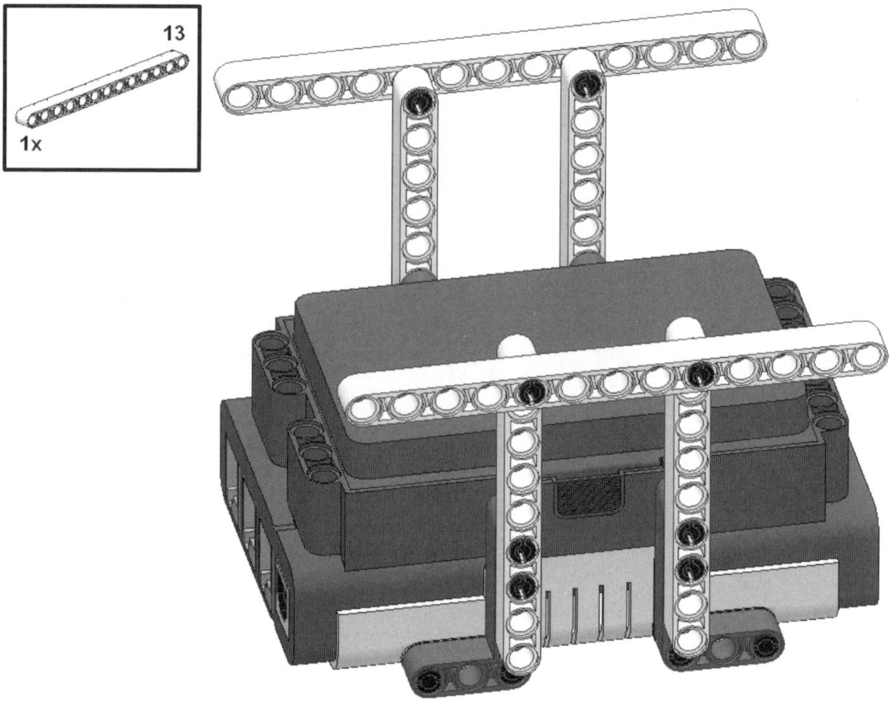

14

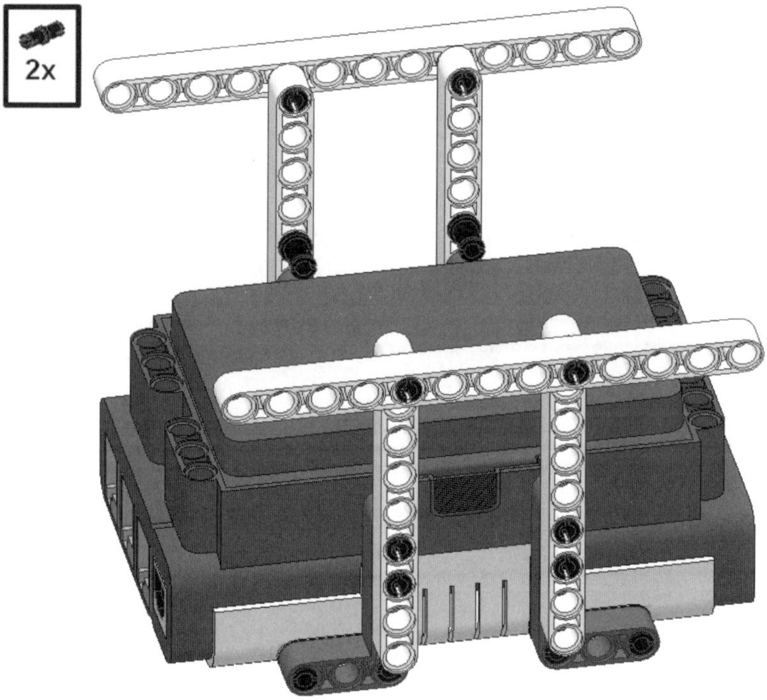

15

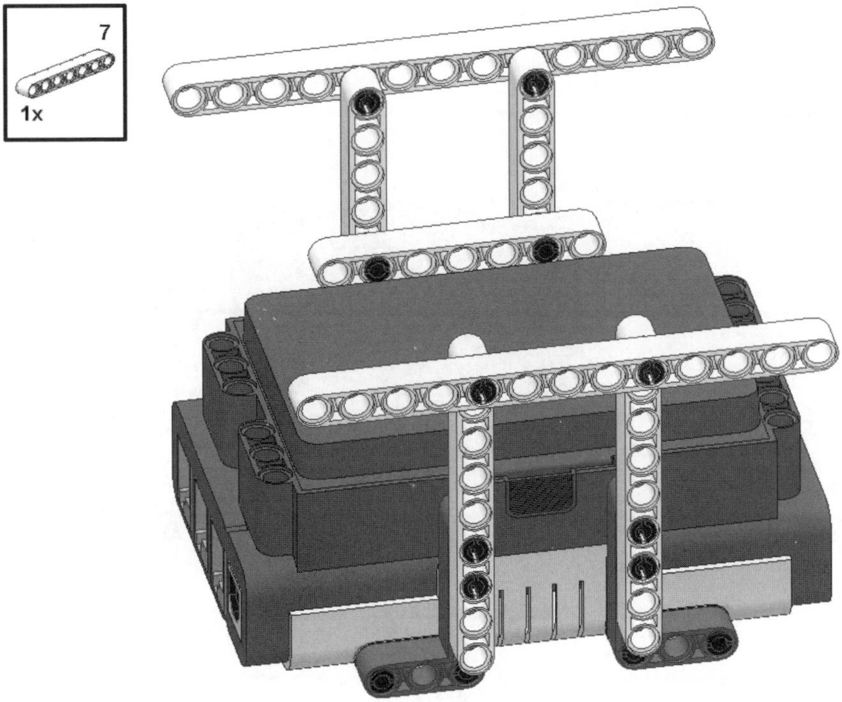

16

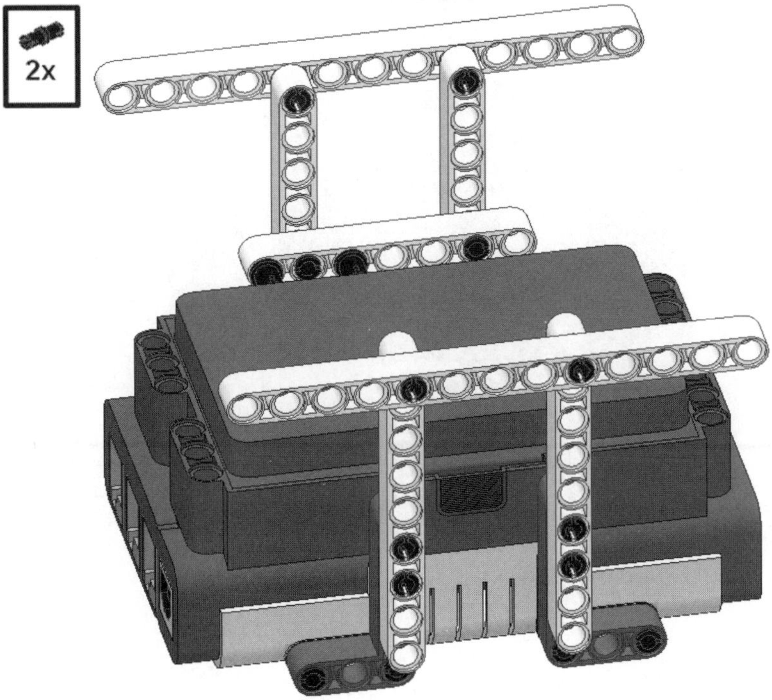

17

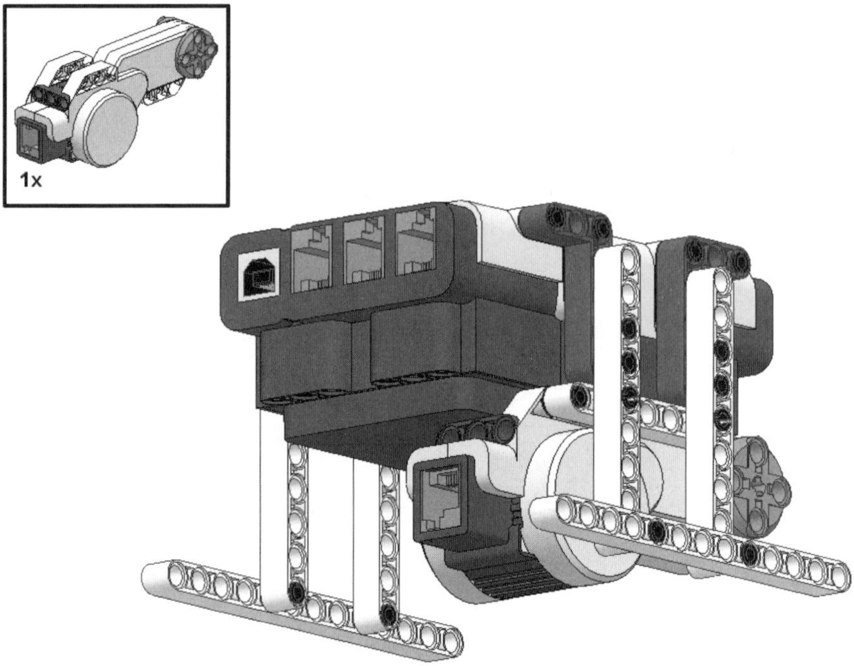

18

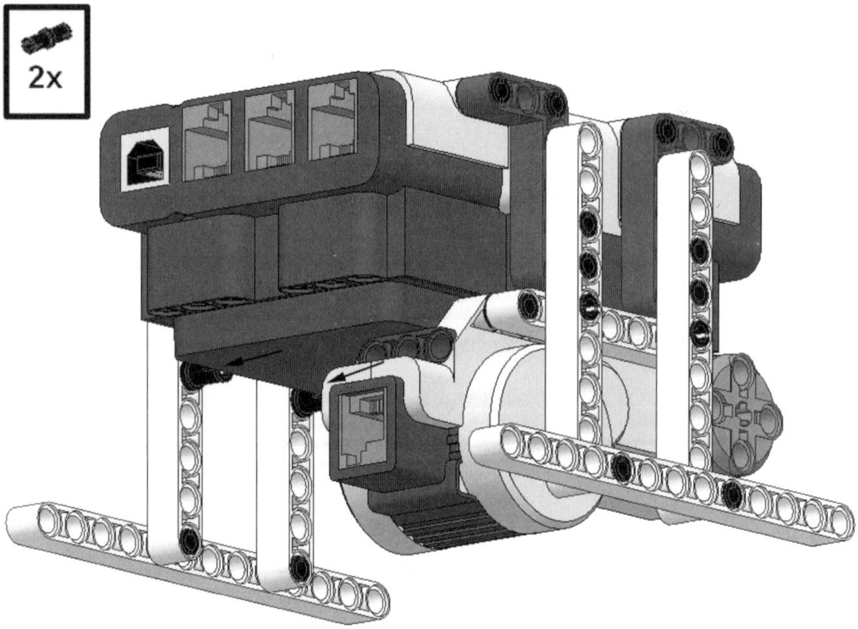

19

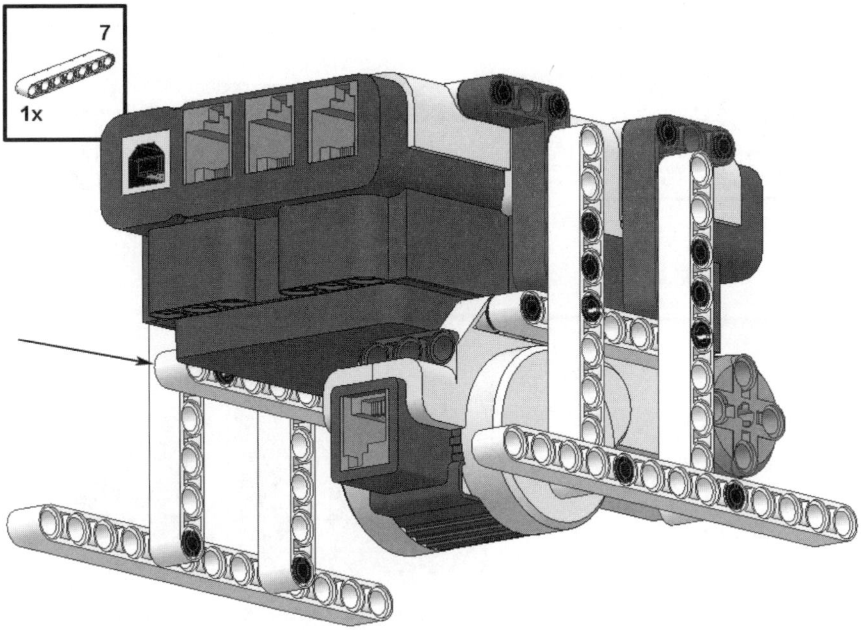

20

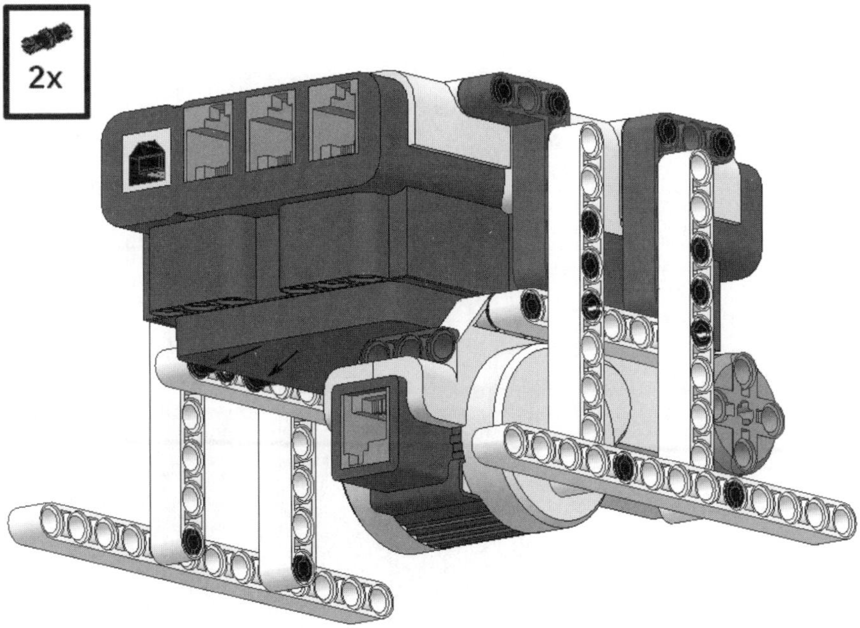

21

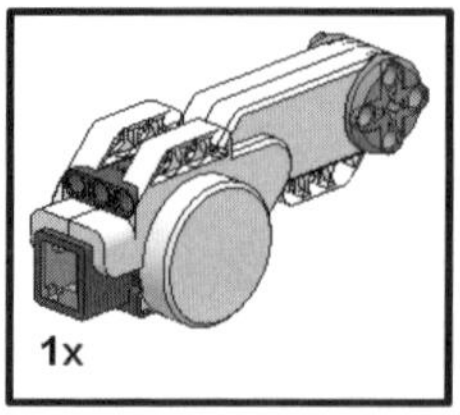

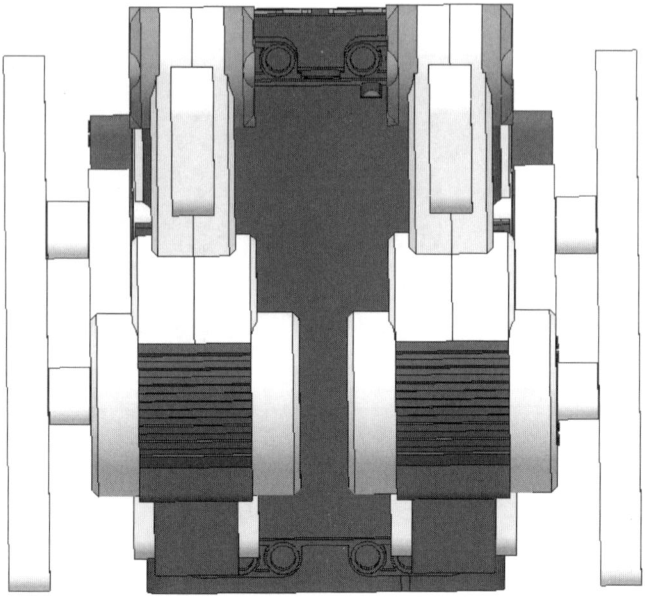

22

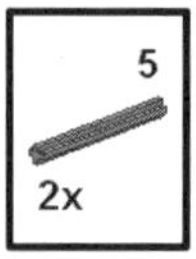

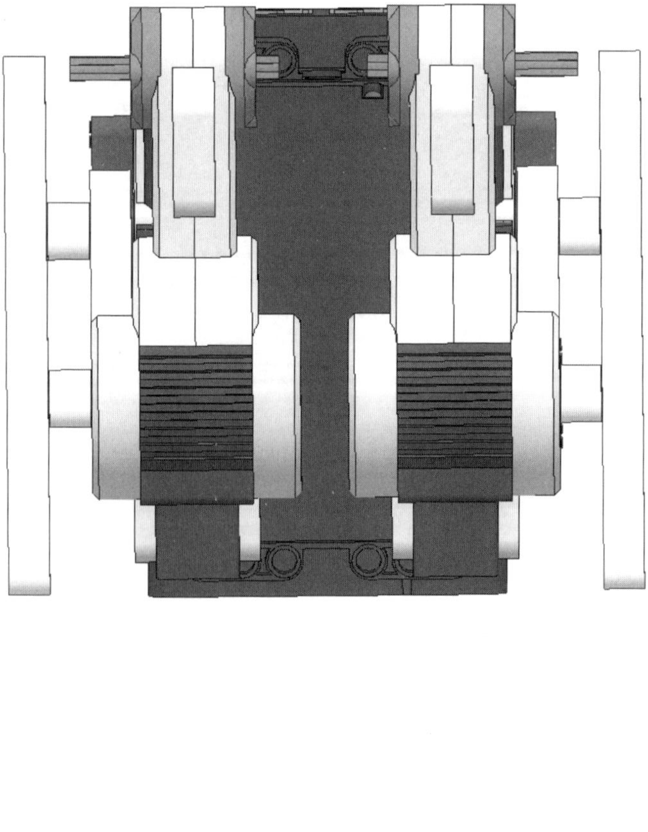

23

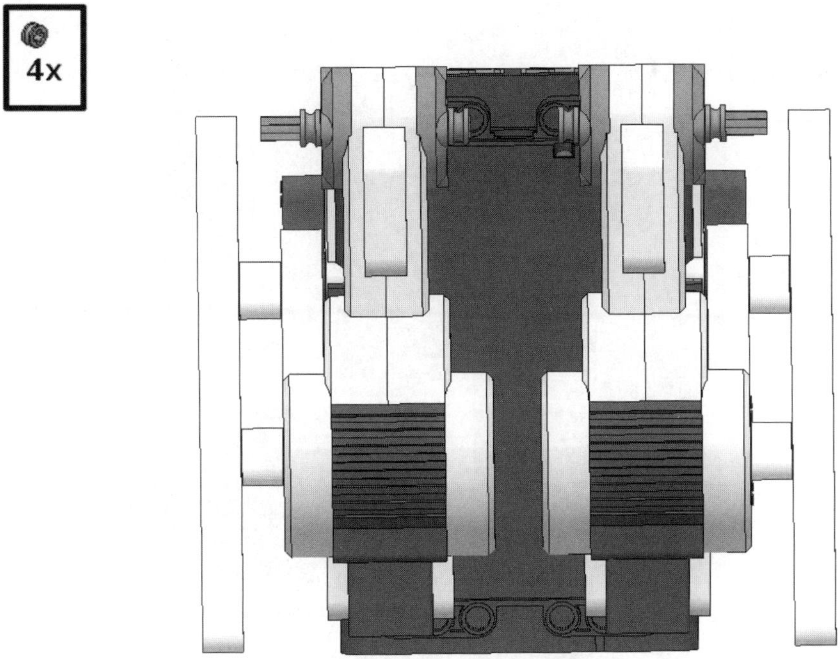

24

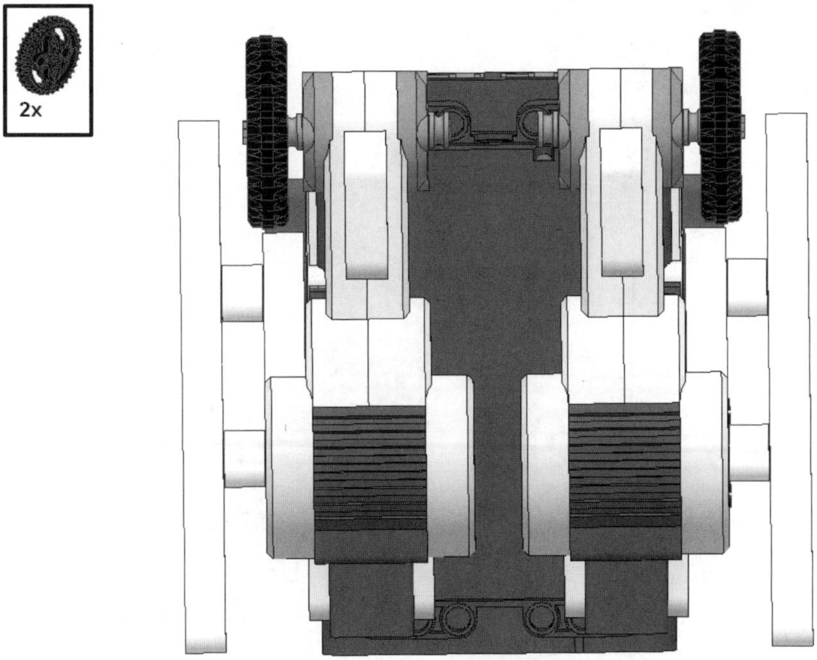

24

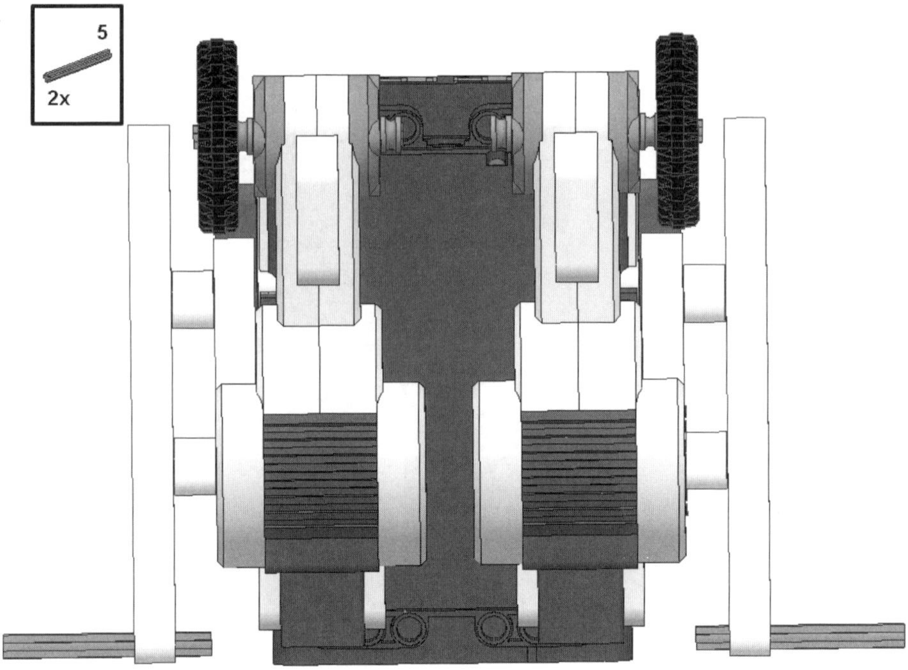

25

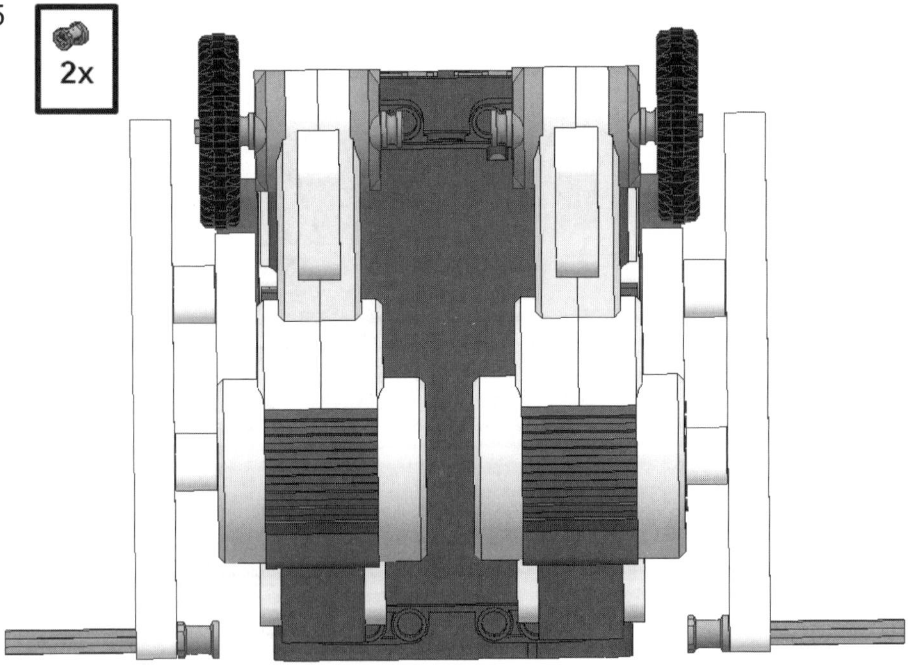

27

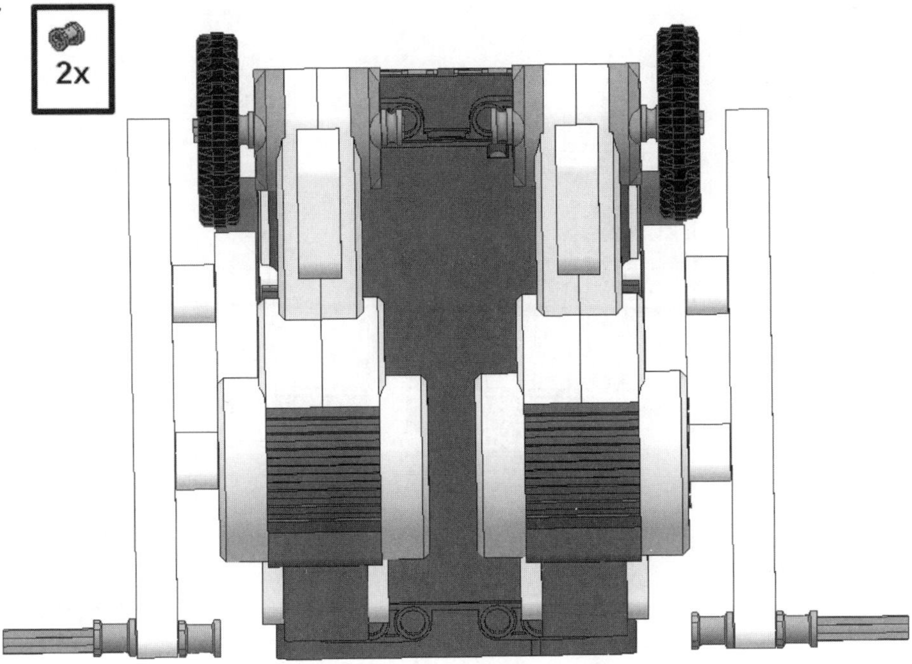

28

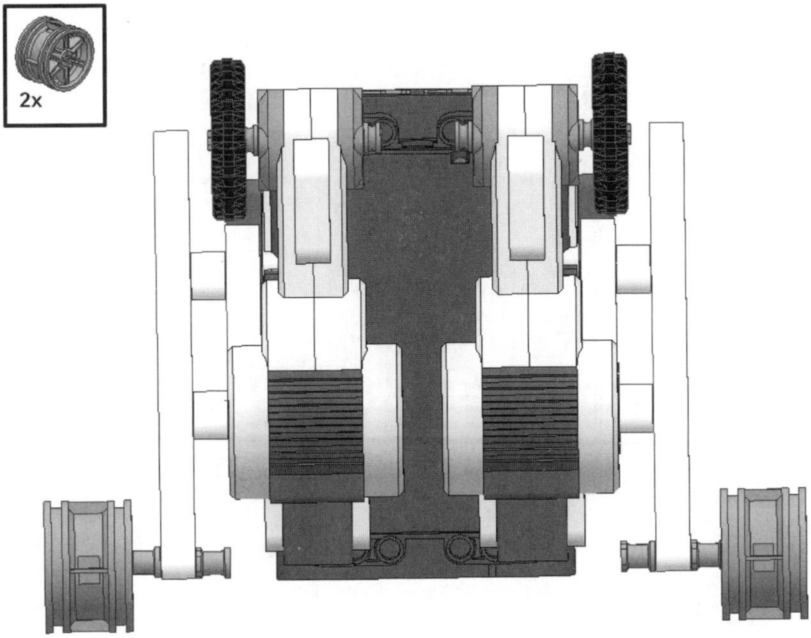

29

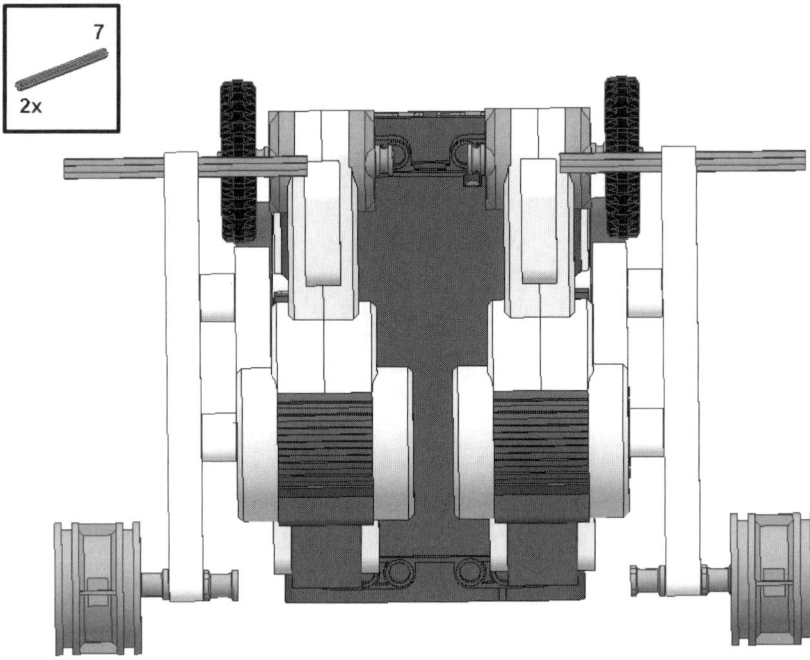

30

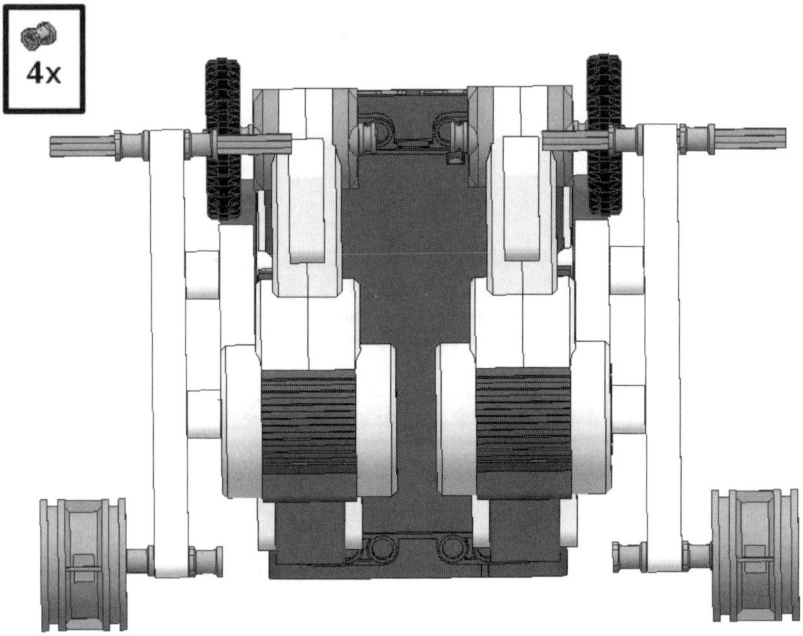

31

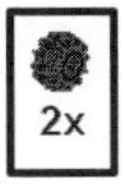

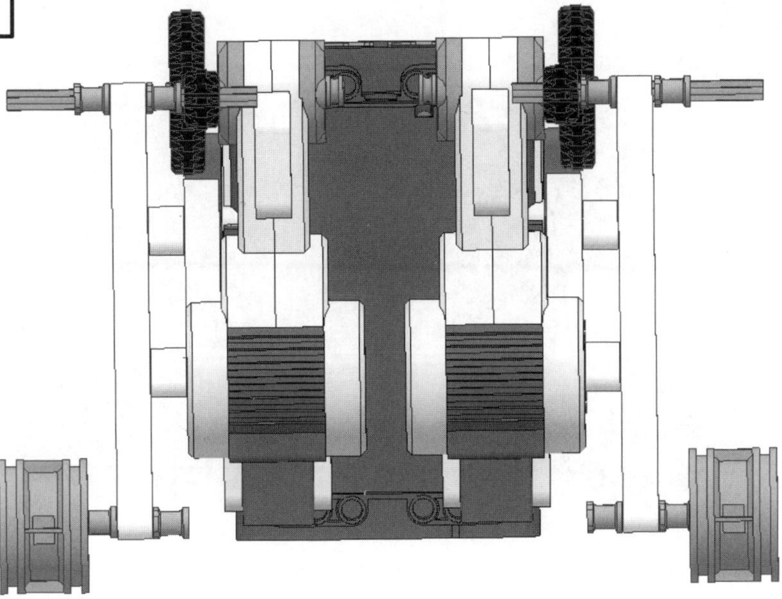

32

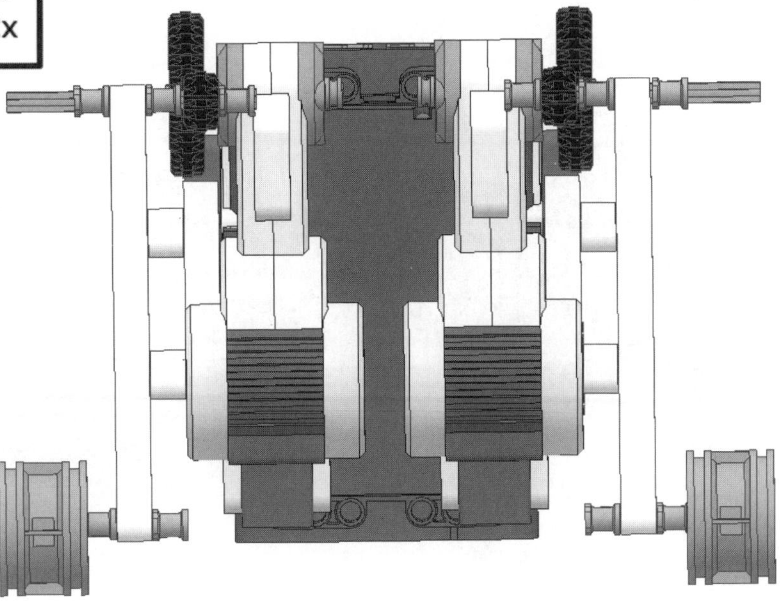

33

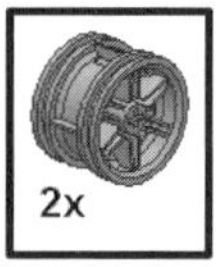

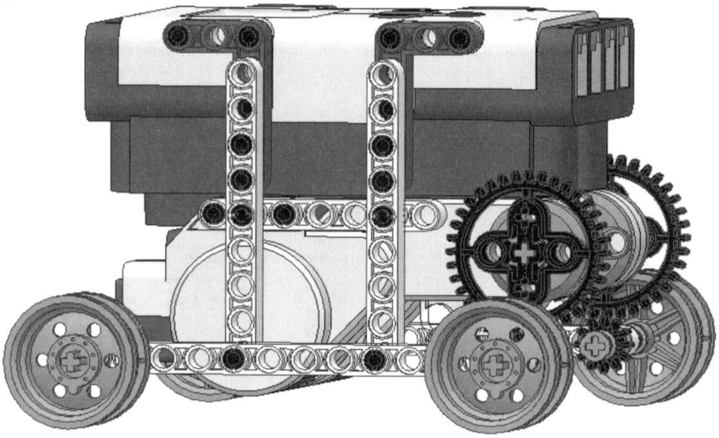

34

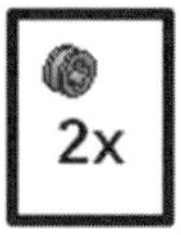

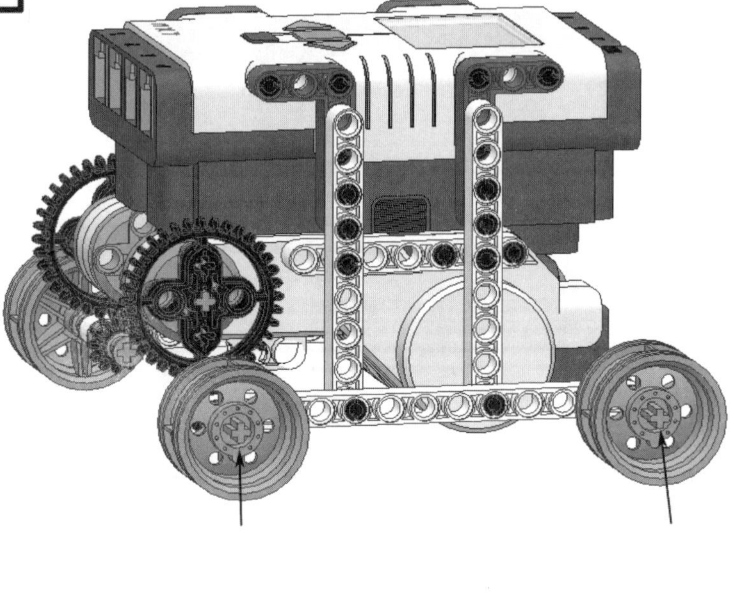

35

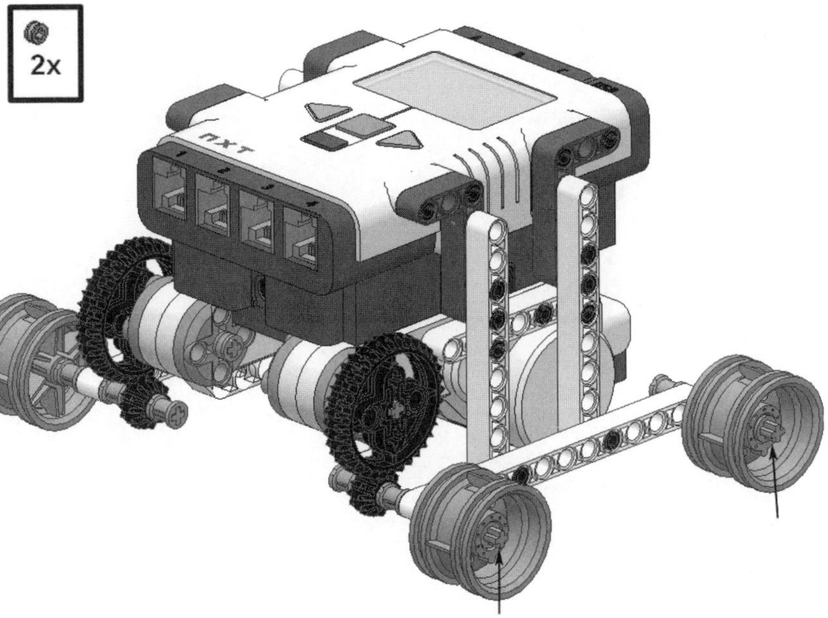

36

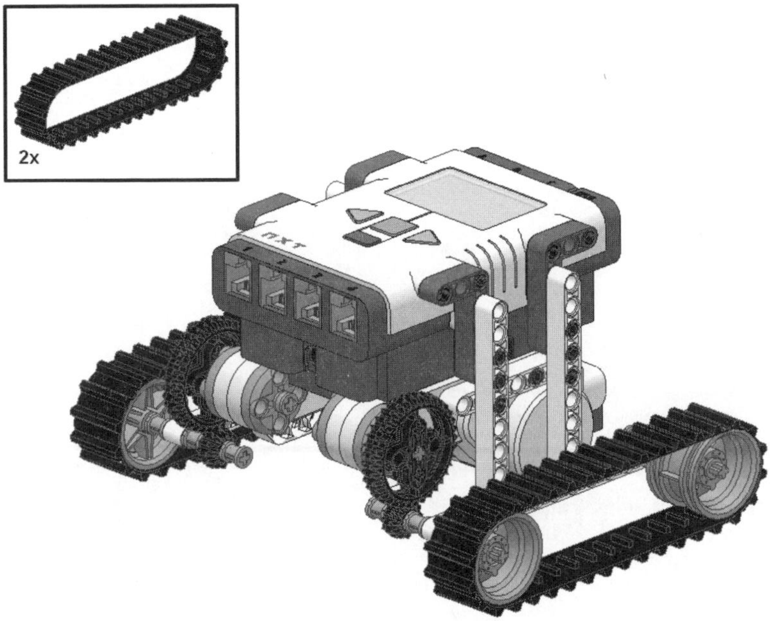

Zum Abschluss verbinden Sie wieder die Motoren per Kabel mit dem NXT und haben damit auch Ihr letztes Grundmodell fertiggestellt.

Kapitel 5

Software-Installation

Bevor Sie richtig in die Programmierung einsteigen können, müssen Sie zuerst einmal die mit dem NXT mitgelieferte Software installieren. Auf der dem NXT beiliegenden CD befindet sich die Software, die zum Programmieren benötigt wird, und die Treiber, die benötigt werden, um den NXT mit dem PC zu verbinden. Um beides zu installieren, legen Sie die CD in Ihr CD-Laufwerk. Sollte die Installation nicht automatisch starten, öffnen Sie die Datei AUTOSTART auf der CD.

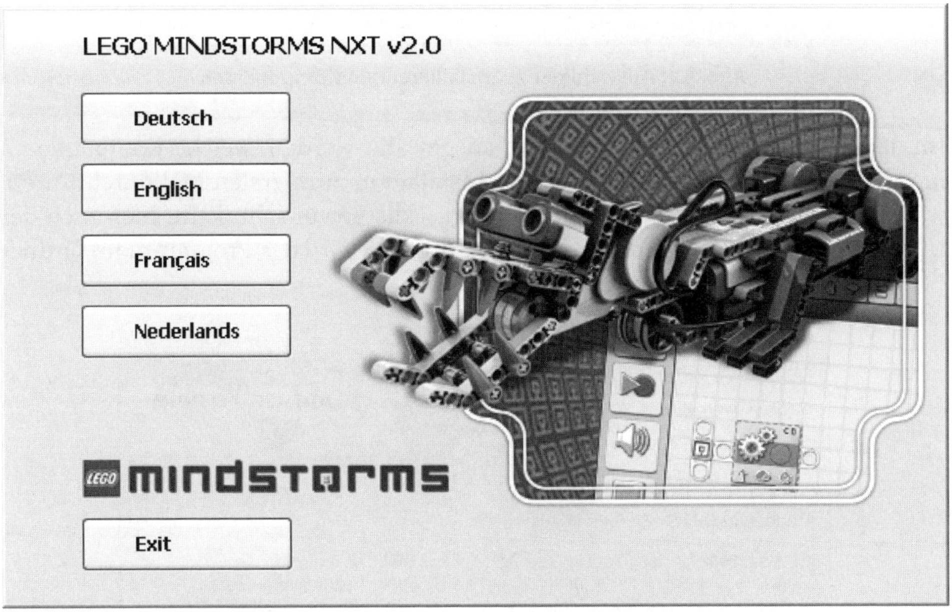

Abb. 5.1: Startbildschirm der Installation mit Sprachauswahl

Sie sollten dann den in Abbildung 5.1 gezeigten Startbildschirm sehen. Hier klicken Sie nun auf DEUTSCH, um den eigentlichen Installationsvorgang zu starten.

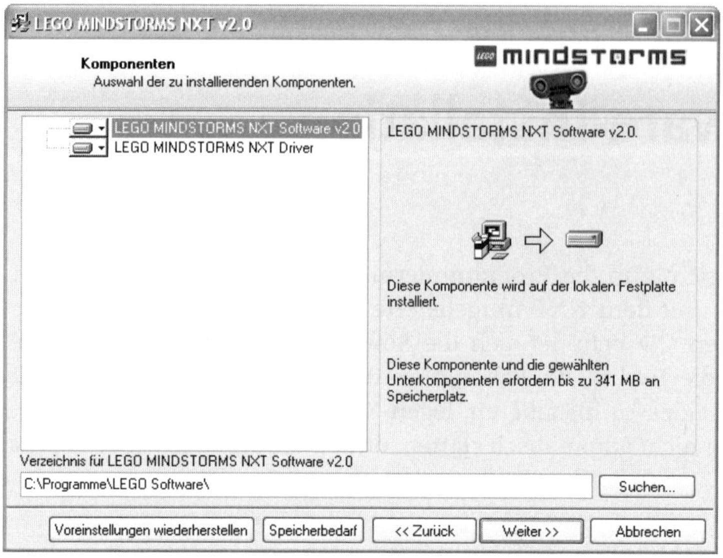

Abb. 5.2: Auswahl der zu installierenden Komponenten

Im darauffolgenden Dialog kann nun ausgewählt werden, welche Komponenten installiert werden sollen. Wenn Sie die Installation zum ersten Mal durchführen, wählen Sie hier unbedingt beide Optionen. Falls gewünscht, kann hier auch der Installationspfad geändert werden, standardmäßig wird das Programm im Ordner PROGRAMME – LEGO SOFTWARE installiert.

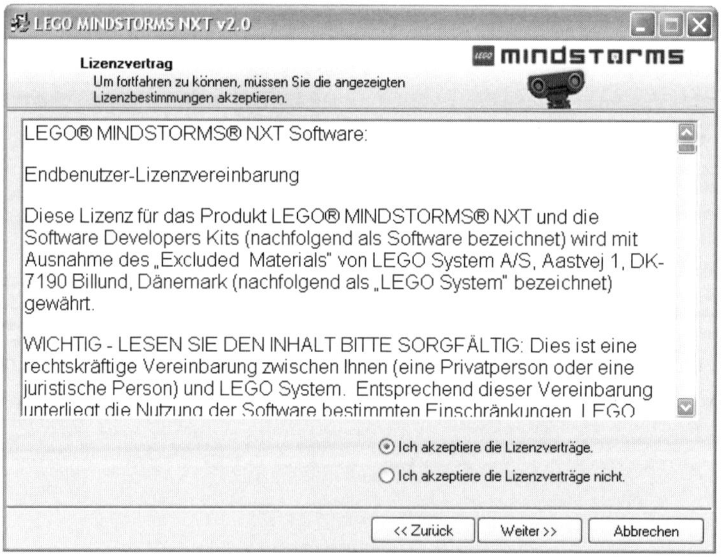

Abb. 5.3: Lizenzvertrag

Der nächste Dialog zeigt den Lizenzvertrag, diesem müssen Sie zustimmen, um die Installation fortführen zu können.

Abb. 5.4: Überblick über zu installierende Komponenten

Zum Abschluss zeigt der Installationsassistent noch einmal an, welche Komponenten zur Installation ausgewählt wurden. Bestätigen Sie diese Übersicht mit WEITER, beginnt die Installation der Software. Die Installation nimmt einige Minuten in Anspruch, Sie können den Verlauf am Fortschrittsbalken nachverfolgen. Nach Beendigung der Installation fordert Sie der Assistent dazu auf, Ihren NXT bei LEGO zu registrieren, das ist jedoch nicht notwendig, Sie können diesen Vorgang durch einen Klick auf BEENDEN überspringen.

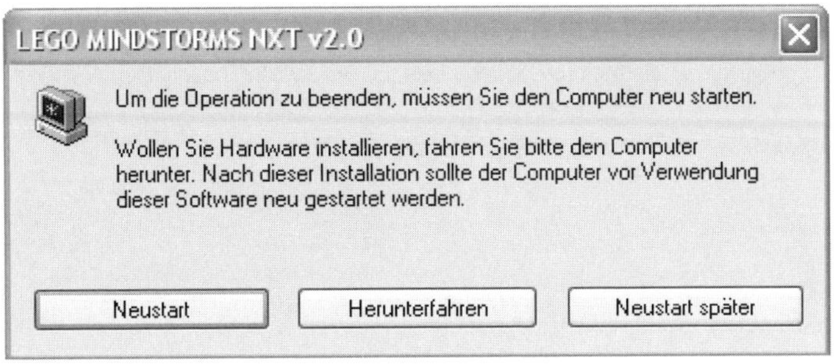

Abb. 5.5: Neustarten-Dialog

Nach Abschluss der Installation werden Sie dazu aufgefordert, den Computer neu zu starten. Dies sollten Sie auf jeden Fall tun, da der Treiber erst nach einem Neustart funktioniert. Haben Sie den Treiber schon zuvor installiert und bei der Installation nur die Software ausgewählt, müssen Sie jedoch nicht zwingend einen Neustart durchführen.

Und damit ist die Software auch schon betriebsbereit. Im folgenden Kapitel können Sie sich nun einen ersten Überblick über die Software verschaffen und sich danach mit den Grundlagen des Programmierens vertraut machen.

Kapitel 6

Die Software im Überblick

Nachdem die Software nun komplett installiert ist, kann sie zum ersten Mal gestartet werden und Sie können sich einen Überblick über die Oberfläche verschaffen. Das Programm kann entweder über das Startmenü oder über das entsprechende Desktop-Icon gestartet werden. Nach einer kurzen Wartezeit begrüßt Sie der auf Abbildung 6.1 zu sehende Bildschirm. Wegen der vielen Funktionen wirkt der auf den ersten Blick etwas überladen, lassen Sie sich davon aber nicht einschüchtern, Sie werden alle Funktionen der Reihe nach kennen lernen.

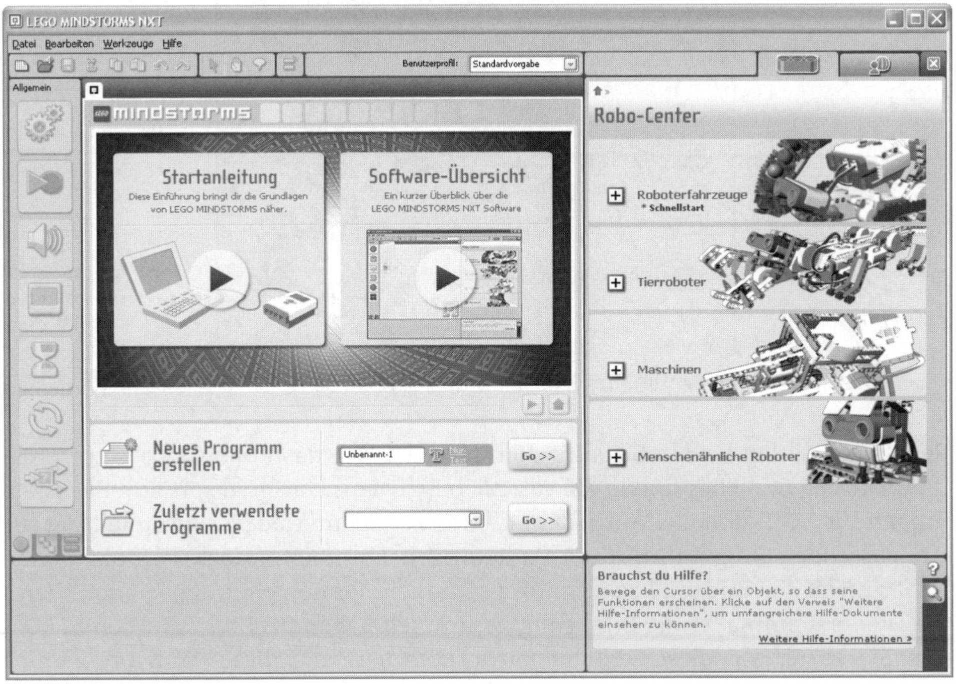

Abb. 6.1: Der Startbildschirm der NXT-Software

6.1 Robo-Center

Mittig auf dem Startbildschirm befinden sich zwei große Schaltflächen STARTANLEITUNG und SOFTWARE-ÜBERSICHT, die ihren Namen beide nicht wirklich verdient haben. Hinter beiden verbirgt sich jeweils ein kurzes Filmchen, das in die Software und den Umgang mit dem NXT einführen soll. Wenn Sie sich die beiden Filme anschauen, werden Sie jedoch feststellen, dass diese nur bedingt hilfreich sind und nicht sehr informativ, für den Einstieg kann es aber nichts schaden, sich die Zeit zu nehmen, um die beiden Filme zu sehen.

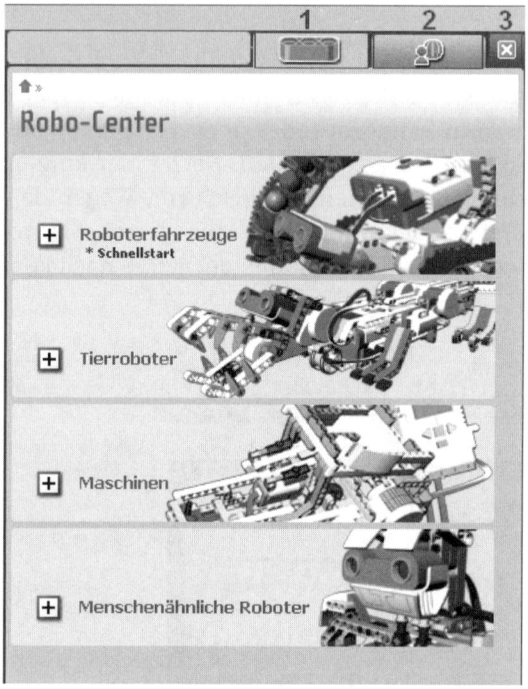

Abb. 6.2: »Robo-Center«- (1), »Mein Portal«- (2) und Schließen-Schaltfläche (3)

Rechts neben den beiden Schaltflächen befindet sich das ROBO-CENTER, zu sehen in Abbildung 6.2. Hier finden Sie vier nach Schwierigkeitsgrad sortierte Bauanleitungen für NXT-Modelle. Außerdem gibt es zu jedem Modell eine Anleitung für ein passendes Programm, diese Anleitungen kommen jedoch komplett ohne Erklärungen aus und sind so zum Programmierenlernen eher ungeeignet. Wenn Sie aber erst einmal etwas Erfahrung gesammelt haben im Programmieren, können Sie später auf diese Roboter zurückkommen und diese dann problemlos nachbauen.

6.2 Mein Portal

Durch einen Klick auf die in Abbildung 6.2 mit der Nummer 2 versehene Schaltfläche öffnet sich MEIN PORTAL. Das ist im Prinzip nichts anderes als eine Verbindung zur LEGO NXT-Internetseite. Dementsprechend ist hier auch alles in

Englisch, da die Seite nicht auf Deutsch verfügbar ist. Hier können kleine Extras heruntergeladen werden, wie Desktophintergründe oder zusätzliche Sounds. Wer englisch spricht, findet hier auch einige interessante Projekte von anderen Nutzern und kann sich mit denen austauschen. Wer des Englischen nicht mächtig ist, muss sich aber keine Sorgen machen, es gibt genügend deutschsprachige Portale, von denen im Verlauf dieses Buches noch einige vorgestellt werden. Neben dieser Schaltfläche befindet sich noch eine Schließen-Schaltfläche, die in Abbildung 6.2 die Nummer 3 trägt. Durch diese Schaltfläche schließt sich das Fenster an der rechten Seite, in dem wahlweise MEIN PORTAL oder das ROBO-CENTER angezeigt werden. Das ist später beim Programmieren praktisch, da so mehr Platz für die Programme ist. Sie können beide Fenster natürlich jederzeit wieder durch einen Klick auf die entsprechende Schaltfläche öffnen.

6.3 Programmier-Oberfläche

Die Oberfläche, die wir zum Programmieren verwenden werden, öffnet sich, wenn Sie im Menü DATEI den Eintrag NEU auswählen. Ich möchte mich an dieser Stelle damit begnügen, die Aufteilung unter die Lupe zu nehmen. Die Funktionen und Schaltflächen im Einzelnen werden Sie sich im Verlaufe des Buches anschauen, wenn Sie sie zum ersten Mal in unseren Programmen benötigen.

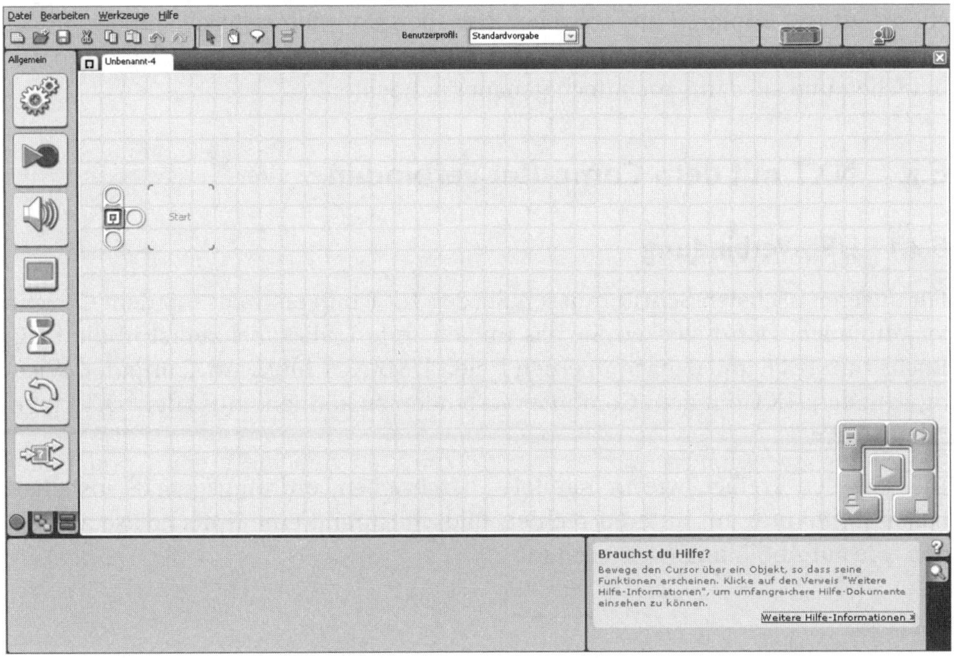

Abb. 6.3: Programmier-Oberfläche

Zuerst fällt das große karierte Feld auf. Auf diesem Feld werden Sie später Ihre Programme erstellen. Alle Programme starten immer an dem kleinen orange Viereck auf der linken Seite, dem so genannten »Ausgangspunkt«.

Die davon nach rechts abgehende weiße Linie, die optisch an die LEGO-Steine des NXT erinnert, ist der so genannte »Ablaufträger«, darauf werden Sie die einzelnen Befehle Ihres Programms wie Perlen auf eine Perlenkette auffädeln, aber dazu später mehr. Ganz auf der linken Seite befindet sich eine Palette mit den so genannten »Blöcken«. Aus diesen Blöcken werden Sie sich später Ihre Programme zusammenbauen.

Im unteren Bereich des Bildschirms befinden sich noch zwei Felder, von denen eines noch leer ist. In diesem linken Feld werden später die Eigenschaften der verschiedenen Blöcke angezeigt, ich werde es deshalb auch Eigenschaftsfeld nennen. Das rechte Feld wird Ihnen später zu den einzelnen Blöcken Informationen anzeigen und Hilfe anbieten.

Direkt über diesem Feld befindet sich noch ein graues Viereck, das aus fünf Schaltflächen besteht. Mit diesen Schaltflächen werden Sie Ihre fertigen Programme später auf den NXT übertragen und auch direkt vom Computer aus starten beziehungsweise stoppen können.

Bleibt noch die Menüleiste oben links. Hier befinden sich die üblichen Icons, die Sie auch aus Textverarbeitungen und ähnlichen Programmen kennen, zum Speichern, Öffnen, Kopieren und so weiter. Daneben sind vier weitere Symbole, die Sie so wahrscheinlich nicht kennen. Diese werden Sie später zum Programmieren brauchen und sie dann auch noch genauer betrachten.

6.4 NXT mit dem Computer verbinden

6.4.1 USB-Verbindung

Für unseren nächsten Schritt müssen Sie den NXT nun erstmals mit dem Computer verbinden. Dafür stecken Sie das mitgelieferte USB-Kabel zuerst in die USB-Buchse am NXT und danach in einen freien USB-Anschluss am Computer. Wichtig: Um den NXT mit dem Computer verbinden zu können, muss der NXT eingeschaltet sein.

Falls Sie den Treiber, wie in Kapitel 5 beschrieben, ordnungsgemäß installiert haben, sollte nun am unteren rechten Bildschirmrand eine Sprechblase aufpoppen, wie auf Abbildung 6.5 zu sehen.

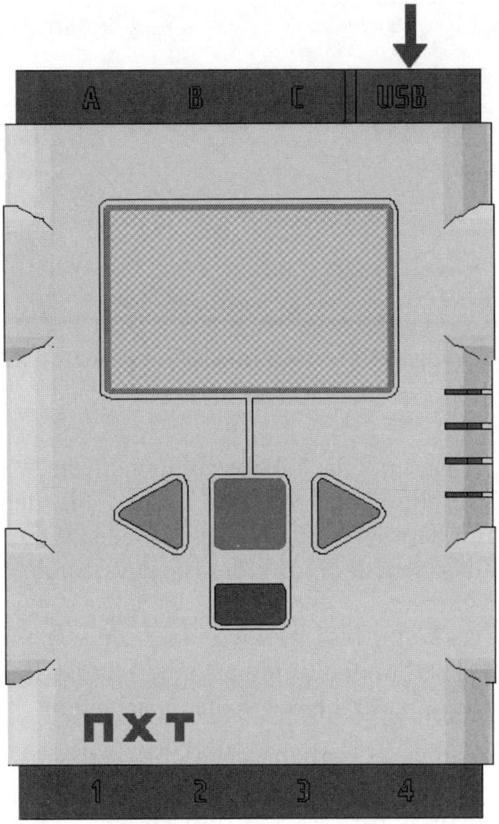

Abb. 6.4: USB-Buchse (Pfeil)

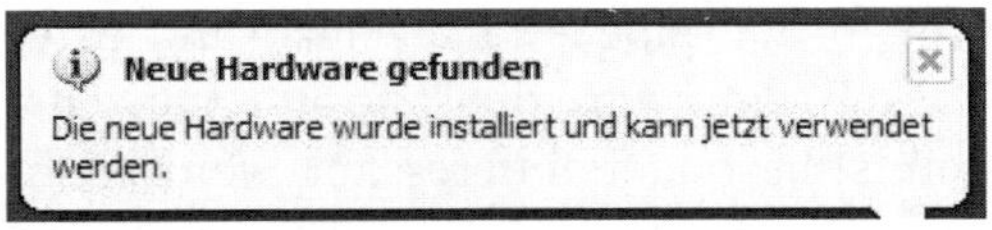

Abb. 6.5: Windows-Systemmeldung beim Verbinden des NXT

Auf dem Display des NXT sollten Sie nun in der linken oberen Ecke auch die Buchstaben USB lesen können, wie auf Abbildung 6.7 dargestellt.

6.4.2 NXT-Fenster

Kommunikation

Ist der NXT erst einmal korrekt mit dem PC verbunden, betrachten Sie noch einmal das graue Viereck auf der Programmieroberfläche etwas genauer. Der Button in der oberen linken Ecke des Vierecks trägt den Namen NXT-FENSTER und ein NXT-Symbol. Sie öffnen nun das NXT-Fenster, indem Sie auf den Button klicken.

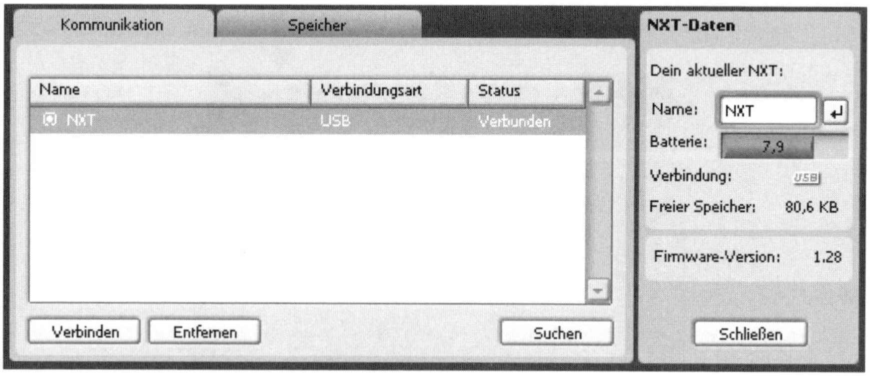

Abb. 6.6: NXT-Fenster

Als Erstes fällt im NXT-FENSTER die Tabelle auf der linken Seite auf. Sie zeigt die mit dem Computer verbundenen NXT an. Haben Sie den NXT wie vorher beschrieben korrekt mit dem PC verbunden, sollte der Eintrag wie auf Abbildung 6.6 aussehen. Ganz links steht der Name, der ist standardmäßig NXT, daneben die VERBINDUNGSART und ganz rechts der STATUS, der sollte VERBUNDEN sein. Falls Sie sich über die Spalte VERBINDUNGSARTEN wundern, der NXT kann nicht nur per USB-Kabel mit dem PC verbunden werden, sondern auch drahtlos per Bluetooth, das werden Sie sich allerdings erst etwas später anschauen.

Jeder NXT, der einmal an den Computer angeschlossen wird, taucht automatisch in dieser Liste auf. NXTs, die nicht mit dem Computer verbunden sind, haben den STATUS NICHT VERFÜGBAR. Wurde ein NXT nur einmalig an den Computer angeschlossen und Sie wollen den Eintrag danach entfernen, reicht es, den Eintrag auszuwählen und dann auf den ENTFERNEN-Button zu klicken. Wird ein NXT, obwohl er verbunden ist, nicht in der Tabelle angezeigt, kann es eventuell helfen, den SUCHEN-Button zu drücken, dann wird die Liste automatisch aktualisiert. Der VERBINDEN-Button dagegen ist besonders interessant, wenn mehrere NXTs gleichzeitig an einem Computer angeschlossen sind, denn mit seiner Hilfe kann man zwischen den angeschlossenen Robotern wechseln und somit festlegen, auf welchen NXT Programme usw. übertragen werden sollen.

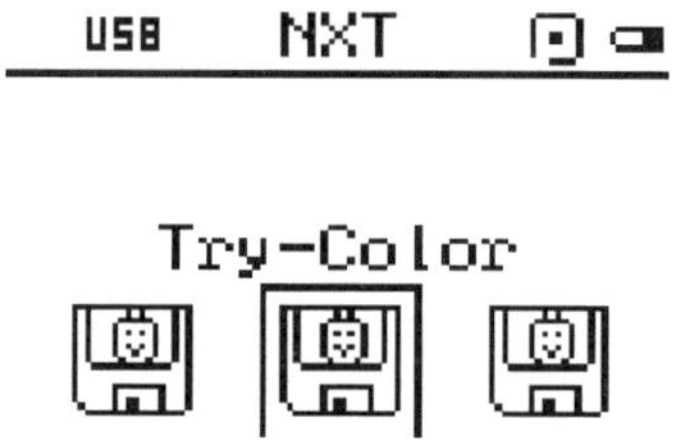

Abb. 6.7: NXT-Display mit bestehender USB-Verbindung, zu erkennen oben links

Für den aktuell verbundenen NXT werden auf der rechten Seite des Fensters die so genannten NXT-Daten angezeigt. Hier wird zum Beispiel der Name des NXT angezeigt und kann auch verändert werden. Dazu geben Sie im entsprechenden Feld einfach den gewünschten Namen ein und klicken dann auf den Button direkt rechts neben dem Feld.

Wichtig

Achten Sie unbedingt darauf, zur Bestätigung der Namensänderung den Button neben dem Namen-Feld zu betätigen, ein einfacher Druck auf die [↵]-Taste reicht nicht, dann wird die Änderung des Namens nicht übernommen.

Dieser Name wird dann nicht nur in der Tabelle im NXT-Fenster angezeigt, sondern auch auf dem NXT-Display, oben in der Mitte, wie in Abbildung 6.7 zu sehen, die das Display eines NXT zeigt, der den Standardnamen trägt.

Ebenfalls im NXT-Fenster, direkt unter dem Namen-Feld, wird der aktuelle Füllstand der Batterien beziehungsweise des Akkus im NXT angezeigt. Dabei bedeutet 10, dass der Akku oder die Batterien voll sind, 0 bedeutet entsprechend leer.

Darunter wiederum befindet sich eine Verbindungs-Anzeige, analog zur Spalte Verbindungsart aus der Tabelle. Die beiden Felder darunter zeigen den freien Speicher auf dem NXT und die auf dem NXT aufgespielte Firmware-Version an.

Speicher

Wie Ihnen mit Sicherheit schon aufgefallen ist, gibt es im NXT-Fenster zwei Reiter. Bisher haben wir uns nur den Reiter Kommunikation angeschaut, wollen aber jetzt zum Reiter Speicher wechseln, den Sie auch in Abbildung 6.8 finden.

Abb. 6.8: NXT-Fenster|Speicher

Wenn Sie den SPEICHER-Reiter das erste Mal öffnen, werden Sie eine leere Liste vorfinden, da noch keine Programme oder sonstigen Dateien auf dem NXT gespeichert sind. Das ändert sich allerdings, sobald Sie die Option SYSTEMDATEIEN ANZEIGEN aktivieren. Jetzt werden bisher versteckte Sound-Dateien angezeigt, zum Beispiel der Startsound oder das typische Tastengeräusch des NXT. Mit dem LÖSCHEN-Button kann die aktuell ausgewählte Datei auf dem NXT gelöscht werden, mit dem Button ALLE LÖSCHEN werden alle Dateien auf dem NXT gelöscht.

Vorsicht

Dateien auf dem NXT werden immer unwiderruflich gelöscht, es gibt keinen Papierkorb oder Ähnliches. Systemdateien können auch gelöscht werden, dann können die entsprechenden Sounds nicht mehr abgespielt werden, bis sie per Firmwareupdate wieder auf den NXT gespielt werden.

Mit den Buttons HOCHLADEN und HERUNTERLADEN können Dateien vom Computer auf den NXT gespielt werden und umgekehrt. Die Reihenfolge ist dabei im ersten Moment etwas gewöhnungsbedürftig: Mit HOCHLADEN wird die aktuell ausgewählte Datei auf dem Computer gespeichert, dazu öffnet sich ein Fenster, in dem der Speicherort angegeben werden kann. Umgekehrt öffnet sich beim Button HERUNTERLADEN ein Fenster, in dem eine Datei auf dem Computer ausgewählt werden kann, diese wird dann auf dem NXT gespeichert. Intuitiv würde man es eher umgekehrt vermuten, man muss sich einfach vorstellen, dass man nicht auf dem Computer agiert, sondern auf dem NXT, dann wird die Reihenfolge etwas deutlicher.

6.5 Werkzeuge

6.5.1 Klangbearbeitungsprogramm

Das soll auch als erster Überblick über die Programmieroberfläche und das NXT-Fenster reichen, mit der Oberfläche werden wir uns später noch ausgiebig beschäftigen. Bevor es aber so weit ist, wollen wir einen Blick auf das WERKZEUGE-Menü werfen, das sich am oberen Fensterrand befindet.

Als Erstes öffnen Sie das KLANGBEARBEITUNGSPROGRAMM (Abbildung 6.9).

Mit diesem Programm können Sie am PC über ein Mikrofon Sounds aufnehmen oder Audio-Dateien, zum Beispiel MP3-Dateien, so umwandeln, dass sie auf dem NXT abgespielt werden können. Um eine Audiodatei aufzunehmen, genügt es, auf den kleinen Mikrofon-Button zu drücken, dann die Aufnahme zu machen und danach noch mal auf den Mikrofon-Button zu drücken. Dabei muss beachtet werden, dass die Datei maximal 5 Sekunden lang sein darf, um gespeichert und später auf dem NXT abgespielt werden zu können. Ist die Aufnahme zu lang, kann man mit den beiden Schiebereglern einen entsprechenden Ausschnitt auswählen, der klein genug ist.

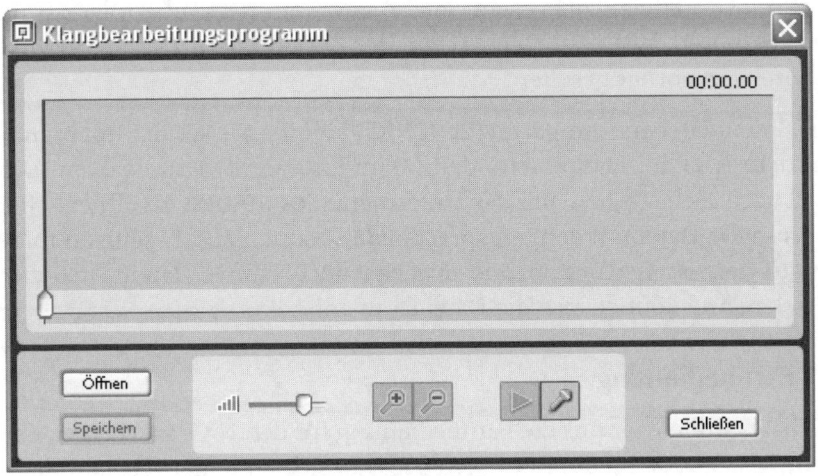

Abb. 6.9: WERKZEUGE|KLANGBEARBEITUNGSPROGRAMM

Möchten Sie eine andere Datei umwandeln, müssen Sie diese zuerst durch einen Klick auf den ÖFFNEN-Button öffnen und dann entsprechend auch einen 5 Sekunden langen Ausschnitt auswählen.

Haben Sie erst einmal einen passenden Ausschnitt gewählt, wird der SPEICHERN-Button aktiviert. Ein Klick auf ihn öffnet nun einen Dialog, in dem Sie den Dateinamen angeben können, unter dem die Datei gespeichert werden soll.

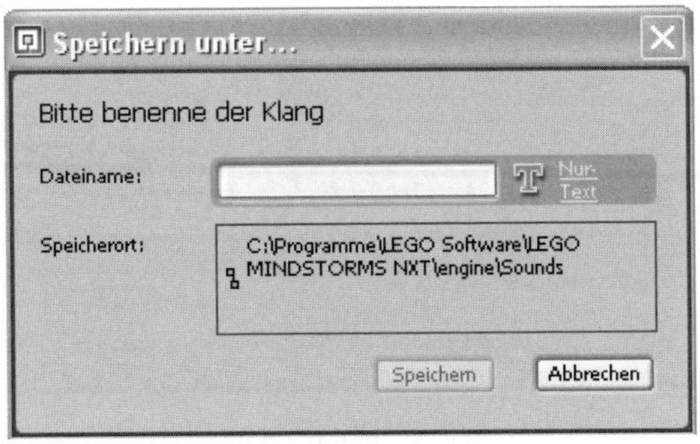

Abb. 6.10: SPEICHERN UNTER...-Dialog

Die Dateien werden dann im unter SPEICHERORT angezeigten Ordner gespeichert, in unserem Fall wäre das also zum Beispiel C:\PROGRAMME\LEGO SOFTWARE\LEGO MINDSTORMS NXT\ENGINE\SOUNDS. Die Dateien werden im RSO-Format, also mit der Endung `.rso` gespeichert. Dabei handelt es sich um ein eigenes Format von LEGO, Sie werden die Dateien deshalb nach der Umwandlung mit normalen Media-Playern nicht mehr wiedergeben können. Dafür werden Sie diese Dateien aber sehr leicht auf den NXT übertragen und dort abspielen können. Wie man Dateien von dem PC auf den NXT überträgt, haben Sie ja bereits in vorher gesehen.

Ist eine Sounddatei erst einmal auf dem NXT, können Sie sie sich anhören, indem Sie auf dem NXT im Hauptmenü den Menü-Eintrag MY FILES wählen und dann zweimal nach rechts gehen, um das Untermenü SOUND FILES zu öffnen. Hier wählen Sie nun die Datei mit dem entsprechenden Namen aus, bestätigen mit einem Druck auf den orange Button und drücken noch einmal darauf, um die Datei abzuspielen, und können sich die Datei dann anhören.

6.5.2 Fernbedienung

Als Nächstes wollen wir uns die Fernbedienung für den NXT anschauen, ebenfalls aus dem WERKZEUGE-Menü. Zum Testen eignet sich eines der Modelle aus Kapitel 4. Noch ist die Fernbedienung nur bedingt nützlich, da Sie den NXT bisher nur per USB-Kabel mit dem PC verbinden können und damit immer »an der kurzen Leine« hängen. Später werden Sie aber noch sehen, wie man eine drahtlose Verbindung per Bluetooth herstellt und dadurch eine größere Reichweite hat.

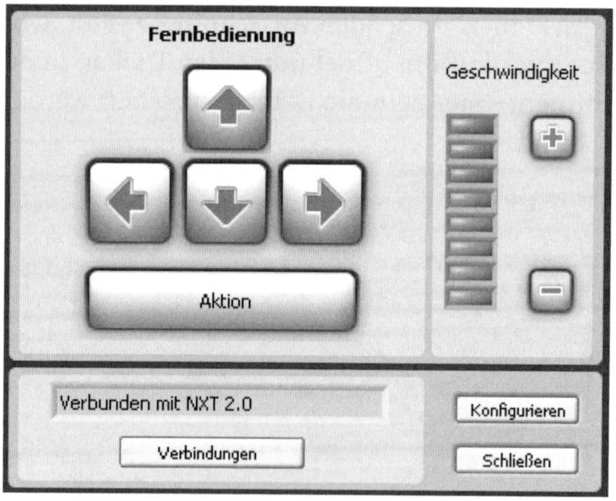

Abb. 6.11: WERKZEUGE|FERNBEDIENUNG

Das Interface der Fernbedienung ist zum Glück mehr oder weniger selbsterklärend. Mit den Pfeiltasten kann der Roboter gesteuert werden, über den Balken auf der rechten Seite kann die Geschwindigkeit geregelt werden. Nicht ganz selbsterklärend ist dagegen der Button AKTION. Wie Sie vorher bereits gesehen haben, verfügt der NXT über drei Motoren-Ausgänge, zum Fahren werden aber nur zwei Motoren benötigt. Der dritte ist deshalb frei und kann für Greifarme oder ähnliche Anbauten genutzt werden. Dieser dritte Motor kann über die AKTION-Taste aktiviert werden. Welche Motoren zum Fahren verwendet werden und welche als Aktion, kann mit einem Klick auf die KONFIGURIEREN-Schaltfläche festgelegt werden.

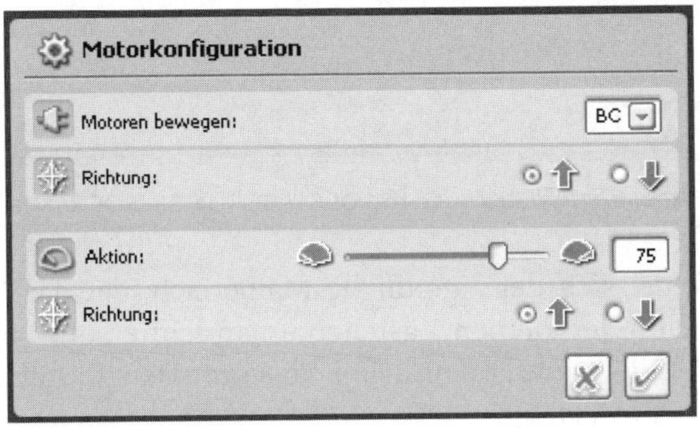

Abb. 6.12: FERNBEDIENUNG|MOTORENKONFIGURATION

Unter dem Punkt MOTOREN BEWEGEN werden die beiden Motoren angegeben, die für das Drehen der Räder zuständig sind, das können die Motoren AB, BC oder AC sein. Der jeweils nicht belegte Motor ist der Aktions-Motor. Für diesen Motor kann mit dem Schieberegler unter dem Punkt AKTION auch noch die Geschwindigkeit festgelegt werden, außerdem können für alle Motoren noch Richtungen angegeben werden, in die sie sich bewegen sollen. Bestätigt werden Änderungen durch einen Klick auf den Haken, verworfen durch einen Klick auf das X. Sind erst einmal alle Einstellungen richtig festgelegt, können Sie damit anfangen, den Roboter etwas fahren zu lassen und zu testen, wie gut er geradeaus fährt, um Kurven kommt oder wie schnell er fahren kann.

6.5.3 Bildbearbeitungsprogramm

Wie man Soundfiles für den NXT erstellt oder umwandelt, haben Sie schon gesehen, jetzt wollen wir uns diesen Vorgang analog für Bilddateien ansehen, dazu benutzen Sie das BILDBEARBEITUNGSPROGRAMM aus dem WERKZEUGE-Menü.

Das Fenster des Bildbearbeitungsprogrammes ist in drei Bereiche aufgeteilt. Auf der linken Seite befindet sich die Werkzeugleiste mit den verschiedenen Malwerkzeugen, einem Button zum Öffnen von Dateien, einem zum Löschen des Bildschirms und mit einem Rückgängig- und Wiederherstellen-Button weiter unten.

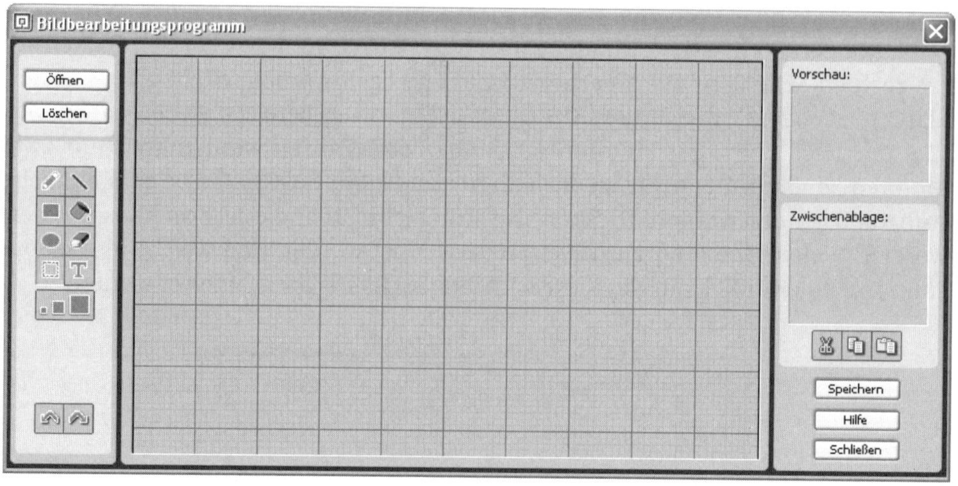

Abb. 6.13: WERKZEUGE|BILDBEARBEITUNGSPROGRAMM

In der Mitte befindet sich der eigentliche Malbereich, der das Display des NXT simulieren soll. Jedes der kleinen Kästchen entspricht einem Pixel auf dem LCD des NXT. Die größeren, etwas deutlicher abgegrenzten Kästchen haben jeweils eine Größe von 10 x 10 Pixeln.

Auf der rechten Seite befindet sich oben ein Vorschau-Fenster, das die aktuelle Zeichnung mehr oder weniger maßstabsgetreu zeigt, wie sie später auf dem NXT aussehen wird. Darunter befindet sich ein Fenster, das zeigt, was aktuell in der Zwischenablage ist, darunter die Buttons für Ausschneiden (Schere), Kopieren (zwei Blätter) und Einfügen (Klemmbrett und Blatt). Wundern Sie sich nicht, dass Sie dieses Feld direkt nach dem Öffnen noch nicht sehen, das wird erst angezeigt, wenn Sie das entsprechende Werkzeug auswählen.

Ganz am Ende des rechten Abschnitts befindet sich noch ein SPEICHERN-Button, der zu einem Speichern-Dialog führt, der bis auf den Pfad gleich ist zu dem in Abbildung 6.10. Und darunter noch ein HILFE- und SCHLIESSEN-Button.

Werkzeugpalette

Zum eigentlichen Zeichnen verwenden Sie die Werkzeuge aus der Werkzeugpalette, wie in Abbildung 6.14 zu sehen.

Ganz oben links in dieser Palette befindet sich der STIFT. Mit ihm kann pixelgenau gezeichnet werden. Wer es gerne etwas gröber hat, kann mit den drei nebeneinander angeordneten Quadraten in der Werkzeugpalette die Dicke des Stiftes einstellen. Recht schnell merkt man aber, dass das genaue Zeichnen von geometrischen Formen oder großen Flächen mit dem Stift doch recht aufwendig ist. Dafür bringt das Bildbearbeitungsprogramm aber auch eigene Werkzeuge mit, die es deutlich einfacher machen.

Direkt neben dem Stift befindet sich zum Beispiel das LINIE-Werkzeug, damit können Sie, der Name verrät es schon, exakte Linien zeichnen. Dazu wählen Sie das Werkzeug einfach aus, klicken im Malbereich auf den Punkt, an dem die Line starten soll, halten die Maus gedrückt und ziehen die Linie dann bis zum gewünschten Endpunkt. Jetzt nur noch die Maustaste wieder loslassen und fertig ist die perfekte Linie. Auch für Linien können Sie verschiedene Stärken einstellen.

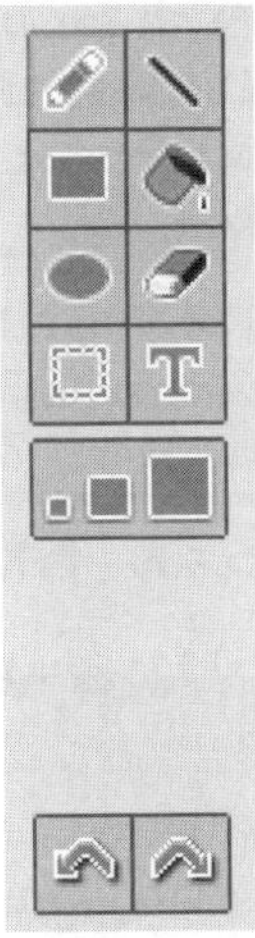

Abb. 6.14: Werkzeugpalette des Bildbearbeitungsprogramms

In der zweiten Reihe auf der linken Seite befindet sich das RECHTECK-Werkzeug. Auch hier erklärt der Name die Funktion wohl relativ deutlich. Von der Bedienung funktioniert das Rechteckzeichnen ganz ähnlich wie das Linienzeichnen. Auch hier können Sie die Dicke einstellen. Allerdings können Sie keine ausgefüllten Rechtecke zeichnen, sondern immer nur die Umrandung.

Möchten Sie trotzdem ein ausgefülltes Rechteck, können Sie dazu das AUSFÜLLEN-Werkzeug benutzen, das direkt neben dem für Rechtecke liegt und aussieht wie ein Farbeimer. Klicken Sie nun im Malbereich auf einen Punkt innerhalb eines Rechtecks, färbt das Ausfüllen-Werkzeug alles schwarz bis zum Rand des Rechtecks. Das funktioniert natürlich nicht nur mit Rechtecken, sondern auch mit selbst gezeichneten Umrandungen, egal ob sie mit dem Linien-Werkzeug oder dem Stift gezeichnet wurden.

Und auch mit dem nächsten Werkzeug, das sich links in der dritten Reihe befindet, funktioniert das Ausfüllen. Das Werkzeug ELLIPSE funktioniert nämlich genau wie das Rechteck-Werkzeug.

Und sollte doch mal etwas daneben gehen, gibt es immer noch den Radiergummi. Der befindet sich direkt neben der Ellipse und funktioniert wie der Stift, nur wird das ausgewählte Feld nicht schwarz, sondern wieder weiß.

In der letzten Reihe bleiben dann noch zwei Werkzeuge übrig. Das erste ist das Auswahl-Werkzeug. Es wird bedient wie das Rechteck-Werkzeug, nur zeichnet es nicht, sondern wählt die Pixel aus, die sich innerhalb des gewählten Bereichs befinden. Die so ausgewählten Pixel können dann entweder über [Entf] gelöscht werden oder auch ausgeschnitten werden, um sie später an einer anderen Stelle oder in einem anderen Bild einzufügen. Hier werden zwar auch die drei Quadrate angezeigt, die Sie vorher benutzt haben, um die Stärke eines Werkzeugs einzustellen, mit diesem Werkzeug funktionieren sie aber nicht.

Auch für unser letztes Werkzeug, das TEXT-Werkzeug haben sie keine Funktion. Die Verwendung dieses Werkzeugs ist denkbar einfach, einfach auf die Stelle im Malfenster klicken, wo der Text beginnen soll, und danach den Text einfach eingeben.

Damit sind Sie nun bestens gerüstet, um kleine Kunstwerke für das NXT-Display zu erschaffen, die Sie später auch in Ihren Programmen verwenden können.

6.5.4 NXT-Firmware aktualisieren

Vorsicht

Passiert beim Versuch, die Firmware des NXT upzudaten, ein Fehler, kann es unter Umständen zu dauerhaften Schäden am NXT kommen, gehen Sie deshalb besonders vorsichtig vor und achten Sie darauf, dass der NXT während des Vorgangs nicht vom Computer getrennt wird und dass die Ladung der Akkus beziehungsweise Batterien ausreichend ist.

Die Firmware des NXT ist so etwas wie sein Betriebssystem, es ist verantwortlich für die Menüs des NXT, dafür, dass alle Tasten und das Display funktionieren, und auch, dass Sie Ihre Programme übertragen und ausführen können.

Wie für Windows, OS X oder Linux gibt es auch für die Firmware des NXT von Zeit zu Zeit Updates, die neue Funktionen mitbringen, alte Fehler verbessern oder neue Hardware, also zum Beispiel Sensoren, unterstützen.

Die Updates finden Sie gewöhnlich auf der MINDSTORMS-Support-Seite von Lego unter `http://mindstorms.lego.com/support/updates/`. Die dort heruntergeladenen Firmware-Dateien können Sie dann mit Hilfe von NXT-G auf den NXT überspielen.

Dazu öffnen Sie aus dem WERKZEUGE-Menü das NXT-FIRMWARE AKTUALISIEREN-Werkzeug. Anstatt den Link zur Lego-Website abzutippen, können Sie im sich öffnenden Fenster auch den PRÜFEN-Button nutzen, der Sie direkt zur passenden Seite führt. Um eine Firmware-Datei zu überspielen, müssen Sie im DURCHSUCHEN-Dialog angeben, wo die Firmware gespeichert werden soll, die Sie auf den NXT installieren wollen. Danach wählen Sie nur noch die passende Firmware aus der Auswahl-Liste aus und klicken auf HERUNTERLADEN. Der Computer überspielt die neue Firmware dann auf den NXT.

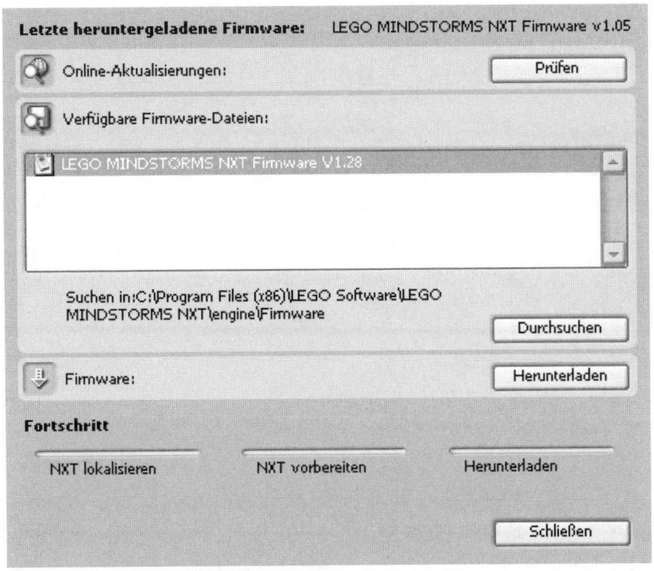

Abb. 6.15: Werkzeuge, um die NXT-Firmware zu aktualisieren

Tipp

Neben der Firmware von Lego gibt es inzwischen auch viele verschiedene andere Firmware-Versionen, die von NXT-Fans programmiert wurden und verschiedene zusätzliche Vorteile bringen und zum Beispiel das Programmieren mit anderen Programmiersprachen ermöglichen. Für echte NXT-Profis sind diese Firmware-Versionen eine Möglichkeit, noch mehr Leistung aus dem NXT zu bekommen, allerdings sollte man sich vorher genau informieren, zum Beispiel in Online-Communitys wie dem MINDSTORMSforum (`www.mindstormsforum.de`).

6.5.5 Sensoren kalibrieren

Wie Sie sich Sensorwerte auf dem NXT anzeigen lassen können, haben Sie ja bereits in Kapitel 3 gesehen, später werden Sie auch innerhalb von Programmen mit diesen Werten arbeiten. Dafür ist es aber essenziell, dass Sie sich auf die Werte, die Ihnen die Sensoren liefern, verlassen können.

Allerdings können die Sensorwerte, zum Beispiel des Lichtsensors, trotz gleich bleibendem Untergrund variieren. Das liegt dann meist daran, dass sich die Umgebungsbedingungen ändern, zum Beispiel die Gesamthelligkeit in einem Raum.

Da der Licht- und der Klangsensor besonders anfällig gegenüber diesen Schwankungen ist, bietet NXT-G die Möglichkeit, diese Sensoren zu kalibrieren, das heißt, sie auf die jeweiligen Umgebungsbedingungen einzustellen, um möglichst gleichbleibende Werte zu erhalten.

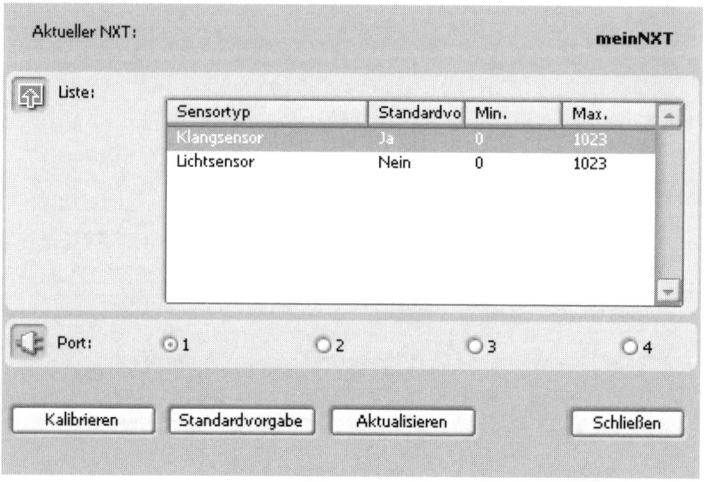

Abb. 6.16: Werkzeuge, um Sensoren zu kalibrieren

Unter WERKZEUGE|SENSOREN KALIBRIEREN können Sie das entsprechende Werkzeug öffnen, das allerdings nur funktioniert, wenn der NXT mit dem Computer verbunden ist. Außerdem müssen die Sensoren, die kalibriert werden sollen, auch am NXT angeschlossen sein, da jeder Sensor einzeln kalibriert werden kann.

Sind diese Bedingungen alle erfüllt, können Sie damit anfangen, Ihre Sensoren zu kalibrieren.

Lichtsensor kalibrieren

Um einen Lichtsensor zu kalibrieren, müssen Sie zuerst den entsprechenden Sensor aus der in Abbildung 6.16 zu sehenden Liste auswählen und den passenden Port dazu angeben. Dann klicken Sie auf die Schaltfläche KALIBRIEREN.

Auf dem Display des NXT erscheint die Meldung MIN VALUE. Sie halten den Lichtsensor nun über den dunkelsten Untergrund, den er innerhalb Ihres Programms sehen wird, und drücken die orange Eingabetaste des NXT.

Nun wechselt das Display zu MAX VALUE. Dementsprechend positionieren Sie den Lichtsensor über der hellsten Fläche, die der Roboter befahren wird, und drücken wieder die orange Eingabetaste und haben damit die Kalibrierung auch schon abgeschlossen.

Klangsensor kalibrieren

Die Kalibrierung des Klangsensors läuft ganz ähnlich ab, nur sollten Sie hier als MIN VALUE eine Stelle mit möglichst wenig Hintergrundgeräuschen wählen, an die der NXT während der Programmausführung gelangen kann, umgekehrt sollten Sie sich für den MAX VALUE eine Stelle mit möglichst lauten Hintergrundgeräuschen suchen.

Kalibrierung löschen

Um eine erstellte Kalibrierung zu löschen, also den Sensor auf seine Standardwerte zurückzusetzen, wählen Sie den entsprechenden Sensor einfach aus und klicken danach auf die Schaltfläche STANDARDVORGABE.

Kapitel 7

Programmiergrundlagen

7.1 Was ist ein Programm?

Wir haben in unserem Alltag alle täglich mit Computern und dementsprechend auch mit zahlreichen Programmen zu tun. Internetbrowser, E-Mail-Programm, Textverarbeitung, Betriebssystem, das alles sind Programme, mit denen wir täglich arbeiten. Dabei dient zur Interaktion mit den verschiedenen Programmen fast immer eine grafische Benutzeroberfläche. Hier unterscheiden sich die Programme, die Sie für den NXT schreiben werden, deutlich von denen, mit denen Sie täglich zu tun haben. Der NXT verfügt nur über ein kleines Display, mit dem auch nur rudimentäre Grafiken ausgegeben werden können. Trotzdem kennen Sie aus Ihrem Alltag schon »Programme«, die Ihren ersten Programmen für den NXT sehr ähnlich sein werden, allerdings handelt es sich dabei nicht um Computer-Programme.

Ein Kochrezept ist nämlich im Prinzip nichts anderes als ein Programm, denn ein Rezept besteht, wie ein Programm, aus einer Reihe von Anweisungen, die nacheinander ausgeführt werden. So zum Beispiel auch dieses »Programm« für Crêpes:

```
Man nehme 275g Mehl,
125 g Zucker,
25 g Butter,
10 ml Wasser,
2 Eier,
und 0.5 l Milch
und mische alles zusammen
```

Beispiel 7.1: »Crêpes-Programm«

Programme, wie unser kleines Crêpes-Programm, bei denen eine Reihe von Anweisungen nacheinander ausgeführt werden, bezeichnet man auch als sequenzielle Programme. Da aber weder ein Computer noch unser Roboter solche Programme in natürlicher Sprache versteht, gibt es so genannte Programmiersprachen. Sie dienen als Schnittstelle zwischen Mensch und Maschine. Erst wenn Sie Ihre Programme in einer Programmiersprache formulieren, versteht sie der Roboter auch. Klassische Programmiersprachen arbeiten dabei mit Wörtern, die man wie Vokabeln für eine Fremdsprache lernen muss. So könnte unser Crêpes-Programm in einer fiktiven Programmiersprache zum Beispiel so aussehen:

```
Nimm Mehl 275
Nimm Zucker 125
Nimm Butter 25
Nimm Wasser 0.01
Nimm Eier 2
Nimm Milch 0.5
Rühre
```

Beispiel 7.2: Formales »Crêpes-Programm«

Zwar gibt unser Programm immer noch die gleichen Anweisungen, sie sind aber jetzt wesentlich formaler und damit auch eindeutiger notiert, so dass auch ein Computer sie verstehen könnte. Die Programmiersprache, mit der wir uns im Laufe dieses Buches beschäftigen werden, NXT-G, bietet noch eine kleine Besonderheit. Bei NXT-G handelt es sich um eine grafische Programmiersprache. Konkret heißt das für Sie, dass Sie keine Vokabeln lernen müssen für unsere Sprache, sondern einfache Bilder, so genannte Blöcke, verwenden können. An der Herangehensweise und an der Logik, die hinter dem Programm steht, ändert das aber nichts.

Mit dieser Art von Programmen können Sie schon viele Probleme im Alltag und auch im Zusammenhang mit dem Roboter lösen, es gibt aber noch eine entscheidende Möglichkeit, die fehlt. Stellen Sie sich zum Beispiel vor, Ihr Rezept würde eine Alternative anbieten, falls Sie nicht mehr genug Butter im Haus haben:

```
Man nehme 25 g Butter oder einen Esslöffel Öl
```

Wenn wir Butter im Haus haben, nehmen wir also Butter, haben wir keine Butter, dann nehmen wir eben Öl. Die Bedingung dafür, dass wir Butter in den Teig geben, ist also, dass wir überhaupt genug davon haben, logisch. Übersetzt in unsere fiktive Programmiersprache, könnte ein Programm mit dieser Bedingung so aussehen:

```
Nimm Mehl 275
Nimm Zucker 125
Falls Butter vorhanden
   Nimm Butter 25
Sonst
   Nimm Öl 1
Nimm Wasser 0.01
Nimm Eier 2
Nimm Milch 0.5
Rühre
```

Beispiel 7.3: Formales »Crêpes-Programm« mit Bedingung

Bei solchen Programmen spricht man von bedingter oder konditionaler Programmierung. Solche Bedingungen werden für Ihre Arbeit mit dem Roboter sehr wichtig sein.

7.2 EVA-Prinzip

Warum sind bedingte Anweisungen für Ihre Arbeit mit dem Roboter so wichtig? Sie brauchen bedingte Anweisungen, damit der Roboter auf seine Umwelt reagieren kann. Von seinen Sensoren oder durch Benutzereingabe über die Buttons bekommt der NXT Eingangsdaten, diese verarbeitet er dann mit Hilfe verschiedener Befehle weiter. Je nachdem, welches Ergebnis die Auswertung bringt, werden verschiedene Aktionen oder Display-Ausgaben ausgeführt. Genau für diese Unterscheidung, was ausgeführt werden soll, brauchen wir bedingte Anweisungen.

Diese Vorgehensweise – es werden Daten eingegeben, verarbeitet, es erfolgt eine Ausgabe – stellt ein Grundprinzip der Datenverarbeitung dar, das so genannte EVA-Prinzip, Eingabe-Verarbeitung-Ausgabe.

7.3 Programme planen

Wie Sie schon gesehen haben, verstehen Computer und Roboter nur sehr formale und präzise Anweisungen, denn anders als wir Menschen können sie fehlende Informationen nicht intuitiv ergänzen. Mit dem Befehl »fahr geradeaus!« kann wohl jeder Mensch etwas anfangen, ein NXT-Roboter hätte damit schon gewaltige Probleme: Welche Richtung ist geradeaus, welche Motoren muss ich benutzen, wie schnell und wie lange soll ich eigentlich fahren?

Um solche Probleme zu vermeiden, sollten Sie sich, bevor Sie anfangen zu programmieren, einige Gedanken machen. Gerade bei größeren Programmen kann es auch hilfreich sein, sich am Anfang in einer erfundenen Programmiersprache, man spricht auch von Pseudocode, ein paar Notizen zu machen, wie wir es bei unserem Crêpes-Programm gemacht haben, also zum Beispiel:

```
Fahre mit A,B vorwärts Geschwindigkeit 75
5 Sekunden
```

Wichtig, um den Überblick zu behalten in einem Programm, ist auch, dass man sich an gewisse Konventionen hält, von denen Sie später noch einige kennen lernen werden. Eine Konvention für dieses Buch haben wir schon in Abschnitt 4.1.1 festgelegt, nämlich die Belegung der Motoren-Ausgänge und Sensoren-Eingänge. Generell ist es sehr hilfreich, sich auch eigene Konventionen aufzuerlegen und sich dann auch strikt daran zu halten, damit man sich selbst in seinen verschiedenen Programmen immer wieder schnell zurechtfindet, auch wenn man eine Zeit lang nicht mehr daran gearbeitet hat.

Darüber hinaus gibt es für die Planung von Programmen auch einige international normierte grafische Verfahren, wie zum Beispiel Flussdiagramme oder Struktogramme, mit denen wir uns im Verlauf dieses Buches aber nicht beschäftigen werden, da sie für die Programmierung mit NXT-G schlicht nicht nötig sind und meist mehr Aufwand bedeuten, als sie nutzen. Wer irgendwann aber auch in andere Programmiersprachen und größere Projekte umsteigt, wird auf kurz oder lang nicht an diesen Verfahren vorbeikommen.

Bei der Entwicklung von Programmen gibt es noch etwas Entscheidendes zu beachten, das ich an dieser Stelle aber nur erwähnen möchte und erst später, wenn wir wirklich programmieren, werde ich näher darauf eingehen. Sie sollten immer bemüht sein, Ihre Programme möglichst übersichtlich und ordentlich zu gestalten. Dadurch, dass Sie die einzelnen Befehle in NXT-G wie auf einer Perlenkette auffädeln, nimmt Ihnen die Software hier schon viel Arbeit ab und zwingt Sie dazu, ordentlich zu sein. Das war bei der Vorgängersprache noch ganz anders, hier konnte man die Blöcke quer über den Bildschirm verteilen, bis man am Ende noch nicht mal mehr selbst genau wusste, was da gerade passiert.

Damit aber auch genug der Theorie, jetzt wollen wir mit unserem ersten Programm in die Programmierung einsteigen.

7.4 Übungen

- Was versteht man unter sequenziellen Programmen?
- Wofür steht die Abkürzung »EVA«?

Kapitel 8

Hallo Welt!

8.1 Das erste Programm

Abb. 8.1: Allgemeine Palette

Unser erstes Programm wird ein echter Klassiker, ein »Hallo Welt«-Programm, also ein Programm, das nichts anderes tut, als den kurzen Satz »Hallo Welt« auf dem Display auszugeben. Um das Programm zu erzeugen, öffnen Sie wieder die NXT-Software und erstellen ein neues Programm mit DATEI|NEU oder über die Tastenkombination [Strg]+[N].

Danach wählen Sie auf der linken Seite die allgemeine Palette aus, wie in Abbildung 8.1 zu sehen.

Dort wählen Sie dann den vierten Block von oben aus, den so genannten ANZEIGE-Block, und platzieren ihn auf dem Ablaufträger. Dazu klicken Sie den Block an, halten die linke Maustaste gedrückt und ziehen ihn auf den Ablaufträger, in das mit START beschriftete Feld. Damit haben Sie den Anzeige-Block schon in Ihrem Programm, jetzt müssen Sie ihm nur noch die richtigen Einstellungen geben.

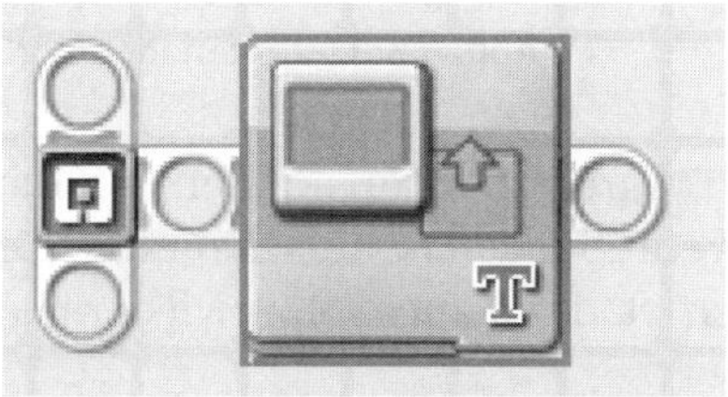

Abb. 8.2: Korrekt platzierter Anzeige-Block

Um die Einstellungen eines Blocks ändern zu können, müssen Sie mit der linken Maustaste auf ihn klicken. Die Einstellungen werden dann in der unteren linken Ecke angezeigt. Für unser kleines »Hallo Welt«-Programm setzen Sie die AKTION Ihres Anzeige-Blocks auf TEXT, wie in Abbildung 8.3 zu sehen. Im Feld TEXT geben Sie dann noch »Hallo Welt!« ein und schon sind die Einstellungen gesetzt. Wie Sie unschwer erkennen können, bietet der Anzeige-

Block noch einige zusätzliche Einstellungsmöglichkeiten, mit denen wir uns aber erst später genau beschäftigen werden, für den Anfang geben wir uns mit den Voreinstellungen zufrieden.

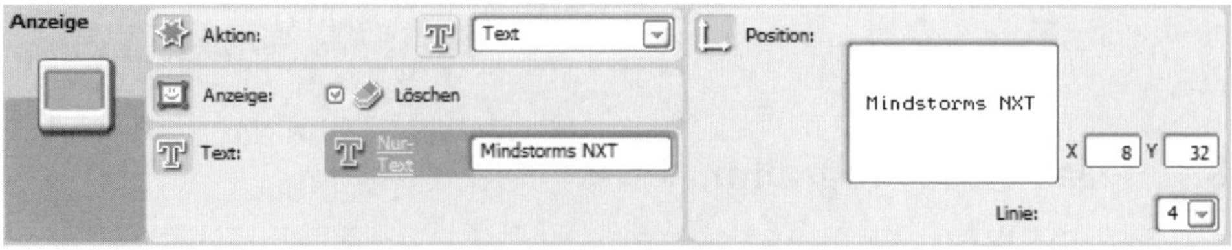

Abb. 8.3: Einstellungen des Anzeige-Blocks

Also können Sie Ihr erstes eigenes NXT-Programm jetzt auf den Roboter übertragen und testen. Dazu muss der NXT mit dem Computer verbunden sein, wie das funktioniert, haben Sie ja bereits in Kapitel 6 gesehen. Ist der NXT erst einmal korrekt verbunden, reicht es, auf den mittleren Button in dem grauen Viereck in der unteren rechten Ecke zu klicken, wie in Abbildung 8.4 zu sehen.

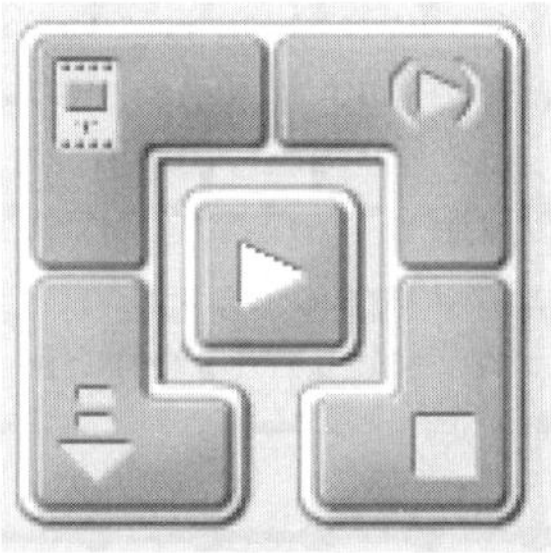

Abb. 8.4: Herunterladen und starten

Danach wird das Programm sofort auf dem NXT ausgeführt und Sie sehen, dass ... nichts passiert! Wenn Sie genau hinschauen, werden Sie feststellen, dass das Programm kurz gestartet, dann aber sofort wieder beendet wird. Was haben Sie falsch gemacht?

Nun, wie schon in Kapitel 7 beschrieben, müssen Sie dem NXT sehr genaue Anweisungen geben. Dem Programm fehlt die Information, wie lange der Text angezeigt werden soll. Deshalb wird das Programm nach dem Start sofort wieder beendet. Um dieses Problem zu beheben, müssen Sie Ihrem Programm noch einen Block hinzufügen, einen ZEIT-Block.

Abb. 8.5: Markiert: Zeit-Block

Mit dem neuen Block sollte Ihr fertiges Programm dann aussehen, wie in Abbildung 8.6 zu sehen. Im Unterschied zum Anzeige-Block fällt sofort ins Auge, dass auf dem Zeit-Block eine Zahl steht, standardmäßig »1,000«. Diese Zahl gibt an, wie viele Sekunden Ihr Programm an der entsprechenden Stelle pausieren soll, in diesem konkreten Fall also, wie lange der Text angezeigt werden soll.

Abb. 8.6: »Hallo Welt«-Programm mit Zeit-Block

Um die Zeit zu ändern, klicken Sie, wie schon beim Anzeige-Block, auf den Block und unten links erscheinen wieder die Einstellungen.

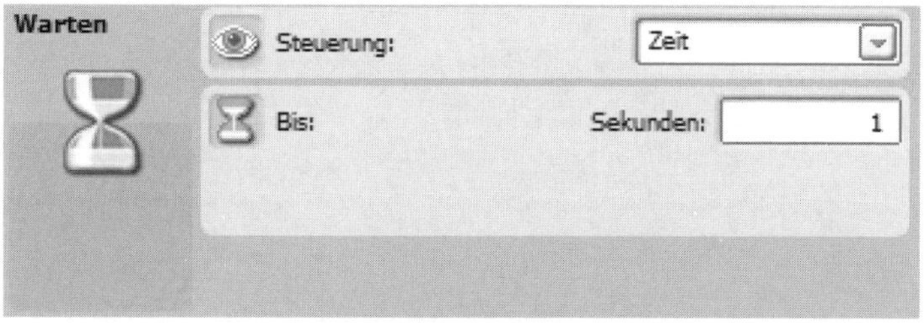

Abb. 8.7: Zeit-Block-Einstellungen

Hier können Sie im Feld Bis die gewünschte Zeit in Sekunden eingeben. Die minimale Wartezeit beträgt 1 Millisekunde, also 0,001 Sekunden, der theoretische Maximalwert (also die größtmögliche Zahl, die eingegeben werden kann) ist 2147483 Sekunden, was über 24 Tagen Dauerbetrieb entspräche und damit natürlich unrealistisch ist.

Nun können Sie Ihr Programm erneut übertragen und starten. Und was stellen Sie fest? Diesmal funktioniert alles wunderbar, der Roboter zeigt den Text für die von Ihnen angegebene Zeit an. Damit ist Ihr erstes Programm für den NXT fertig. Hätten Sie gedacht, dass es so einfach ist? Natürlich können Sie jetzt noch etwas versuchen, mit dem Programm herumzuspielen. Versuchen Sie es einmal mit anderen Texten oder einer anderen Wartezeit. Was passiert, wenn man Umlaute oder Sonderzeichen anzeigen möchte?

8.2 Übungen

- Wie lange muss ein Warten-Block mindestens warten?
- Erstellen Sie ein Programm, das den Text »NXT-G« für 5 Sekunden auf dem Display anzeigt!

Kapitel 9

Motoren

Jetzt können Sie zwar schon einen einfachen Text auf dem Display ausgeben, besonders spannend ist das aber ehrlich gesagt noch nicht und einen Roboter braucht man dazu auch nicht.

Deshalb werden wir uns in diesem Kapitel den Motoren zuwenden und damit unseren Roboter seine ersten Schritte machen lassen. Das funktioniert unabhängig davon, ob Sie sich für ein Modell mit Rädern oder Ketten entschieden haben.

Um Ihren Roboter in Bewegung zu setzen, brauchen Sie den Bewegungs-Block, den Sie an oberster Stelle in der Palette finden. Natürlich platzieren Sie auch diesen Block wieder auf dem Ablaufträger und schauen sich die verfügbaren Einstellungen an.

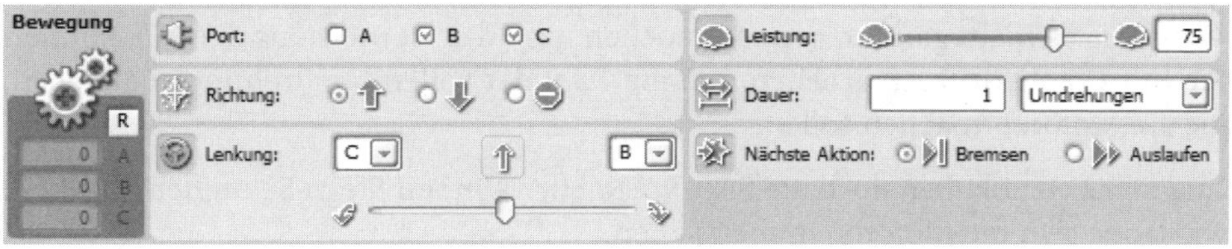

Abb. 9.1: Standardeinstellungen des Bewegungs-Blocks

In Abbildung 9.1 sind die Standardeinstellungen des Bewegungs-Blocks abgebildet. Als erste Einstellungen gibt es dort den Punkt PORT und drei Auswahlmöglichkeiten, »A«, »B« und »C«. Da wir unseren Roboter fahren lassen wollen, wählen Sie hier A und C aus, denn wie vorher vereinbart sitzt unser rechter Motor an Port A und der linke an Port C. Natürlich könnten Sie für beide Motoren auch einen eigenen Block verwenden, das würde Ihr kleines Programm aber unnötig kompliziert machen. Darunter kann unter dem Punkt RICHTUNG die Drehrichtung der Motoren eingestellt werden, vorwärts, rückwärts oder auch, dass sie sich gar nicht drehen sollen. Allerdings sollten Sie bei den Richtungspfeilen bedenken, dass diese nur korrekt sind, wenn Sie die Motoren in der vorgesehenen Richtung einbauen, bauen Sie sie andersherum ein, was je nach Modell sinnvoll sein kann, sind die Richtungen vertauscht. Hier hilft einfaches Ausprobieren.

Unter dem Punkt RICHTUNG befindet sich der Punkt LENKUNG. Hier können Sie über einen Schieberegler einstellen, ob Ihr Roboter später geradeaus fahren soll oder eine Kurve und wie stark die Kurve sein soll. Der Pfeil in der Mitte zeigt dabei recht anschaulich, wie die spätere Fahrbahn des Roboters bei den aktuellen Einstellungen sein wird.

Natürlich wollen Sie Ihrem Roboter aber auch sagen, wie schnell er fahren soll. Das können Sie unter dem Punkt LEISTUNG. Mit einem Schieberegler kann ein Wert zwischen 0 und 100 eingestellt werden, wobei 100 die maximale Geschwindigkeit ist und die Motoren bei 0 stehen bleiben.

Natürlich wollen Sie nicht denselben Fehler wie eben machen und Sie sagen Ihren Motoren deshalb auch, wie lange sie drehen sollen. Dazu bietet der Bewegungs-Block verschiedene Möglichkeiten: UNBEGRENZT, GRADZAHL, UMDREHUNGEN, SEKUNDEN.

UNBEGRENZT bedeutet in diesem Fall, dass der Motor so lange dreht, bis Sie ihn mit einem extra Befehl stoppen, das bedeutet im Gegenzug aber auch, dass das Programm wieder sofort endet, wenn Sie keinen Warten-Block oder Ähnliches hinter den Bewegungs-Block setzen.

Wählen Sie dagegen GRADZAHL aus, so können Sie angeben, um wie viel Grad sich die Motoren drehen sollen. Geben Sie hier also 360 ein, werden sich die Motoren genau um eine volle Umdrehung drehen. Mit dieser Option können Sie die Motoren am genauesten steuern, nämlich bis auf 1° genau.

Wenn Sie es nicht ganz so genau brauchen, und das ist meistens der Fall, können Sie mit UMDREHUNGEN arbeiten und die Zahl der vollen Umdrehungen angeben, die die Motoren machen sollen.

Zu guter Letzt bleiben noch die SEKUNDEN. Hier können Sie in Sekunden angeben, wie lange sich die Motoren drehen sollen.

Welche der Optionen gewählt ist, können Sie übrigens auch am Symbol des Bewegungs-Blocks in der unteren rechten Ecke des jeweiligen Blocks erkennen.

Abb. 9.2: Bewegungs-Block

Abb. 9.3: Bewegungs-Block mit nachfolgendem Warten-Block

Hinweis

Hätten Sie gedacht, dass das Programm in Abbildung 9.2 und das Programm in Abbildung 9.3 zum selben Ergebnis führen? Während beim ersten Programm die Zeitangabe direkt in den Einstellungen gemacht werden kann, wurde der Bewegungs-Block im zweiten Programm auf UNBEGRENZT gestellt und die Zeit wird über einen extra Warten-Block geregelt. Im Ergebnis sind trotzdem beide Programme gleich.

Als letzte Einstellungsmöglichkeit für den Bewegungs-Block bleibt uns nun noch die NÄCHSTE AKTION. Hier können Sie, sofern Sie eine Laufbegrenzung eingegeben haben, wählen zwischen BREMSEN und AUSLAUFEN. Wählen Sie hier BREMSEN, so werden die Motoren abrupt gestoppt, sobald die unter DAUER angegebene Begrenzung erreicht wurde. Wählen Sie stattdessen AUSLAUFEN, wird lediglich die Stromzufuhr zu den Motoren gestoppt und diese laufen langsam aus.

9.1 Beispielprogramme

Mit dem Wissen, das Sie bis hierher haben, können Sie schon einige nette kleine Programme schreiben.

Fangen wir mit einem einfachen Programm an, das Ihnen aber schon einen Grundsatz des Programmierens zeigt: Es gibt fast immer mehrere Lösungswege. Unser Programm soll den Roboter dazu bringen, auf der Stelle zu drehen. Dafür brauchen wir einen Bewegungs-Block, so viel ist schon mal klar.

Mit den verschiedenen Arten die Dauer der Drehung anzugeben, wollen wir uns an dieser Stelle auch gar nicht rumschlagen, uns interessiert nur der linke Teil der Einstellungen.

Der Weg, unser Problem zu lösen, der Ihnen als Erstes einfällt, ist wahrscheinlich der in Abbildung 9.4 gezeigte. Wir stellen die Lenkung einfach ganz nach rechts und schon dreht sich unser Roboter auf der Stelle. Das ist eine gute und richtige Lösung, die auch wunderbar funktioniert, aber nicht die einzige.

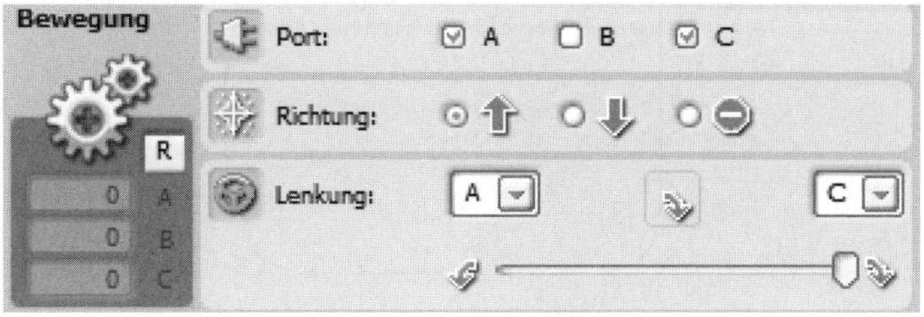

Abb. 9.4: Einstellungen zum Drehen auf der Stelle

Eine mögliche Alternative sehen Sie in Abbildung 9.5. Hier verwende ich statt zwei Motoren lediglich einen, der einfach dreht, der Effekt ist der gleiche. Dazu könnte man nun noch den anderen Motor mit einem extra Bewegungs-Block in die andere Richtung drehen lassen, aber das wäre im Prinzip nur ein Nachbau des ersten Programms mit zwei Blöcken, denn auch beim ersten Programm drehen die Motoren in entgegengesetzte Richtungen.

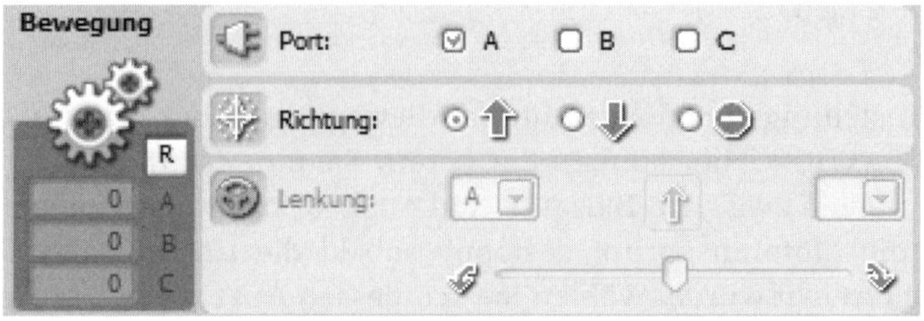

Abb. 9.5: Alternative Einstellung zum Drehen auf der Stelle mit nur einem Motor

Tipp

NXT-G hilft Ihnen automatisch dabei, den Roboter möglichst korrekt fahren zu lassen, indem die beiden Motoren synchronisiert werden. Kann sich ein Motor nicht drehen oder dreht langsamer, wird der andere Motor automatisch angepasst, damit der Roboter in der Bahn bleibt. Das merken Sie besonders gut, wenn Sie einen der beiden Motoren blockieren oder wenn nur ein Motor angeschlossen ist, dann dreht der angeschlossene Motor nämlich nicht.

Etwas anspruchsvoller wird es schon, wenn Sie den Roboter ein Viereck abfahren lassen wollen. Dafür reicht nämlich ein einzelner Bewegungs-Block schon nicht mehr, da der Roboter mehrfach seine Bewegungsrichtung ändern muss.

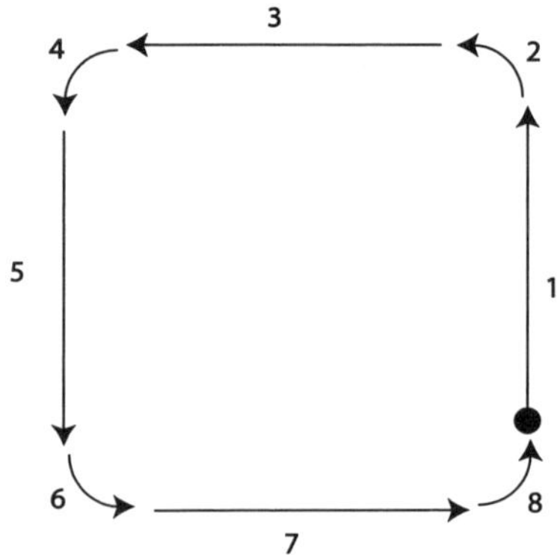

Abb. 9.6: Verschiedene Schritte für das Abfahren eines Vierecks

Wie in Abbildung 9.6 zu sehen ist, werden Sie mindestens acht Bewegungs-Blöcke brauchen, jeweils einen für alle vier Seiten des Vierecks und einen für die Drehung zur nächsten Seite.

Für die Realisierung des Programms gibt es wieder verschiedene Möglichkeiten, Sie müssen sich entscheiden, ob Sie lieber mit Rotationen, Zeit oder Gradangaben arbeiten möchten. Sie könnten auch für die Geradeausfahrt Zeit und für die Drehungen Rotationen verwenden. Verwenden Sie eine Zeitangabe, können Sie diese entweder direkt im Bewegungs-Block angeben oder mit einem extra Warten-Block. Die Möglichkeiten sind also wieder sehr zahlreich, wichtig ist letztendlich nur, dass alle Umdrehungen und Geradeausfahrten gleich sind, damit Sie am Ende auch wirklich wieder an Ihrem Ausgangspunkt ankommen.

Wir entscheiden uns an dieser Stelle dazu, die Drehungen mit Rotationen zu realisieren und das Geradeausfahren über die Angabe einer Zeitspanne. Das fertige Programm sollte dann so aussehen, wie in Abbildung 9.7 zu sehen.

Abb. 9.7: »Viereck«-Programm

Wie lange dabei die Zeitspanne sein soll, in der der Roboter geradeaus fährt, hängt ganz davon ab, wie groß das Viereck sein soll, das der Roboter abfährt.

Etwas komplizierter wird das Finden der richtigen Rotationszahl für eine Drehung um genau 90°. Je nach Untergrund und Roboter kann die benötigte Rotationszahl variieren, auch diesen Wert finden Sie am einfachsten durch Ausprobieren heraus.

Tipp

Sie brauchen die Werte nur für eine Umdrehung und eine Geradeausfahrt auszuprobieren und können sie für die restlichen übernehmen. Da hier alle Blöcke genau gleich sind, reicht es sogar, lediglich zwei Blöcke zu erstellen, diese dann zu markieren, indem Sie die linke Maustaste gedrückt halten und ein Kästchen um die beiden Blöcke ziehen, und mit der Tastenkombination `Strg`+`C` zu kopieren, mit `Strg`+`V` wieder einzufügen und dann nur noch an die richtige Stelle zu ziehen.

9.2 Entfernungen angeben

Sie wissen ja bereits, dass es verschiedene Möglichkeiten gibt, um festzulegen, wie lange die Motoren drehen sollen. Sie haben dafür drei Möglichkeiten kennen gelernt: Umdrehungen, Zeit und Gradzahl.

Deshalb möchte ich an dieser Stelle klären, welche dieser drei Möglichkeiten sich wann eignet. In den seltensten Fällen ist es sinnvoll, sich auf eine Zeitangabe zu verlassen, das hat einen relativ simplen Grund. Mit fallender Akku- beziehungsweise Batterie-Leistung drehen die Motoren immer langsamer. Dadurch schaffen die Motoren in der gleichen Zeit nur noch eine kürzere Strecke. Verwenden Sie nun ein Programm, das mit Zeitangaben arbeitet, stimmen die Entfernungen nicht mehr. Außerdem müssen Sie, wenn Sie die Motorgeschwindigkeit ändern wollen, sämtliche Angaben neu berechnen und testen.

Um das zu vermeiden, sollten Sie Angaben in Umdrehungen oder Grad machen. Beide Methoden haben den Vorteil, dass sie unabhängig von der Motorengeschwindigkeit funktionieren.

Auf welche der beiden Möglichkeiten man nun genau zurückgreift, hängt hauptsächlich von der Streckenlänge ab. Im Prinzip können Sie Grad- und Umdrehungs-Angaben immer äquivalent verwenden. Die zurückgelegte Strecke einer Umdrehung entspricht immer der Strecke für 360 Grad. Deshalb ist es sinnvoll, Grad-Angaben für sehr kleine Strecken oder Drehungen zu nutzen. Umdrehungen eignen sich dagegen bestens für große und mittlere Strecken, mit ihnen wird meistens gearbeitet.

9.3 Motor-Block

Bisher sind wir mit unserem Bewegungs-Block eigentlich zufrieden, er kann alles, was wir brauchen, und kann recht einfach eingestellt werden. Es gibt allerdings noch einen anderen Block, mit dem Sie Motoren bewegen können, der nicht ganz so einfach zu benutzen ist, dafür aber mehr Möglichkeiten bietet.

Allerdings finden Sie diesen Block nicht in der allgemeinen Palette, auf der Sie sich bisher bewegt haben, sondern Sie müssen auf die vollständige Palette wechseln.

Hier finden Sie unter dem Punkt AKTION den Motor-Block, wie in Abbildung 9.8 zu sehen. Wenn Sie sich die Eigenschaften des Motor-Blocks anschauen, dann erkennen Sie schnell viele Ähnlichkeiten zum Bewegungs-Block, aber auch einige Unterschiede, die wir uns genauer anschauen wollen.

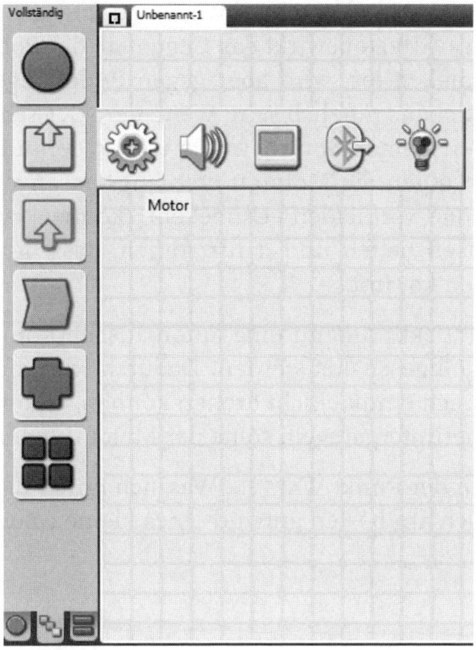

Abb. 9.8: Vollständige Palette mit ausgewähltem Motor-Block

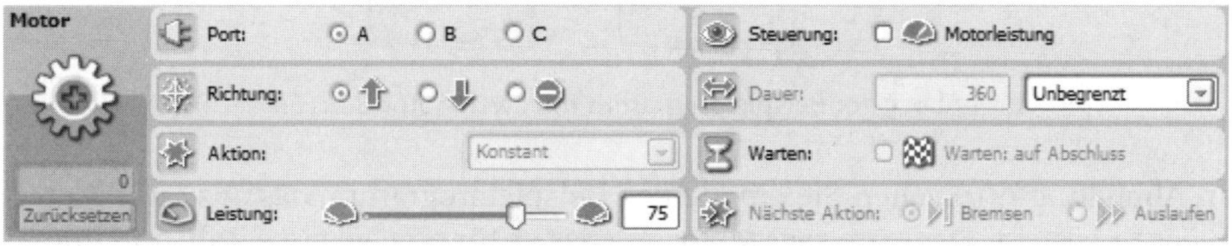

Abb. 9.9: Eigenschaften des Motor-Blocks

Sofort in der ersten Zeile fällt auf, dass Sie nun unter PORT nur noch einen und nicht wie vorher bis zu drei Motoren auswählen können. Der Motor-Block ist also immer nur für einen einzelnen Motor zuständig. Deshalb hat der Motor-Block natürlich auch keinen Eintrag LENKUNG in den Einstellungen, der würde bei einem einzelnen Motor auch wenig Sinn machen.

Dafür hat er einen zusätzlichen Eintrag mit dem nicht gerade vielsagenden Namen AKTION, der die Auswahlmöglichkeiten KONSTANT, HOCHFAHREN und HERUNTERFAHREN bietet. Allerdings können diese Optionen nur gewählt werden, wenn unter DAUER entweder UMDREHUNGEN oder GRAD ausgewählt wurde.

Wählen Sie als Aktion KONSTANT aus, dreht der Motor von Anfang an auf der angegebenen Geschwindigkeit. HOCHFAHREN sorgt dagegen dafür, dass der Motor langsam andreht und immer schneller wird, bis er seine angegebene Geschwindigkeit erreicht hat. HERUNTERFAHREN bewirkt das Gegenteil, der Roboter fährt also sofort mit voller Geschwindigkeit los, wird aber gegen Ende langsamer. In der Praxis kann diese Option durchaus nützlich sein. Wenn der NXT schnell anfährt, passiert es häufig, dass er einen kleinen Sprung macht und so eventuell von seiner geplanten Bahn abkommt; fangen die Motoren erst langsam an zu drehen, kann man solche kleinen Sprünge vermeiden. Umgekehrt können langsam ausdrehende Motoren beim Bremsen helfen und dafür sorgen, dass der NXT auch wirklich rechtzeitig zum Stehen kommt.

Unter dem Punkt STEUERUNG kann eine automatische Kompensation, zum Beispiel für Widerstand eingeschaltet werden. Dadurch wird die Motorgeschwindigkeit, sollte der Motor sich einmal nicht drehen können, automatisch hochgeregelt, umgekehrt wird sie heruntergeregelt, sollte der Motor durchdrehen.

Bleibt als Letztes noch der Punkt WARTEN. Was sich hinter dieser Einstellmöglichkeit versteckt, lässt sich am besten anhand eines kleinen Beispielprogramms zeigen.

Abb. 9.10: Beispielprogramm mit zwei Motor-Blöcken

In Abbildung 9.10 sehen Sie ein kleines Beispielprogramm, das aus zwei Motor-Blöcken besteht. Der erste sagt Motor A, dass er für eine gewisse Zahl an Umdrehungen vorwärtsdrehen soll, der zweite sagt Motor C das Gleiche. Was macht das Programm also?

Das kommt auf die weiteren Einstellungen an, es gibt nämlich zwei Möglichkeiten:

1. Zuerst dreht Motor A, bremst und anschließend dreht Motor C.
2. Die Motoren A und C drehen gleichzeitig, der Roboter fährt also geradeaus.

Möglichkeit 1 erreichen Sie, indem Sie die Option WARTEN aktivieren, dann pausiert das Programm nämlich so lange, bis der Motor mit seiner Aufgabe fertig ist, erst dann wird der nächste Block ausgeführt.

Ist WARTEN nicht aktiviert, startet das Programm Motor A, geht aber sofort weiter zum nächsten Block, führt diesen auch aus und startet damit auch noch Motor C.

Damit haben Sie nun fast alle Möglichkeiten kennen gelernt, die NXT-G für die Steuerung von Motoren bietet. Bevor Sie sich allerdings auch noch die letzten Feinheiten der Motorensteuerung aneignen können, müssen Sie sich erst mit dem Konzept der Variablen beschäftigen, die Sie dafür benötigen.

9.4 Übungen

- Was ist der Unterschied zwischen einem Bewegungs- und einem Motor-Block?
- Stellen Sie sich vor, Sie haben einen Roboter mit zwei Motoren, angeschlossen an Ausgang A und C, wie viele verschiedene Programme fallen Ihnen ein, um diesen Roboter für 15 Sekunden geradeaus fahren zu lassen, und wie sehen diese Programme aus? (Tipp: Insgesamt sollten Sie bisher 3 verschiedene Ansatzweisen für ein solches Programm kennen.)

Kapitel 10

Konstanten und Datenknoten

10.1 Datenknoten

Eine Kleinigkeit, die der Bewegungs-Block und auch alle anderen Blöcke können, habe ich Ihnen bisher verschwiegen, eine Kleinigkeit mit großer Wirkung. Wie in Abbildung 10.1 zu sehen ist, kann aus dem Block eine zusätzliche Leiste ausgefahren werden, wenn man mit der linken Maustaste auf den markierten Bereich klickt.

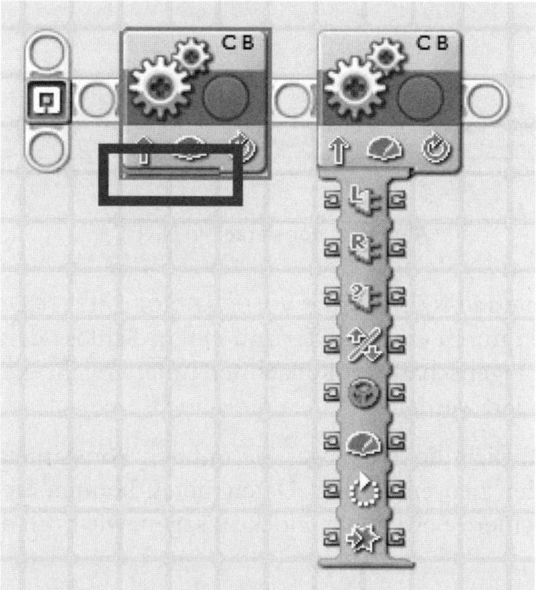

Abb. 10.1: Bewegungs-Block mit eingeklappten (links) und ausgeklappten (rechts) Datenknoten

Die kleinen »Punkte« links und rechts neben den Symbolen nennen wir Datenknoten. Wenn Sie mit dem Mauszeiger über die Symbole fahren, wird deren Bedeutung eingeblendet. Schnell fällt auf, dass jedes der Symbole einer Einstellung entspricht, die Sie ja bereits im vorangegangenen Kapitel kennen gelernt haben.

Was können Sie also mit den Datenknoten machen? Zwei verschiedene Dinge. Auf der linken Seite befinden sich Daten-Eingänge, auf der rechten Seite Daten-

Ausgänge. Die Daten-Ausgänge können Sie verwenden, um zum Beispiel die aktuelle Motorleistung auf dem NXT auszugeben. Diese Möglichkeit werden wir uns aber erst später, im Zusammenhang mit dem Anzeige-Block, anschauen. Für den Moment wollen wir uns auf die Daten-Eingänge konzentrieren.

Sie bieten im Prinzip dieselben Einstellmöglichkeiten, wie Sie sie bereits kennen, haben aber den Vorteil, dass die Zahlen direkt »aus dem Programm« kommen können. Wie das funktioniert und welche Vorteile das bringt, werden Sie sich jetzt anschauen.

10.2 Konstanten

Eine Konstante ist wohl jedem schon einmal begegnet, ob im Mathematik-, Chemie- oder Physik-Unterricht. Wie in der Mathematik sind Konstanten auch in der Informatik Zahlen, die ihren Wert, zumindest während einer Programmausführung, nicht ändern können.

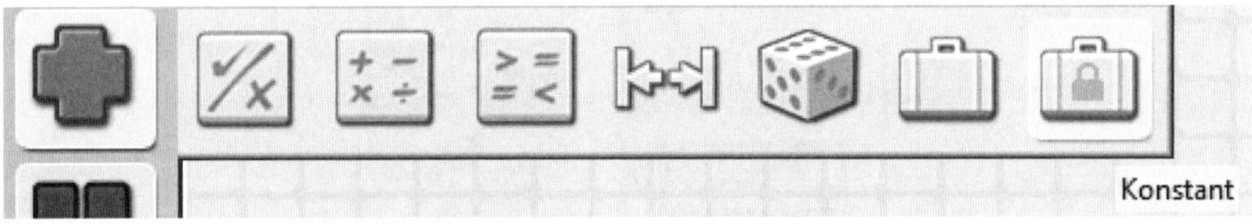

Abb. 10.2: Konstanten in NXT-G

Sie finden Konstanten in NXT-G unter VOLLSTÄNDIGE PALETTE|DATEN. Symbolisiert werden Konstanten durch einen Koffer mit einem Schloss darauf, das noch einmal die wichtigste Eigenschaft von Konstanten unterstreicht, sie können vom Programm nicht geändert werden.

Nun stellt sich natürlich die Frage, was Sie mit den Konstanten machen können. Gemeinsam mit den neu entdeckten Datenknoten können Sie sie zum Beispiel dafür verwenden, einem Bewegungs-Block zu sagen, wie hoch die Motor-Leistung sein soll.

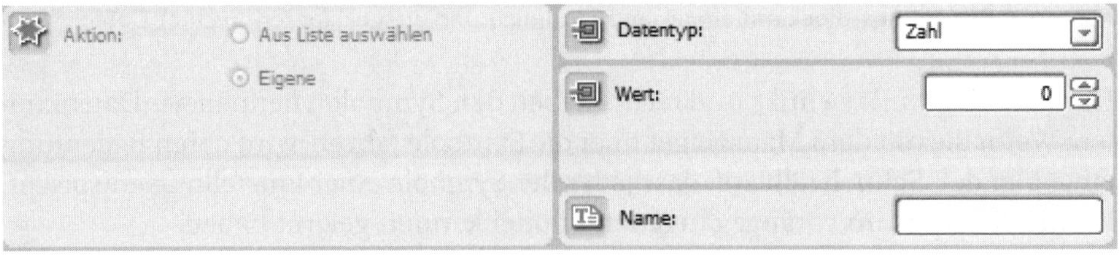

Abb. 10.3: Einstellungen einer Konstanten

Dazu erstellen Sie ein neues Programm und platzieren die Konstante am Anfang des Ablaufträgers und öffnen dann die Einstellungen. Dort wählen Sie nun als DATENTYP ZAHL aus. Als Wert wählen Sie eine Zahl zwischen 0 und 100, die Ihrer späteren Motorleistung entsprechen soll. Im Feld NAME können Sie Ihrer Konstanten dann noch einen Namen geben. Das empfiehlt sich besonders für größere Programme mit mehreren Konstanten, da Sie die einzelnen Konstanten so schnell finden und gegebenenfalls ändern können. Obwohl Ihr Programm nur klein wird, geben Sie der Konstanten trotzdem den schönen Namen LEISTUNG.

Nun platzieren Sie neben Ihrer Konstanten noch einen Bewegungs-Block auf dem Ablaufträger und öffnen die Datenknoten, wie in Abbildung 10.4 zu sehen.

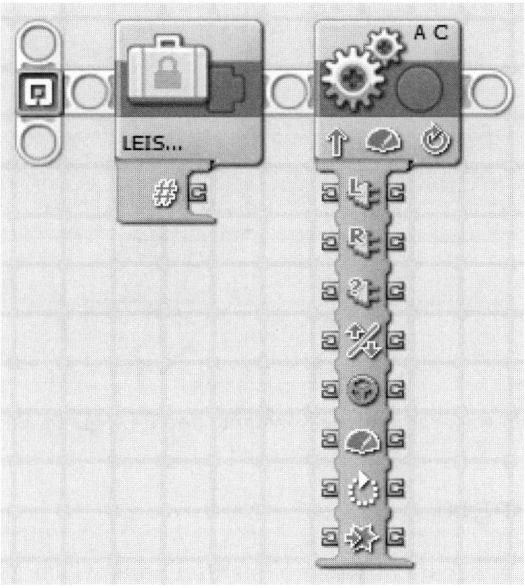

Abb. 10.4: Konstante und Bewegungs-Block mit geöffneten Datenknoten

Sofort fällt auf, dass Ihre Konstante nur einen Daten-Ausgangsknoten hat, logisch, schließlich können Sie ihren Wert auch nicht ändern. Jetzt müssen Sie nur noch den Ausgangsknoten der Konstanten mit dem passenden Eingangsknoten des Bewegungs-Blocks verbinden.

Wenn Sie sich mit dem Mauszeiger dem Ausgangsknoten der Konstanten nähern, ändert sich der Mauscursor in eine Art Spule. Klicken Sie nun mit der linken Maustaste einmal auf den Ausgangsknoten. Wenn Sie die Maus jetzt bewegen, folgt dem Cursor eine gelbe Linie. Diese Linie muss nun zum Eingangsknoten für die Motorleistung geführt werden, also an den Knoten links neben dem Tacho-Symbol. Klicken Sie jetzt noch einmal mit der linken Maustaste auf den Eingangsknoten und die Verbindung wird »befestigt«, wie in Abbildung 10.5 gezeigt. Sie können das Programm nun starten und testen, wie sich die Motoren verhalten, wenn Sie verschiedene Werte für die Konstante ausprobieren. Sie werden feststellen, dass die Konstante nun die Motorleistung regelt. Selbst wenn die Einstellungen direkt am Bewegungs-Block geändert werden, wird der Leistungswert von der Konstanten überschrieben.

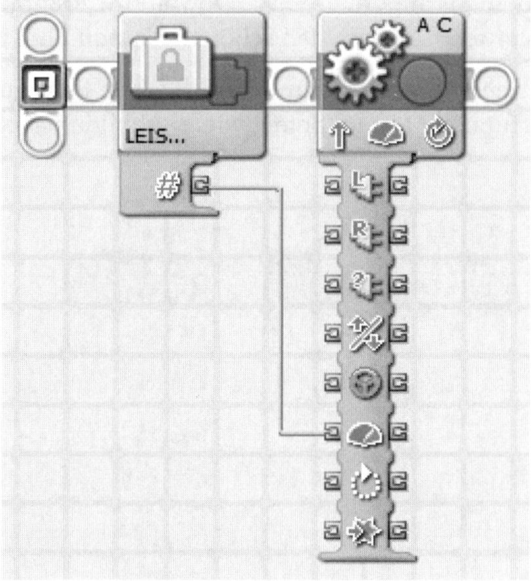

Abb. 10.5: Verbundene Konstante und Bewegungs-Block

10.3 Verbindungen

Bevor wir uns nun anschauen, was Konstanten sonst noch alles können, wollen wir uns erst einmal etwas näher mit den Verbindungen beschäftigen, die werden Sie nämlich noch sehr oft benötigen und sie sind komplexer, als sie vielleicht im ersten Moment scheinen.

Zum Beispiel sagt die gelbe Farbe der Verbindung, die Sie im obigen Beispiel gezogen haben, dass eine Zahl übergeben wird. Hätten Sie einen Text übergeben, wäre Ihre Linie orange, hätten Sie einen Logikwert (dazu später mehr) übergeben, grün. Aber nur unter der Voraussetzung, dass Sie sie auch an einen richtigen Daten-Eingang anschließen. Versuchen Sie zum Beispiel, eine Text-Konstante mit dem LINKER MOTOR-Eingang Ihres Bewegungs-Blocks zu verbinden, färbt sich die Linie grau. Das passiert immer dann, wenn Sie zwei Knoten miteinander verbunden haben, die nicht zusammenpassen.

Farbe	Verbindungstyp
Gelb	Zahlen
Orange	Text
Grün	Logische Datenleitung

Tabelle 10.1: Verbindungsfarben

Es ist auch möglich, zwei Eingänge mit demselben Ausgang zu verbinden, wenn man zum Beispiel zwei Bewegungs-Blöcke besitzt, die mit derselben Leistung arbeiten sollen. Dazu klicken Sie einfach noch einmal auf den Ausgang oder an eine beliebige Stelle der ersten Verbindung und ziehen die neu entstehende Linie dann zum zweiten Eingang.

Da es mit vielen Verbindungen schnell recht unübersichtlich wird, können Sie die Verbindungen auch nach eigenen Wünschen verlegen. Jedes Mal, wenn Sie auf der Programmieroberfläche die linke Maustaste drücken, wird die Verbindung an die Oberfläche »geheftet« und Sie können sie dementsprechend verlegen. Sollte dabei mal etwas schiefgehen, können Sie bereits verlegte Verbindungen natürlich auch wieder löschen. Dazu klicken Sie einfach einmal auf die Verbindungslinie und drücken dann `Entf`, schon ist die Verbindung wieder gelöscht.

Das ist auch schon alles, was Sie fürs Erste über Verbindungen wissen müssen. Umso komplexer Ihre Programme werden, desto mehr werden Sie von ihnen brauchen. Es empfiehlt sich also, etwas mit ihnen herumzuspielen und sich zum Beispiel den Unterschied zwischen Ein- und Ausgängen noch einmal zu verdeutlichen.

10.4 Text-Konstanten

Erinnern Sie sich noch an unser kleines »Hallo Welt«-Programm? Auch das können Sie mit Konstanten bauen. Dazu holen Sie sich einfach wieder einen Anzeige-Block und positionieren einen Warte-Block dahinter. Statt den Text aber, wie beim ersten Mal, direkt in die Einstellungen des Anzeige-Blocks zu schreiben, nutzen Sie diesmal eine Konstante, die Sie noch vor dem Anzeige-Block positionieren, wie in Abbildung 10.6 zu sehen.

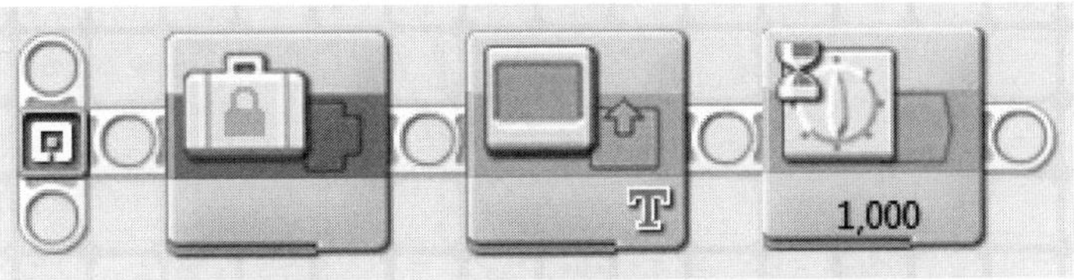

Abb. 10.6: Konstante, Anzeige- und Warte-Block

Als Datentyp für Ihre Konstante nutzen Sie diesmal natürlich Text, schließlich wollen Sie ja einen Text auf dem Display ausgeben. Als Wert geben Sie den Text ein, den Sie anzeigen möchten, also »Hallo Welt!«. Danach müssen Sie bei der Konstanten und dem Anzeige-Block noch die Datenknoten öffnen und dann verbinden Sie die Konstante mit dem TEXT-Eingangsknoten.

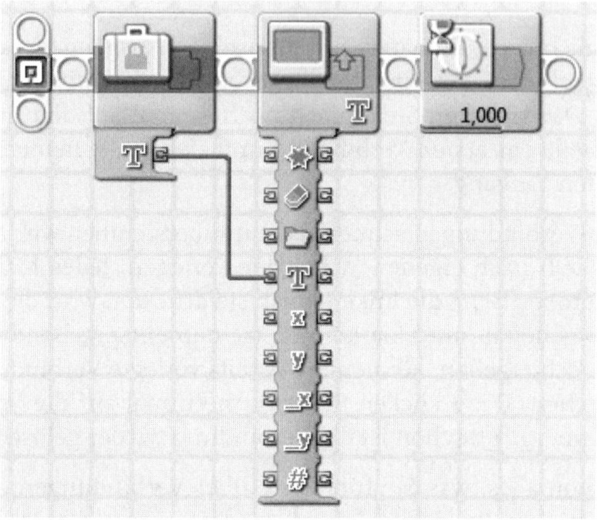

Abb. 10.7: Datenverbindung für das »Hallo Welt«-Programm

Übrigens, was die restlichen Datenknoten am Anzeige-Block machen, werden wir in einem gesonderten Kapitel betrachten, in dem wir uns nur um die verschiedenen Möglichkeiten der Anzeige kümmern. Bevor es allerdings so weit ist, werden wir uns noch mit so genannten Schaltern und dem dritten Datentyp von Konstanten beschäftigen.

10.5 Übungen

- Welche Verbindungstypen, und damit auch Datentypen, gibt es in NXT-G?
- Welchen Datentyp hat die Konstante in Abbildung 10.8?

Abb. 10.8: Konstante

Kapitel 11

Schalter und Logik

11.1 Schalter

In diesem Kapitel wollen wir uns mit den so genannten Schaltern beschäftigen. Anders als der Name vielleicht vermuten lässt, handelt es sich bei dem Schalter-Block nicht um einen Block für den Tastsensor, auch wenn er zusammen mit diesem verwendet werden kann.

Vielmehr führt der Schalter eine komplett neue Ebene des Programmierens ein, die Sie schon in Kapitel 7 in der Theorie betrachtet haben und nun in die Praxis umsetzen. Es ist natürlich von der funktionalen oder bedingten Programmierung die Rede.

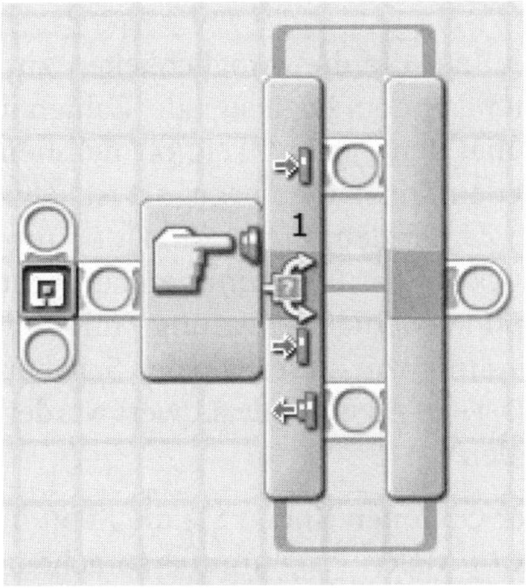

Abb. 11.1: Schalter

Allein schon am Aussehen des Schalter-Blocks dürfte klar werden, dass es sich hier um ein neues Konzept handelt, denn der Schalter-Block teilt den Ablaufträger in zwei Träger. Wenn Sie sich an Kapitel 7 zurückerinnern, dann wird auch klar, wieso. Der Schalter prüft, ob eine Bedingung erfüllt ist, und führt dann dementsprechend entweder die eine Aktion oder die andere aus.

Schauen wir uns einmal die Einstellungen des Schalter-Blocks an.

Abb. 11.2: Standardeinstellungen eines Schalters

Standardmäßig ist für die STEUERUNG der Schalter SENSOR ausgewählt, wie in Abbildung 11.2 zu sehen. Uns interessiert an dieser Stelle aber nur die zweite Steuerungsoption, nämlich WERT wie in Abbildung 11.3 zu sehen.

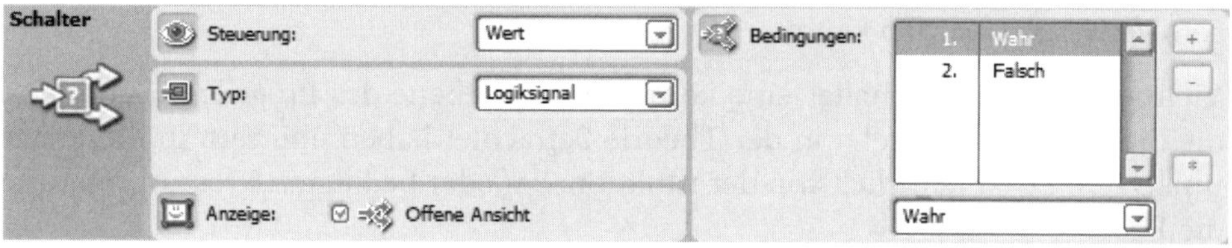

Abb. 11.3: Schalter mit Wert als Steuerungsoption

Als Werte-TYP haben Sie hier die drei Möglichkeiten zur Auswahl, die Sie auch schon von den Konstanten kennen: Logiksignale, Zahlen und Texte. Für Ihren ersten Versuch wollen wir hier den Typ LOGIKSIGNAL nehmen, der Ihnen zwar schon im Zusammenhang mit den Konstanten begegnet ist, den wir uns aber noch nicht genau angesehen haben. Unter dem Punkt ANZEIGE kann lediglich geändert werden, wie der Schalter-Block auf der Programmieroberfläche angezeigt wird, für die Funktion hat diese Option wenig Bedeutung, mit einer kleinen Ausnahme. Möchte man eine Verbindung von außerhalb des Schalter-Blocks in dessen Inneres verlegen, muss die OFFENE ANSICHT deaktiviert werden, sonst kann keine Verbindung hergestellt werden.

Auf der rechten Seite der Optionen finden Sie die BEDINGUNGEN für den Schalter. Da der Typ LOGIKSIGNAL (in vielen Programmiersprachen wird dieser Typ als *Boolean* bezeichnet) nur die zwei Werte WAHR oder FALSCH annehmen kann, sind das unsere Bedingungen. Liegt der Wert WAHR am Schalter an, wird der erste (obere) Ablaufträger abgearbeitet, liegt der Wert FALSCH an, werden die Blöcke auf dem zweiten Ablaufträger ausgeführt.

11.1.1 Logik-Schalter

Für unseren ersten Test legen Sie sich ein Programm mit einer Logiksignal-Konstanten, einem Schalter und einem Warte-Block an. Während die Ablaufträger innerhalb des Schalters nur abhängig vom anliegenden Wert ausgeführt werden, wird der Warte-Block immer ausgeführt, da er hinter dem Schalter auf dem normalen Ablaufträger liegt.

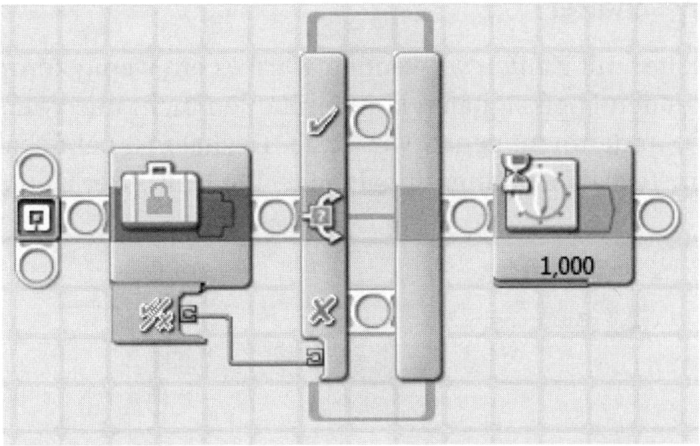

Abb. 11.4: Schalter mit Logiksignal-Konstanten und Warte-Block

Nun fehlt nur noch, was getan werden soll, wenn die Bedingung erfüllt beziehungsweise nicht erfüllt ist. Für unser Beispiel nutzen Sie zwei einfache Anzeige-Blöcke mit der Ausgabe »Erfuellt« beziehungsweise »Nicht erfuellt«, wie in Abbildung 11.5 zu sehen.

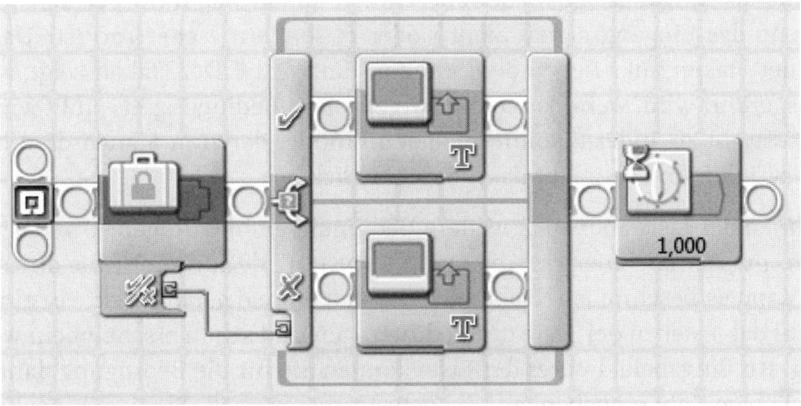

Abb. 11.5: Schalter erweitert um Anzeige-Blöcke

Nun können Sie das Programm testen und den Wert der Konstanten von WAHR zu FALSCH ändern, um zu sehen, wie der Schalter funktioniert und wie abwechselnd eine der beiden Nachrichten ausgegeben wird. Aktuell macht das vielleicht noch wenig Sinn, denn der Wert Ihrer Konstante kann sich ja nicht ändern und so wissen Sie immer schon vor Programmstart, was passieren wird. Wenn Sie sich aber im Laufe des Buches mit Variablen beschäftigen, die ihren Wert ändern können, oder später auch mit Sensoren, werden Sie sehen, welche vielfältigen Möglichkeiten die Schalter eröffnen.

11.1.2 Zahlen-Schalter

Wollen Sie Schalter mit Zahlen verwenden, wird es ein wenig komplizierter, denn im Gegensatz zu den Logiksignalen können Zahlen nicht nur zwei, sondern deutlich mehr Werte annehmen, genau wie Texte. Deshalb ist bei Schaltern mit einer Zahl oder einem Text als Eingangssignal die rechte Hälfte der Optionen besonders interessant.

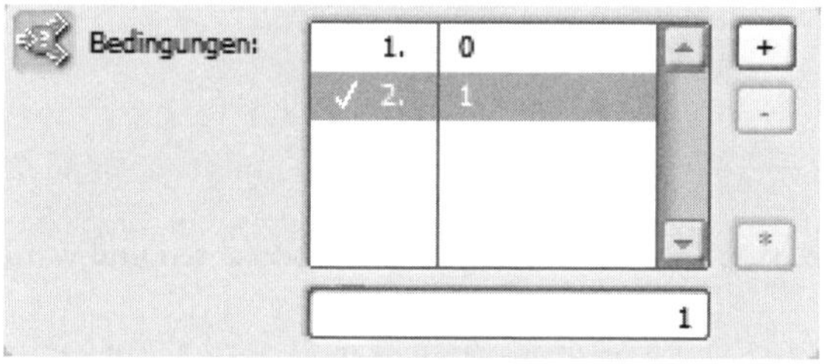

Abb. 11.6: Rechte Seite der Einstellungen für einen Schalter-Block mit Zahl

In der Standardeinstellung gibt es dort zwei Einträge, der erste ist 0 und der zweite 1. Der Schalter unterscheidet also zwischen den Eingangswerten 1 und 0. Nun sind als Eingangssignal aber alle Zahlen gültig, was führt der Schalter also aus, wenn das Eingangssignal nicht 1 oder 0, sondern 2 oder 100 ist? Das zeigt Ihnen der Haken links neben dem zweiten Eintrag an. Der Haken zeigt, welcher Fall ausgeführt wird, wenn keine der aufgeführten Bedingungen erfüllt wird. Um diese Auswahl zu ändern, können Sie den Eintrag, der zum Standardfall werden soll, auswählen und dann auf das *-Symbol klicken.

Sie können der Liste aber auch weitere Bedingungen hinzufügen. Um das tun zu können, müssen Sie aber erst die OFFENE ANSICHT deaktivieren, wie am Anfang dieses Kapitels beschrieben. Haben Sie das erst einmal getan, reicht ein einfacher Klick auf das + neben der Liste der Bedingungen und schon erscheint ein weiterer Eintrag. Im Eingabefeld unter der Liste können Sie für die Bedingung dann noch eine beliebige Zahl eingeben, auf die getestet werden soll. Einzige Ausnahme: Es darf keine Zahl doppelt in der Liste vorkommen. Versuchen Sie einen doppelten Eintrag zu erzeugen, springt die Liste automatisch auf den bereits vorhandenen Eintrag. Durch einen Klick auf das »-«-Symbol wird der aktuell ausgewählte Listeneintrag gelöscht. Sollte der gelöschte Eintrag gleichzeitig der bisherige Standardfall sein, wird automatisch der nachfolgende Eintrag zum Standardeintrag gemacht.

Und das war auch schon alles, was Sie wissen müssen, um Schalter auch in Verbindung mit Zahlen nutzen zu können. Jetzt liegt es wieder an Ihnen, zu probieren, zu testen und dabei zu lernen. Danach bleibt uns noch ein möglicher Eingangswert für unseren Schalter, nämlich Texte.

11.1.3 Text-Schalter

Auch beim Text-Schalter wollen wir uns wieder auf die Liste der Bedingungen konzentrieren. Die lässt sich auf den ersten Blick auch nicht von der eines Zahlen-Schalters unterscheiden. Denn auch hier gibt es als Standardeintrag 1 und 0, nur diesmal eben als Text, auch wenn man das den Einträgen nicht auf den ersten Blick ansieht. Spätestens, wenn Sie aber eine weitere Bedingung hinzufügen und hier zum Beispiel »test« eingeben, wird der Unterschied klar. Der Text-Schalter hat als Eingangssignal, und dementsprechend auch als Bedingung, keine Zahlen-, sondern Text-Werte. Davon abgesehen funktioniert er allerdings vollkommen analog, warum ich auch an dieser Stelle nicht weiter auf ihn eingehen möchte und mich lieber unserem nächsten Thema widme.

11.2 Logik und boolesche Algebra

Bisher wissen Sie über Logikwerte eigentlich nur, dass sie entweder wahr oder falsch, 1 oder 0, sein können. Allerdings kann man mit Logikwerten auch »rechnen«, nicht wie mit normalen Zahlen addieren, subtrahieren, multiplizieren und so weiter, sondern mit so genannten logischen Operatoren. In der Mathematik spricht man bei solchen Rechnungen auch von boolescher Algebra.

Hinweis

Der Name *Boolesche Algebra* stammt vom englischen Mathematiker George Boole, der von 1815 bis 1864 lebte und ein Logikkalkül entwickelte, aus dem die boolesche Algebra entstanden ist.

11.2.1 Operatoren-Übersicht

NXT-G liefert vier logische Operatoren:

Deutscher Begriff	Englische Abkürzung
Und	AND
Oder	OR
Exklusives Oder	XOR
Nicht	NOT

Tabelle 11.1: Logische Operatoren in NXT-G

Die drei ersten Operatoren sind so genannte binäre Operatoren oder zweistellige Verknüpfungen. Die Grundrechenarten, Addition, Subtraktion, Multiplikation und Division, sind ebenfalls zweistellige Verknüpfungen, da zwei Zahlen miteinander verknüpft werden. Nicht, beziehungsweise NOT, ist dagegen ein unärer Operator, eine einstellige Verknüpfung. Die einzige einstellige Verknüpfung, die Sie aus der alltäglichen Mathematik kennen, ist das Minus, allerdings nicht als Rechenzeichen, sondern als Vorzeichen, wie zum Beispiel in -1.

Aber was genau tun diese Operatoren? Wenn Sie eine Eins mit einem Plus mit noch einer Eins verknüpfen, also 1+1, dann erhalten Sie Zwei. Was passiert aber, wenn Sie ein Logiksignal 1, mit einem AND-Operator und noch einem Logiksignal 1 verknüpfen? Eins ist klar, 2 kann nicht das Ergebnis sein, denn das Logiksignal kann nur wahr oder falsch, 1 oder 0, sein.

11.2.2 Wahrheitstafeln

Um zu verstehen, was die logischen Operatoren machen, werden wir so genannte Wahrheitstafeln, auch Wahrheitstabellen genannt, aufstellen. In den linken Spalten einer Wahrheitstafel stehen immer die möglichen Eingangswerte. Bei binären Operationen gibt es immer zwei mögliche Eingangswerte, die wir x1 und x2 nennen werden. Jeder der beiden Werte kann 1 oder 0 sein. Geht man nun alle möglichen Konstellationen durch, so erhält man die möglichen Eingangswerte: 00, 01, 10, 11.

In der rechten Spalte der Wahrheitstafel steht, welchen Ausgangswert man erhält, also welchen Wert der Operator bei den anliegenden Eingangswerten zurückgibt.

AND

x1	x2	x1 AND x2
0	0	0
0	1	0
1	0	0
1	1	1

Tabelle 11.2: Wahrheitstafel AND-Operator

Umgangssprachlich könnte man sagen:

»AND ist wahr, wenn beide Eingangssignale wahr sind.«

Das erklärt auch, warum der Operator »Und« heißt, denn das Ergebnis ist nur dann wahr, wenn x1 **und** x2 wahr sind.

OR

x1	x2	x1 OR x2
0	0	0
0	1	1
1	0	1
1	1	1

Tabelle 11.3: Wahrheitstafel OR-Operator

Bei dem Versuch, auch für OR eine umgangssprachliche Formulierung zu finden, stoßen wir auf ein Problem. Das Problem ist aber kein technisches oder mathematisches, das Problem ist unsere Sprache und ihre Ungenauigkeit.

Intuitiv würde man OR sprachlich formulieren als »x1 wahr oder x2 wahr«. Wenn wir im Alltag zum Beispiel fragen: »Möchtest du Cola oder Limo?«, dann erwarten wir als Antwort nur eines von beiden. Wie Sie der Wahrheitstafeln aber entnehmen können, ist OR auch wahr, wenn x1 und x2 wahr sind. Man könnte also sagen:

> »x1 OR x2 ist wahr, wenn x1 oder x2 oder beide wahr sind.«

XOR

x1	x2	x1 XOR x2
0	0	0
0	1	1
1	0	1
1	1	0

Tabelle 11.4: Wahrheitstafel XOR-Operator

Mit XOR haben Sie jetzt genau den oben erwähnten »nur eines von beiden«-Fall:

> »x1 OR x2 ist wahr, wenn entweder x1 oder x2 wahr sind, nicht aber beide.«

NOT

x	NOT x
0	1
1	0

Tabelle 11.5: Wahrheitstafel NOT-Operator

Da es sich bei NOT, wie bereits zuvor erwähnt, um einen unären Operator handelt, haben Sie hier auch entsprechend nur einen Eingang und die Tabelle fällt entsprechend kleiner aus.

11.2.3 Venn-Diagramme

So genannte Venn-Diagramme sind eine spezielle Art Diagramme, die dazu dienen, Relationen zwischen Mengen grafisch darzustellen. Was hat das mit unseren logischen Operatoren zu tun? Auf den ersten Blick erst einmal überhaupt nichts, denn wir arbeiten ja überhaupt nicht mit Mengen. Zwar könnten Sie Ihre Operatoren auch auf Mengen transformieren, da Sie hier aber nicht versuchen, Mathematiker zu werden, sondern NXT-G zu programmieren, sparen wir uns das an dieser Stelle. Da NXT-G aber Venn-Diagramme verwendet, um die logischen Operatoren grafisch darzustellen, sollen Sie wenigstens verstehen können, was die einzelnen Diagramme meinen, und sie sich an dieser Stelle kurz anschauen.

Hinweis

Das Venn-Diagramm hat seinen Namen vom englischen Mathematiker John Venn, der von 1834 bis 1923 lebte und sich als Professor an der Universität Cambridge hauptsächlich mit Logik befasste.

In einem Venn-Diagramm wird jeder Eingangswert für einen Operator als Kreis dargestellt. Für die binären Operatoren AND, OR und XOR sieht das Grundgerüst des Diagramms daher aus, wie in Abbildung 11.7 zu sehen.

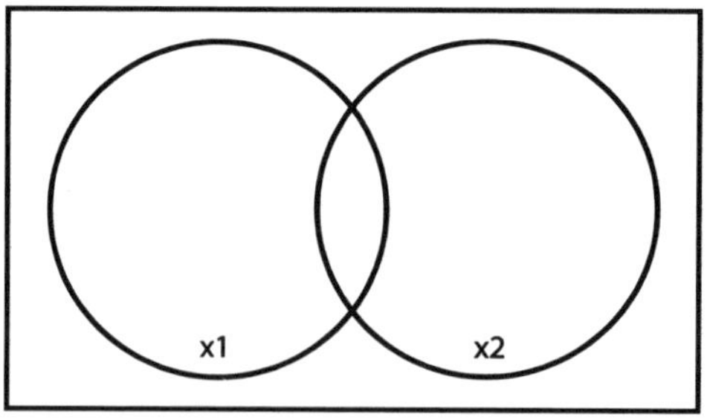

Abb. 11.7: Venn-Diagramm

Stellen Sie sich nun vor, im linken Kreis steht der Wert von x1, also entweder 0 oder 1, im rechten Kreis steht der Wert von x2. Im Bereich in der Mitte, schraffiert in Abbildung 11.8, steht das, was in beiden Kreisen steht. Gehen wir also von x1 = 0 und x2 = 0 aus, dann steht in der Mitte 0. Für x1 = 1 und x2 = 1 ist in beiden Kreisen die 1, also steht auch in der Mitte 1. Ist nun aber x1 = 1 und x2 = 0 oder umgekehrt, so ist in der Mitte »nichts« (mathematisch genauer: Die Schnittmenge ist leer), da weder die 1 noch die 0 in beiden Kreisen ist. Für unsere Logikoperatoren bedeutet dieses Nichts falsch, also 0. Und wenn Sie genau aufgepasst haben, wann das Ergebnis 1 und wann 0 ist, dann werden Sie festgestellt haben, dass das Venn-Diagramm in Abbildung 11.8 das Diagramm für unseren AND-Operator ist.

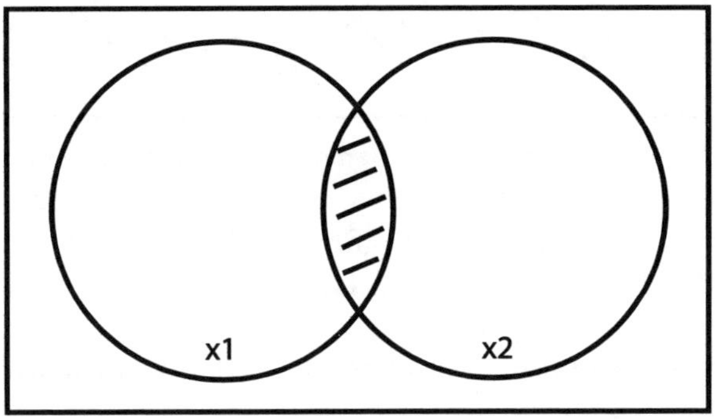

Abb. 11.8: Venn-Diagramm für den AND-Operator

Damit der OR-Operator den Wert 1 annimmt, muss entweder x1 oder x2 oder beide wahr sein. Wir betrachten also auf jeden Fall wieder den Mittelbereich, aber auch die beiden Kreise allein. Schraffiert man nun die entsprechenden Bereiche, wie in Abbildung 11.9, so erhält man das Venn-Diagramm für den OR-Operator.

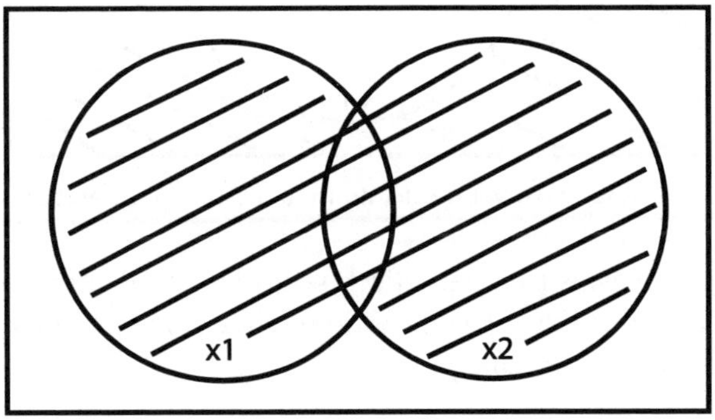

Abb. 11.9: Venn-Diagramm für den OR-Operator

Danach dürfte auch recht klar sein, wie das Venn-Diagramm für den XOR-Operator auszusehen hat, hier betrachten wir nur die einzelnen Kreise, nicht aber ihren Schnitt.

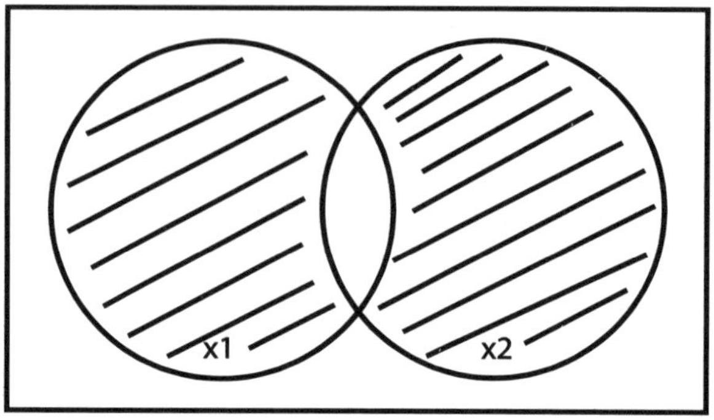

Abb. 11.10: Venn-Diagramm für den XOR-Operator

Etwas anders sieht das Venn-Diagramm für den NOT-Operator aus. Da dieser, wie oben bereits erwähnt, unär ist, gibt es entsprechend auch nur einen Kreis. Da wir uns für den Wert interessieren, der nicht in dem Kreis ist, schraffieren wir das Viereck um den Kreis herum. Damit ist auch klar, warum wir um die Kreise immer noch ein Viereck zeichnen.

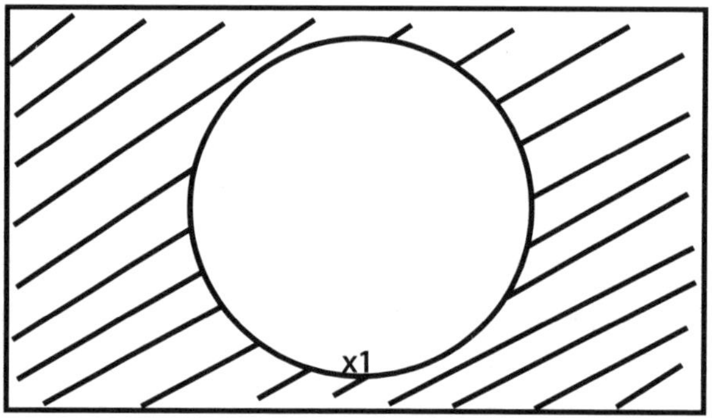

Abb. 11.11: Venn-Diagramm für den NOT-Operator

Das soll an dieser Stelle als (mathematisch sehr oberflächlicher und vereinfachter) Einblick in die Welt der Venn-Diagramme reichen, die wie erwähnt nur bedingt mit unserem Thema zu tun haben.

11.2.4 Mathematische Schreibweise

Zum Abschluss des kleinen Ausflugs in die Operatoren-Theorie und bevor wir wieder in die Praxis einsteigen, werfen wir noch kurz einen Blick auf die mathematische Notation der vorgestellten Operatoren. Die brauchen Sie zwar nicht für das Programmieren mit NXT-G, aber es kann auch nicht schaden, sie schon einmal gesehen zu haben. Außerdem können sie für die Planung von komplexen logischen Schaltungen in NXT-G hilfreich sein, da man die Konstruktion so vorab schnell auf ein Blatt Papier bringen kann, bevor man sie später tatsächlich in NXT-G umsetzt.

Operator	Mathematisches Zeichen	Beispiel
AND	$\wedge$	$0 \wedge 1 = 0$
OR	$\vee$	$1 \vee 0 = 1$
XOR	$\oplus$, $\veebar$	$1 \oplus 1 = 0$, $1 \veebar 1 = 0$
NOT	$\neg$	$\neg 1 = 0$

11.2.5 Operatoren in NXT-G

Damit aber auch genug der Theorie, jetzt wollen wir in den praktischen Umgang mit Operatoren in NXT-G einsteigen. Sie finden den LOGIKSIGNAL-Block in der vollständigen Palette unter dem Punkt DATEN.

Um die Operatoren testen zu können, platzieren Sie vor dem Logiksignal-Block noch zwei Logiksignal-Konstanten, wie in Abbildung 11.12 zu sehen.

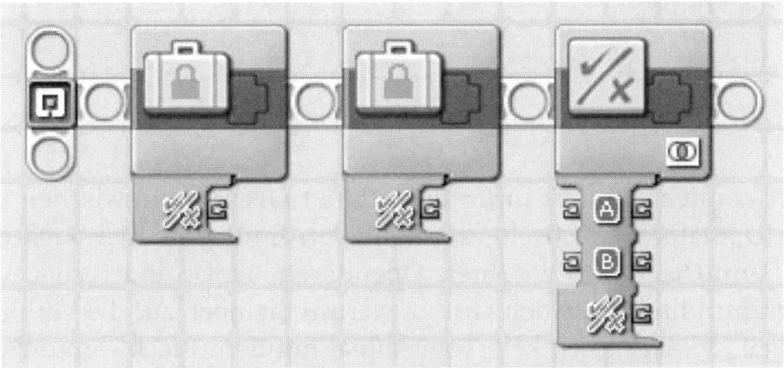

Abb. 11.12: Logiksignal-Block mit zwei Konstanten

Um später auch erkennen zu können, welches Ergebnis der Logiksignal-Block liefert, schließen Sie dahinter noch einen Schalter an, den Sie auf LOGIKSIGNAL stellen, und geben im oberen Fall »Wahr« auf dem Display aus, im unteren Fall »Falsch«. Hinter dem Schalter sollten Sie einen Zeit-Block nicht vergessen, da Sie die Anzeige sonst nicht ablesen können.

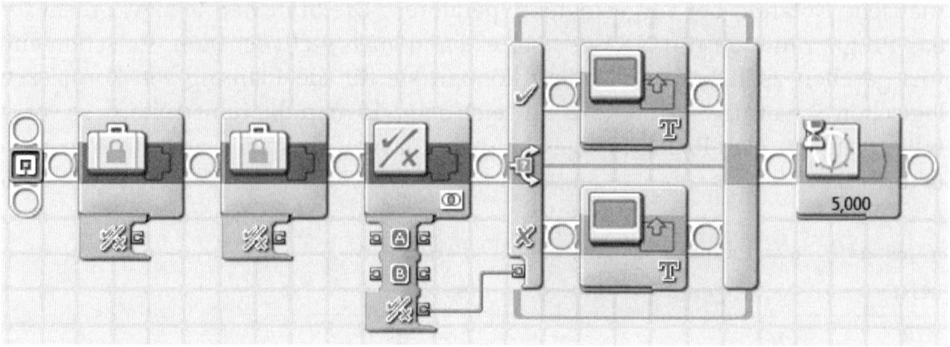

Abb. 11.13: Programm erweitert um einen Schalter- und einen Zeit-Block

Ihnen ist vielleicht in Abbildung 11.13 aufgefallen, dass die Konstanten zwar auf dem Ablaufträger platziert sind, aber nicht mit dem Logiksignal-Block verbunden. Warum, lässt sich ganz einfach erklären, wenn Sie sich die Einstellungen des Logiksignal-Blocks anschauen.

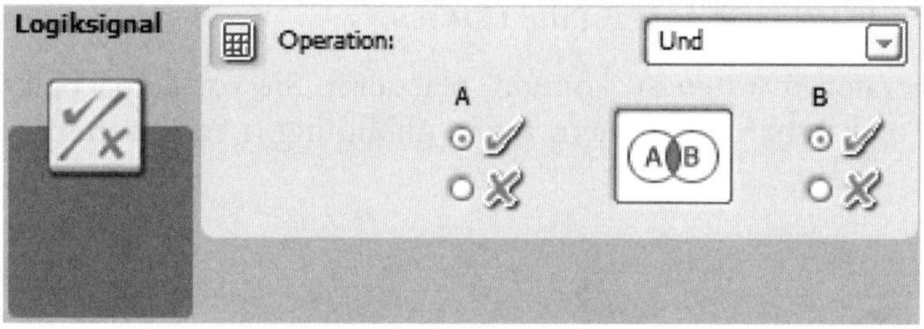

Abb. 11.14: Einstellungen Logiksignal-Block

Ganz oben können Sie dort unter dem Punkt OPERATION zwischen den Ihnen bekannten Operatoren wechseln, zum anderen finden Sie hier auch das jeweils passende Venn-Diagramm zu Ihren Operatoren. Links und rechts neben dem Venn-Diagramm finden Sie den Grund, warum Sie noch auf die Verbindung verzichtet haben. Solange noch kein Logiksignal mit dem Block verbunden ist, können Sie den Wert für die beiden Eingänge auch in den Einstellungen festsetzen. Sobald ein Logiksignal an einen Eingang angeschlossen wird, ist diese Option aber nicht mehr verfügbar und der Block nutzt das am Eingang anliegende Signal, um den Ausgabewert zu berechnen. Sie können nun alle Operatoren nacheinander durchprobieren. Dabei werden Sie natürlich merken, dass das Ausgangssignal immer entsprechend der Wahrheitstafeln aus Abschnitt 11.2.2 ist. Übrigens ist das Ausgangssignal unabhängig von der Reihenfolge, A = 0 und B = 1 bringt also immer dasselbe Ergebnis wie A = 1 und B = 0. In der Mathematik spricht man von Kommutativität.

Nun können Sie die Operatoren aber nicht nur einzeln verwenden, sondern auch miteinander verknüpfen und so komplexe logische Ausdrücke bauen.

NOR

Der NOR-Operator (aus dem Englischen von not-or, nicht oder) ist ein durchaus gebräuchlicher Operator in der Mathematik und Informatik. Trotzdem bietet NXT-G keinen fertigen Baustein für den NOR-Operator. Das ist aber auch gar nicht nötig, denn wenn Sie die Wahrheitstafel für den Operator kennen, können Sie sich ganz einfach eine Schaltung aus Ihren vier Operatoren bauen.

x1	x2	x1 NOR x2
0	0	1
0	1	0
1	0	0
1	1	0

Tabelle 11.6: Wahrheitstafel NOR-Operator

Genau genommen hätten Sie die Wahrheitstafel eigentlich auch schon aus dem Namen schließen können. Nicht oder, das bedeutet, wir berechnen zuerst x1 OR x2 und negieren das Ergebnis dann. Damit dürfte auch klar sein, welche der in NXT-G vertretenen Operatoren Sie brauchen, einen OR- und einen NOT-Operator. Wenn Sie jetzt noch die richtige Reihenfolge beachten, müsste Ihr Programm ungefähr aussehen wie in Abbildung 11.15. Ob der selbst gebaute NOR-Operator auch richtig funktioniert, können Sie ganz einfach prüfen, indem Sie die Werte wie auf der Wahrheitstafel angegeben der Reihe nach testen. Um das Programm testen zu können, müssen Sie natürlich noch eine entsprechende Ausgabe analog zu unseren vorherigen Programmen einfügen.

Abb. 11.15: Nachbau des NOR-Operators in NXT-G

Verwendung

Die Verwendung des NOR-Operators bietet sich zum Beispiel an, wenn Sie innerhalb eines Programms mit zwei Tastsensoren arbeiten und den Fall überprüfen möchten, dass beide nicht gedrückt wurden.

XOR

Nanu, schon wieder XOR? Den XOR-Operator kennen Sie doch schon? Das stimmt zwar, aber diesmal wollen wir uns unser XOR selbst zusammenbauen. Es gibt eine Vielzahl von Operatoren in der booleschen Algebra, aber bis auf drei sind sie alle Verbindungen anderer Operatoren. Mit den drei Operatoren AND, OR und NOT können wir alle anderen Operatoren zusammenbauen. Also ist der XOR-Operator eigentlich gar kein echter Operator, sondern nur eine Verpackung einer Verknüpfung von anderen Operatoren, die uns das Leben leichter macht.

Schauen Sie sich noch einmal die Wahrheitstafel des XOR-Operators an:

x1	x2	x1 XOR x2
0	0	0
0	1	1
1	0	1
1	1	0

Tabelle 11.7: Wahrheitstafel XOR-Operator

Während die Lösung beim NOR-Operator noch recht offensichtlich war, wird es hier schon etwas komplizierter. Haben Sie eine Idee, wie Sie den XOR-Operator aus AND, OR und NOT bauen können?

Machen Sie sich noch mal klar, wann der XOR-Operator das Ergebnis wahr liefert, wenn x1 wahr ist oder x2, nicht aber, wenn beide wahr sind oder beide nicht wahr sind. »Wenn x1 wahr ist oder x2«, das deutet schon einmal darauf hin, dass wir ein OR brauchen. An dieser Stelle bedienen wir uns der mathematischen Schreibweise, um uns das Vorgehen etwas einfacher zu machen:

»nur x1« $\vee$ »nur x2«

Das »nur« müssen wir einfügen, um den Fall auszuschließen, dass beide wahr sind. Überlegen Sie sich nun, was es heißt, wenn nur x1 wahr ist. Das heißt: x1 ist wahr und x2 ist nicht wahr. Wenn Sie das in eine mathematische Form umwandeln, kommen Sie zu:

$(x1 \wedge \neg x2)$ $\vee$ »nur x2«

Wenden Sie das Vorgehen nur analog für x2 an, kommen Sie zum Endergebnis:

$(x1 \wedge \neg x2) \vee (x2 \wedge \neg x1)$

Um zu testen, ob das Ergebnis wirklich stimmt, können Sie im Kopf die verschiedenen Werte für x1 und x2 durchspielen und schauen, ob sie mit den Wahrheitswerten der XOR-Tabelle übereinstimmen. Ich werde das an dieser Stelle nur exemplarisch für eine der vier möglichen Belegungen machen, die anderen können analog getestet werden:

Für x1 = 1 und x2 = 1 steht in der ersten Klammer 1 und nicht 1, also 1 und 0, das ist 0, in der zweiten Klammer steht 1 und nicht 1, also wieder 1 und 0, was ebenfalls 0 ist. Insgesamt steht dort dann also 0 oder 0 und das ist 0. Für den Fall x1 = 1 und x2 = 1 stimmt unser XOR-Operator also.

Wie Sie sich schon denken können, funktioniert unser selbst gebauter XOR-Operator auch für die drei anderen Fälle, wir haben also tatsächlich den XOR-Operator nachgebaut. Jetzt müssen Sie das Ergebnis nur noch in NXT-G umsetzen. Prinzipiell ist das recht einfach, da Sie für jedes der mathematischen Zeichen einfach den passenden Logik-Block einsetzen können. Wichtig ist nur zu beachten, dass die richtige Reihenfolge eingehalten wird. Das fertige Programm sollte dann in etwa wie in Abbildung 11.16 aussehen.

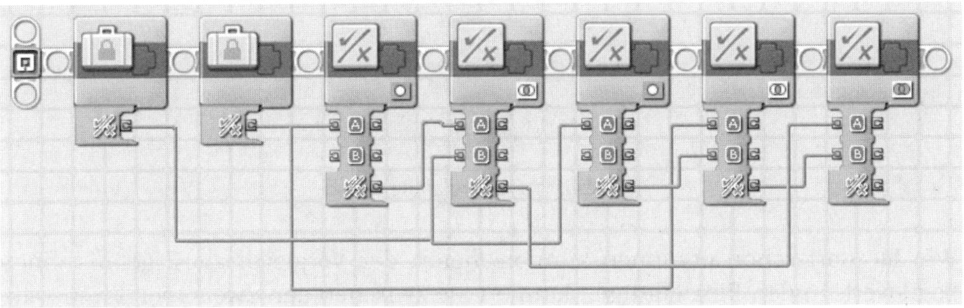

Abb. 11.16: Nachgebauter XOR-Operator

Verwendung

Die Verwendung des XOR-Operators bietet sich zum Beispiel im Zusammenhang mit dem Einsatz von zwei Farbsensoren an, zum Beispiel wenn ein Programm reagieren soll, falls sich nur einer der beiden Farbsensoren auf einer farbigen Fläche befindet.

11.3 Vergleichen

Als Nächstes wollen wir uns wieder größeren Zahlen zuwenden als 1 und 0. Im späteren Verlauf des Buches werden Sie, sobald wir im nächsten Kapitel zu den Sensoren kommen, immer wieder Vergleiche mit Zahlen durchführen. Ist der Lichtsensor gleich dem Wert x, ist die Lautstärke größer als y und so weiter. Um diese Vergleiche durchführen zu können, brauchen Sie entsprechende Vergleichsoperatoren. In NXT-G stehen folgende drei Operatoren zur Verfügung:

Name	Mathematisches Symbol
Größer	>
Gleich	=
Kleiner	<

Tabelle 11.8: Vergleichsoperatoren

Den passenden Block in NXT-G finden Sie auf der vollständigen Palette unter DATEN. Er trägt den Namen VERGLEICHEN und ist in Abbildung 11.17 zu sehen.

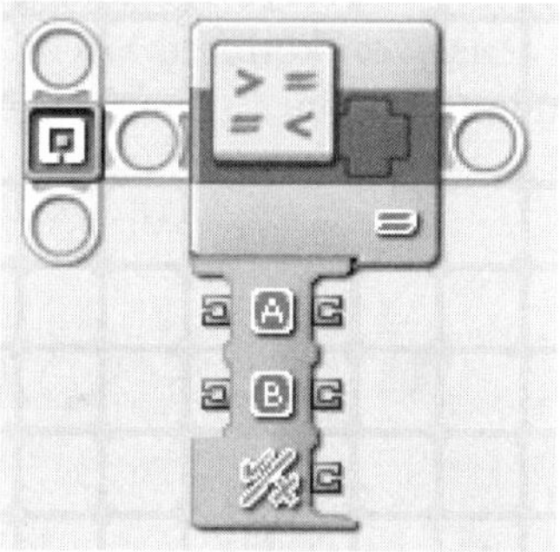

Abb. 11.17: Vergleichen-Block

Wie Sie dort schon erkennen können, liefert der Vergleich als Ergebnis einen Logikwert. In den Einstellungen können Sie zwischen den zwei Operatoren wählen und, solange keine Zahl am entsprechenden Eingang angeschlossen ist, die Werte auch direkt am Block festlegen. Hilfreich ist auch die Darstellungsreihenfolge; wenn Sie später Zahlen vergleichen wollen, kommt es nämlich sehr auf die Reihenfolge an, A > B ist etwas komplett anderes als B > A. Wie Sie wohl auch intuitiv denken würden, ist natürlich die erste Version richtig, A steht immer auf der linken Seite des Vergleichsoperators, B auf der rechten.

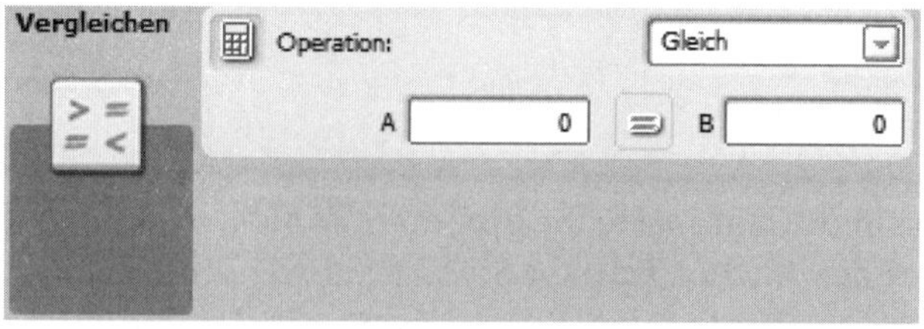

Abb. 11.18: Einstellungen des Vergleichen-Blocks

Übrigens gibt es in vielen anderen Programmiersprachen und auch in der Mathematik noch zwei weitere Operatoren, nämlich , »kleiner-gleich«, und , »größer-gleich«. Kleiner-gleich testet, ob die linke Zahl kleiner oder gleich der rechten Zahl ist, größer-gleich analog, ob die linke Zahl größer oder gleich der rechten Zahl ist. $1 < 1$ ist also zum Beispiel falsch, $1 \leq 1$ dagegen wahr.

Um diese beiden Operatoren auch in NXT-G zu simulieren, gibt es zwei verschiedene Möglichkeiten. Die einfachste ist, statt $x \leq y$ einfach $x < y+1$ zu rechnen. Denn wenn Sie die rechte Zahl um 1 erhöhen, dann ist $x < y$ auch wahr, wenn Ihr Ausgangswert $y = x$ war. Das funktioniert analog auch für größer, nur müssen Sie hier 1 hinzuaddieren statt abzuziehen.

Da Sie inzwischen aber echte Experten der booleschen Algebra und der Logikwerte sind, können Sie auch eine etwas kompliziertere, aber auch elegantere Lösung finden. »Größer oder gleich«, da brauchen Sie nicht lange zu überlegen, welchen Logik-Operator Sie brauchen. Sie verbinden einfach die Ergebnisse eines Gleich- und eines Größer-Blocks mit einem Oder-Block und schließen an die Eingänge der beiden Vergleichen-Blöcke die gleichen Zahlen an, schon ist der Größer-gleich-Operator fertig.

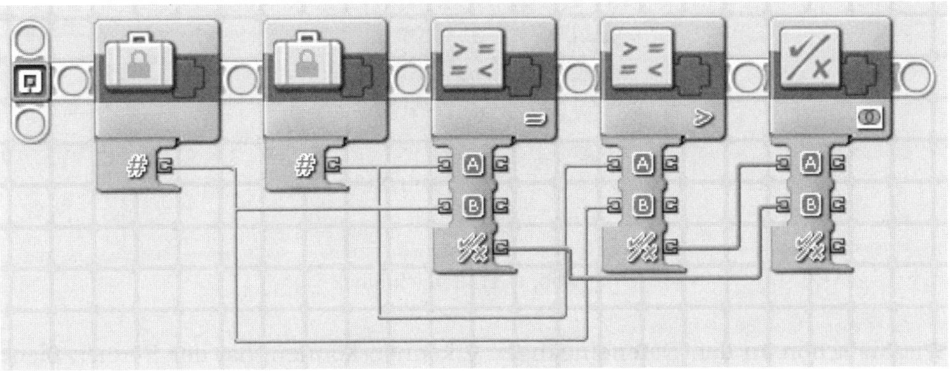

Abb. 11.19: Nachbau eines Größer-gleich-Operators

11.3.1 Bereiche

In der Praxis wollen wir oftmals nicht nur testen, ob eine Zahl größer, kleiner oder gleich einer anderen ist, sondern auch testen, ob sie sich in einem bestimmten Bereich befindet, zum Beispiel zwischen 3 und 5. Auch dafür bietet NXT-G eine Möglichkeit, um genau zu sein, sogar zwei. Die erste dürfte auf der Hand liegen, Sie bauen sich aus zwei Vergleichen-Blöcken, einer testet auf größer, der andere auf kleiner, und einem Logik-Block, der auf »und« eingestellt ist, eine entsprechende Konstruktion, wie in Abbildung 11.20 zu sehen.

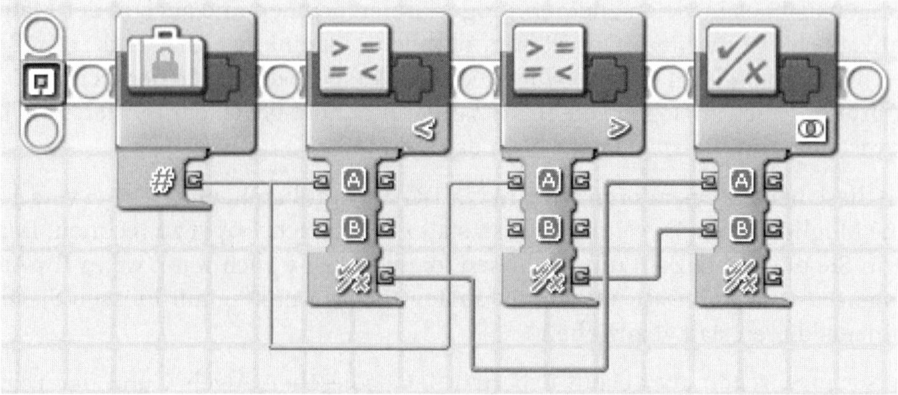

Abb. 11.20: Nachgebauter Bereichs-Vergleich

Glücklicherweise müssen Sie sich diese Mühe aber nicht jedes Mal machen, denn NXT-G bietet schon einen passenden Block für diesen Vergleich. Unter dem Punkt DATEN finden Sie den BEREICH-Block.

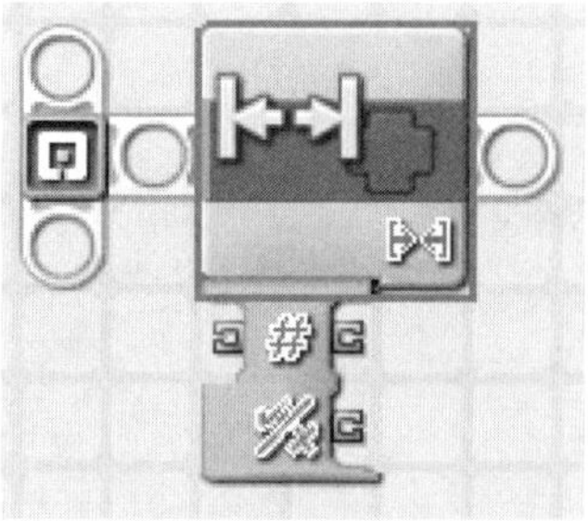

Abb. 11.21: Bereich-Block

Wie Sie schon an den Dateneingängen erkennen können, hat der Bereich-Block einen kleinen Nachteil gegenüber unserer selbst gebauten Konstruktion. Der Bereich, in dem die Zahl liegen soll, kann nur in den Einstellungen eingegeben werden und nicht über einen Dateneingang übergeben werden. Somit ist der Bereich immer festgelegt und kann nicht durch einen Sensor oder Ähnliches beeinflusst werden. Falls Sie das also einmal benötigen sollten, müssen Sie auf die Selbstbau-Variante zurückgreifen.

Darüber hinaus können Sie in den Einstellungen auch noch angeben, ob die Zahl innerhalb oder außerhalb eines bestimmten Bereiches liegen soll, ob sie zum Beispiel zwischen 25 und 75 liegen soll oder ob sie kleiner als 25 beziehungsweise größer als 75 sein soll.

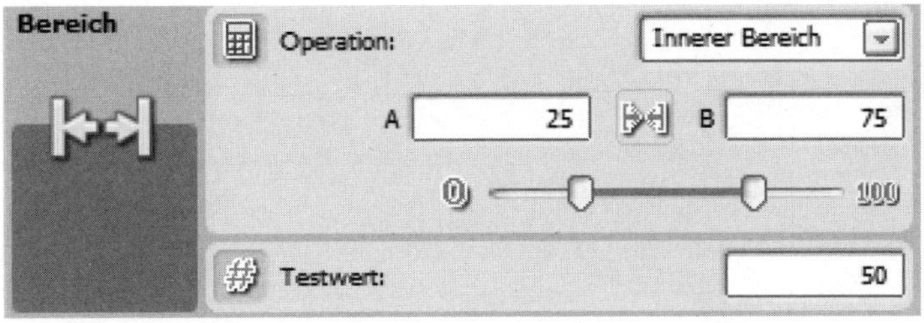

Abb. 11.22: Einstellungen des Bereich-Blocks

Bisher sind unsere Vergleiche aber zugegebenermaßen etwas langweilig, denn wir vergleichen immer nur Konstanten, also feste Zahlen, von denen wir eigentlich auch schon vorher wissen, welches Ergebnis wir zu erwarten haben. Richtig spannend und auch nützlich werden unsere Vergleiche aber, wenn Sie sich im nächsten Kapitel die Funktionsweise von Variablen und den Sensoren ansehen.

11.4 Übungen

- Berechnen Sie die Ergebnisse für die folgenden logischen Operationen:
  - 1 AND 0
  - 1 OR 1
  - 1 XOR 1
  - 1 AND 1
  - (0 AND 1) XOR (1 OR 0)
- Geben Sie die Ergebnisse folgender Vergleiche als Logiksignal (also 1 oder 0) an:
  - 3 > 4
  - 3 < 4
  - 3 = 4

Kapitel 12

Sensoren und Variablen

12.1 Sensoren

Die Sensoren sind das Herzstück eines jeden Roboters, egal ob aus LEGO gebaut oder nicht. Sie sind die Augen, Ohren und Hände eines Roboters und ermöglichen es ihm, mit seiner Umwelt zu interagieren. Obwohl die Sensoren so wichtig sind, kommen wir erst jetzt zu ihnen, denn ihre Verwendung erfordert einige Vorkenntnisse, zum Beispiel über Vergleiche und Logik.

12.1.1 Warten auf Sensoren

Bereits in unserem ersten Programm haben wir den WARTEN-Block verwendet, allerdings nur mit einer Zeitangabe. Wir werden den Warten-Block nun wieder verwenden, diesmal allerdings mit Sensoren als Steuerung.

Berührungssensor

Um den Warten-Block von einem Berührungssensor steuern zu lassen, wählen Sie unter STEUERUNG die Option SENSOR und wählen dann im Auswahlmenü SENSOR den BERÜHRUNGSSENSOR, wie in Abbildung 12.1 zu sehen.

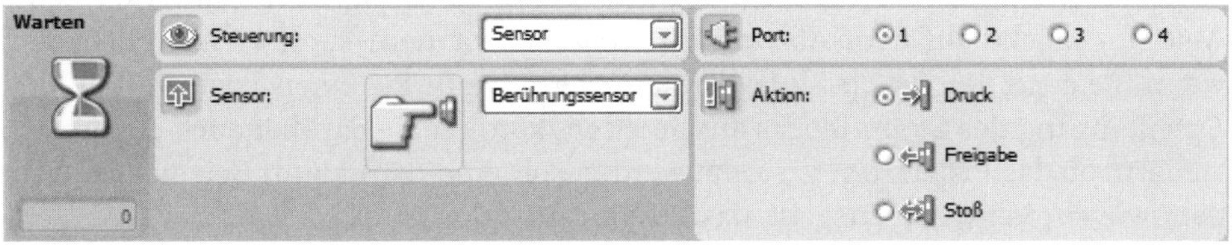

Abb. 12.1: Warten-Block mit Berührungssensor

Auf der rechten Seite der Einstellungen müssen Sie dann noch angeben, an welchem PORT Sie den Sensor angeschlossen haben, in unserem Beispiel soll es Port 1 sein.

Darunter müssen Sie noch eine AKTION wählen. Der Warten-Block wird später so lange warten, bis die hier angegebene Aktion passiert. Ein klassisches Einsatzgebiet für einen solchen Warten-Block wäre zum Beispiel, einen Roboter so lange fahren zu lassen, bis er auf ein Hindernis trifft, und ihn dann zu stoppen. Dafür sollten Sie die Aktion DRUCK auswählen, denn dann wird das Warten beendet, sobald der Tastsensor eingedrückt wird. Wählen Sie die Aktion FREIGABE, wartet der Roboter so lange, bis der Berührungssensor losgelassen wird. Die dritte und letzte Aktion, STOSS, verbindet die beiden vorherigen Aktionen, hier wird gewartet, bis der Sensor eingedrückt wurde und dann wieder losgelassen wird. Im Gegensatz zur Freigabe-Aktion ist es beim Stoß zum Beispiel nicht möglich, dass der Sensor schon bei Beginn des Programms eingedrückt ist und dann nur losgelassen wird.

Als kleines Beispielprogramm für die Verwendung des Berührungssensors wollen wir uns nun das oben schon beschriebene Programm anschauen, das den Roboter so lange geradeaus fahren lässt, bis er auf ein Hindernis trifft. Im Wesentlichen haben Sie das Programm bereits in Kapitel 9 gesehen und müssen nur den Warten-Block ändern.

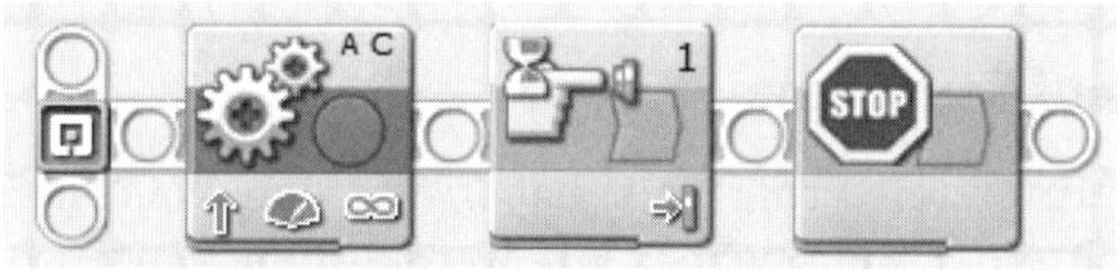

Abb. 12.2: Beispielprogramm Berührungssensor

Achten sollten Sie besonders darauf, den Bewegungs-Block auf unbegrenzte Dauer zu stellen, damit er auch wirklich läuft, bis der Berührungssensor gedrückt wird. In Abbildung 12.2 sehen Sie auch einen bisher unbekannten Block, den STOPP-Block. Der Stopp-Block stoppt alle Motoren und abgespielten Sounds und beendet ein Programm. Er ist also an dieser Stelle eigentlich gar nicht unbedingt notwendig, da unser Programm sowieso automatisch beendet würde, da keine weiteren Blöcke auf dem Ablaufträger folgen. Trotzdem kann es nicht schaden, wenn Sie auch den Stopp-Block kennen. Denn wenn Sie einen Logikwert an den Dateneingang des Stopp-Blocks anschließen, können Sie darüber auch dynamisch steuern, ob das Programm gestoppt werden soll, und damit zum Beispiel, je nachdem wie ein Vergleich ausgeht, das Programm stoppen.

Drehsensor

Wenn Sie die Wartezeit von dem in den Motoren eingebauten Rotationssensor abhängig machen wollen, wählen Sie dazu in den Einstellungen des Warten-Blocks unter SENSOR den Eintrag DREHSENSOR, wie in Abbildung 12.3 zu sehen.

Auf der rechten Seite der Einstellungen können Sie auswählen, von welchem Motor die Rotationen ausgelesen werden sollen, in Abbildung 12.3 ist der Motor A als Quelle ausgewählt.

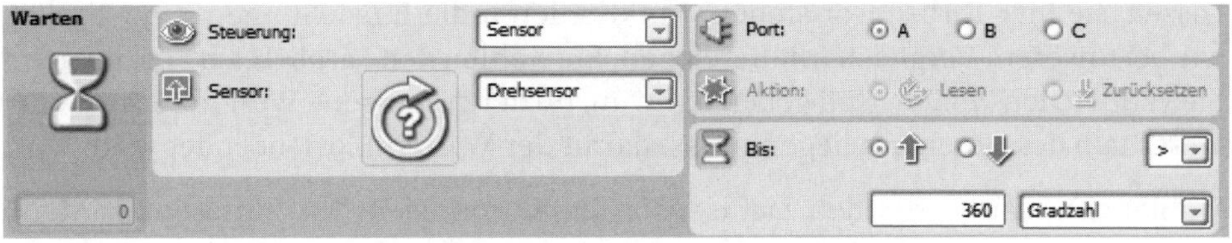

Abb. 12.3: Warten-Block mit Drehsensor

Darunter können Sie unter BIS einstellen, ob Sie die Bewegung vorwärts oder rückwärts messen wollen und ob Ihr Messwert kleiner oder größer dem Vergleichswert sein soll. Diesen Vergleichswert können Sie dann in der letzten Zeile angeben und außerdem, ob Sie von Rotationen oder einer Gradzahl sprechen. Den Unterschied zwischen Gradzahl und Rotationen haben wir ja bereits zuvor geklärt.

Abb. 12.4: Bewegungs-Block mit Rotations-Steuerung

Farbsensor

Als Nächstes schauen wir uns an, wie man auf einen Wert vom FARBSENSOR wartet. Das funktioniert vom Prinzip her genau wie bei den beiden vorangegangenen Sensoren, natürlich unterscheiden sich die Einstellmöglichkeiten aber von den anderen Sensoren.

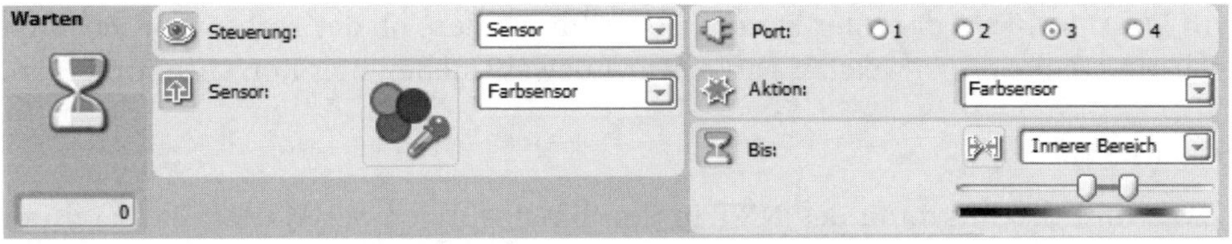

Abb. 12.5: Warten-Block mit Farbsensor

Statt eines Motorenausgangs wählen wir für den Farbsensor unter PORT den Sensor-Eingang, an dem der Farbsensor angeschlossen wurde, in unserem Beispiel wäre das Port 3.

Unter AKTION ist standardmäßig FARBSENSOR ausgewählt, wenn Sie möchten, können Sie Ihren Farbsensor aber auch als LICHTSENSOR verwenden, dazu müssen Sie nur den entsprechenden Eintrag unter AKTION auswählen.

Lassen Sie hier Farbsensor stehen, funktionieren die Einstellungen ganz ähnlich wie bei unserem Vergleich mit Bereichen, Sie wählen den Farbbereich aus, mit dem Sie vergleichen wollen, und geben dann an, ob der gemessene Wert innerhalb oder außerhalb des Bereiches liegen muss, damit der Warten-Block beendet wird.

Wählen Sie stattdessen den Lichtsensor als Aktion, sieht Ihr Einstellungs-Menü anders aus, wie in Abbildung 12.6 zu sehen.

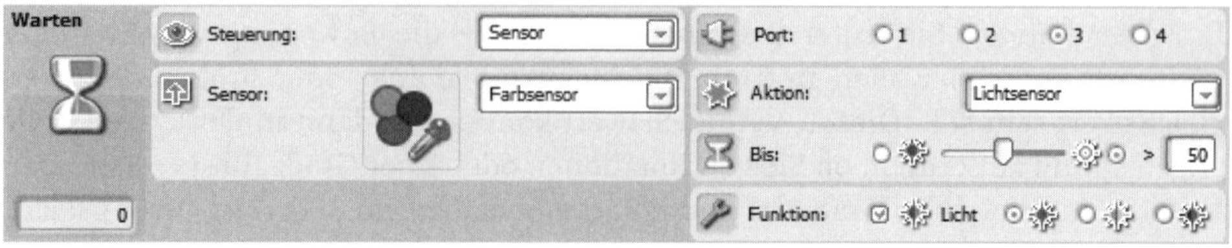

Abb. 12.6: Warten-Block mit Farbsensor und Lichtsensor als Aktion

Hinweis

Der Warten-Block funktioniert mit der SENSOR-Auswahl FARBSENSOR nur mit dem neuen Farbsensor des NXT 2.0, auch wenn Sie unter AKTION LICHTSENSOR wählen. Für den alten Lichtsensor, der dem ersten NXT beilag, gibt es einen extra Eintrag unter SENSOR, den wir uns gleich ansehen.

Hier haben Sie nur noch einen Regler und können keinen Bereich, sondern nur noch einen Punkt festlegen und mit den kleinen Kreisen rechts und links neben dem Schieberegler im BIS-Feld können Sie festlegen, ob der Sensorwert kleiner oder größer als der Vergleichswert sein soll.

Im FUNKTION-Feld darunter kann ausgewählt werden, ob der Farbsensor leuchten soll, und daneben, in welcher Farbe. Zur Auswahl stehen hier Rot, Grün und Blau.

Klangsensor

Zwar wird das Mikrofon des NXT in den Einstellungen des Warten-Blocks unter SENSOR als KLANGSENSOR angepriesen, ganz richtig ist das aber nicht. Denn anders, als es der Name suggeriert, können Sie hier nicht zwischen verschiedenen Klängen unterscheiden, sondern lediglich zwischen verschiedenen Lautstärken, eigentlich handelt es sich hierbei also um einen Lautstärkesensor.

Dementsprechend spartanisch fallen auch die Einstell-Möglichkeiten aus. Neben dem PORT können Sie nur die gewünschte Lautstärke auf einer Skala von 0 bis 100 und ob Sie auf größer oder kleiner testen wollen auswählen.

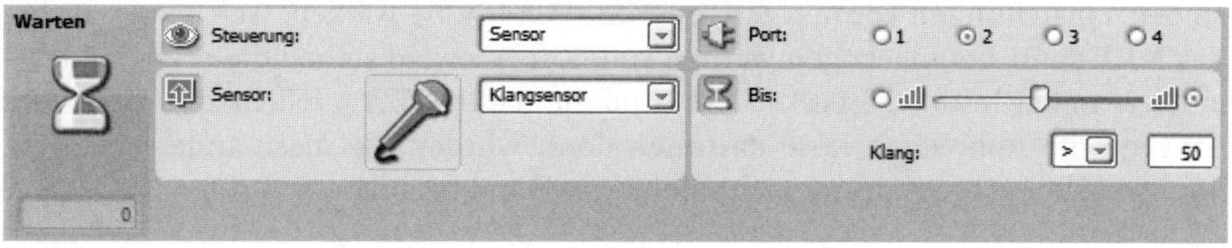

Abb. 12.7: Warten-Block mit Klangsensor

Lichtsensor

Wie schon beim Farbsensor angekündigt, hat auch der »alte« Lichtsensor, der mit dem ersten NXT geliefert wurde, seinen eigenen Menüpunkt im Menü SENSOR.

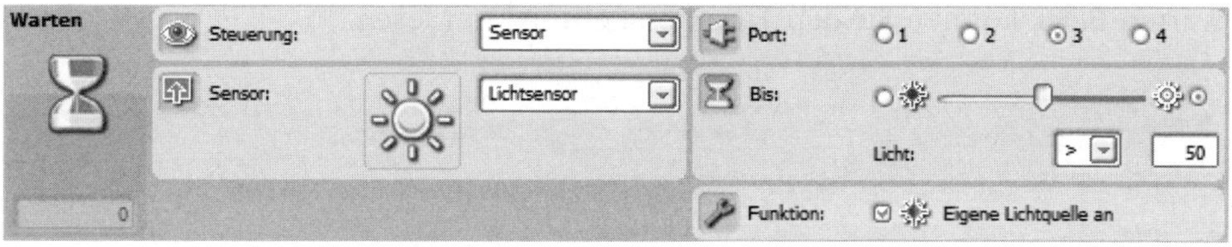

Abb. 12.8: Warten-Block mit Lichtsensor

Wie in Abbildung 12.8 zu sehen, unterscheiden sich die Einstellungen vom Lichtsensor und dem Farbsensor mit ausgewählter AKTION Lichtsensor nur darin, dass beim alten Lichtsensor die Farbe der Lichtquelle nicht ausgewählt werden kann, da dieser lediglich über eine rote LED verfügt und nicht wie der neue Farbsensor über drei LEDs. Davon abgesehen funktioniert er aber genauso wie das neuere Modell.

NXT-Tasten

Ein echter Sensor sind die Tasten auf dem NXT zwar nicht, aber auch sie können verwendet werden, um die Länge eines Warten-Blocks zu bestimmen, und werden im Menü SENSOR aufgeführt.

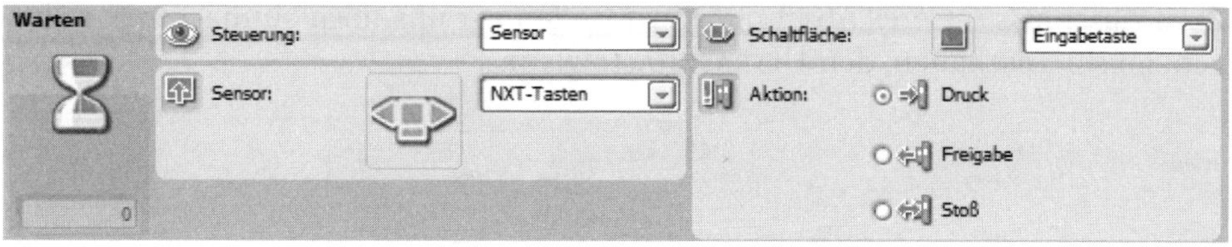

Abb. 12.9: Warten-Block mit NXT-Tasten

In den Einstellungen können Sie unter SCHALTFLÄCHE wählen, welche der Tasten des NXT dafür herangezogen werden soll. Zur Auswahl stehen die orange EINGABETASTE in der Mitte, die LINKE TASTE und die RECHTE TASTE. Nicht zur Wahl steht dagegen die Abbrechen-Taste darunter, denn würden Sie diese anders belegen, könnten Sie die Programme nicht mehr von Hand beenden.

Wie beim Berührungssensor haben Sie in den Optionen außerdem noch die Wahl, ob Sie auf DRUCK, FREIGABE oder STOSS reagieren wollen.

Timer

Auch der Timer ist kein Sensor in klassischer Hinsicht. Der Timer, oder besser ausgedrückt *die* Timer, denn es gibt mehrere, ist eine Uhr im NXT, die vom Start des Programms an mitläuft und gelesen oder verändert werden kann. Mit dem Warten-Block können Sie den Timer erst einmal nur lesen.

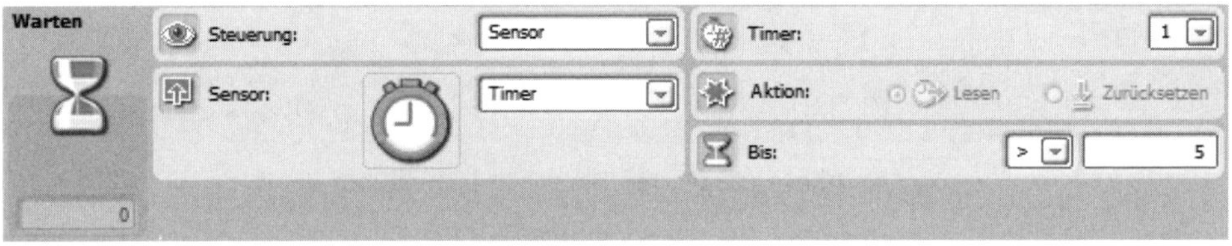

Abb. 12.10: Warten-Block mit Timer

In den Einstellungen des Blocks können Sie unter TIMER einstellen, welcher der drei Timer gelesen werden soll. Da Sie die Timer bis jetzt nur lesen können und alle drei Timer beim Programmstart gestartet werden, macht es aktuell noch keinen Unterschied, welchen der Timer Sie auswählen. Sie werden im nächsten Abschnitt aber auch sehen, wie Timer zurückgesetzt werden können, und dann kann es durchaus einen Unterschied machen, für welchen Timer Sie sich entscheiden. Die Zeiteinheit, in der der Timer misst, sind Millisekunden, 1 Sekunde entspräche also zum Beispiel dem Wert 1000.

Ultraschallsensor

Zum Abschluss unseres Abschnitt 12.1.1 wollen wir uns noch einmal einen richtigen Sensor anschauen, den ULTRASCHALLSENSOR.

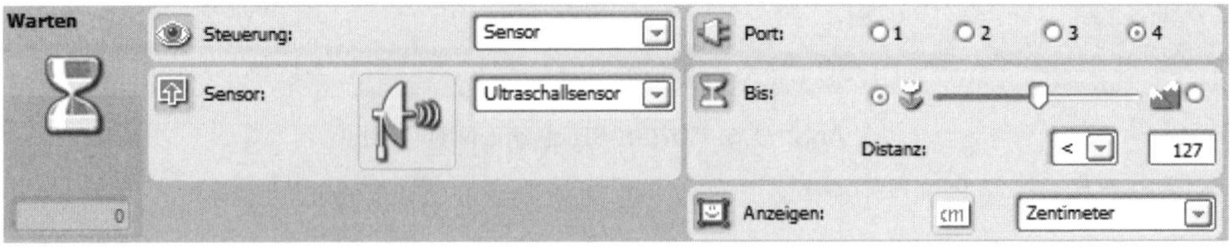

Abb. 12.11: Warten-Block mit Ultraschallsensor

Technisch ist der neue Ultraschallsensor einer der interessantesten Sensoren, die der NXT zu bieten hat. Seine Verwendung ist trotzdem sehr einfach und funktioniert ganz ähnlich wie bei den anderen Sensoren. Bei der Verwendung sollten Sie aber immer die Probleme bei der Genauigkeit im Hinterkopf haben, die ich in Kapitel 2 erwähnt habe.

Die Distanz des Ultraschallsensors und ob Sie auf kleiner oder größer testen wollen, stellen Sie beim Ultraschallsensor genau so ein wie zum Beispiel beim Lichtsensor. Neu ist dagegen die, nicht sehr glücklich benannte, Reihe darunter. Sie trägt den Namen ANZEIGEN, eigentlich gemeint ist aber Einheit, denn hier können Sie festlegen, ob die oben angegebene Zahl für die Entfernung in Zentimetern oder Zoll gemessen wird.

Hinweis

Die Einheit Zoll, oder im Englischen Inch (abgekürzt *in*), wird heute nur noch im englischen Sprachraum verwendet. Ein Zoll entspricht genau 2,54 cm.

Nun können Sie die Sensoren verwenden, um die Wartezeit eines Warten-Blocks zu beeinflussen. Bei der Verwendung der Schalter, die Sie im vorangegangen Kapitel kennen gelernt haben, hilft das aber nicht. Um die Sensoren hierfür verwenden zu können, müssten Sie ihren Wert zum Beispiel mit einem Vergleichsoperator verarbeiten, um dessen Ausgang dann an den Eingang eines Schalters anzuschließen. Genau das wollen wir uns im nächsten Abschnitt anschauen.

12.1.2 Sensorwerte

Die Blöcke, die Sie brauchen, um direkt an die Werte der Sensoren zu kommen, finden Sie in der vollständigen Palette unter dem Punkt SENSOR, wie in Abbildung 12.12 zu sehen.

Abb. 12.12: Vollständige Palette – Sensor

Sie finden hier natürlich alle Sensoren, die Sie auch in den Einstellungen des Warten-Blocks gefunden haben (und einige zusätzliche Symbole, um die wir uns aber später noch kümmern werden).

Berührungssensor

Beginnen wollen wir auch hier wieder mit dem Berührungssensor, nur diesmal eben als eigener Block, der in Abbildung 12.13 zu sehen ist.

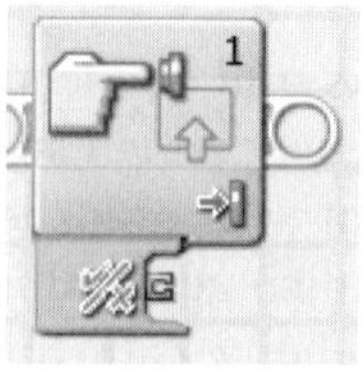

Abb. 12.13: Berührungssensor-Block

Die Einstellungen dieses Blocks fallen recht spartanisch aus. Sie können den Eingang wählen, an dem der Berührungssensor angebracht ist, und können auch hier wieder zwischen den drei Ihnen inzwischen schon bekannten Modi, DRUCK, FREIGABE und STOSS, wählen.

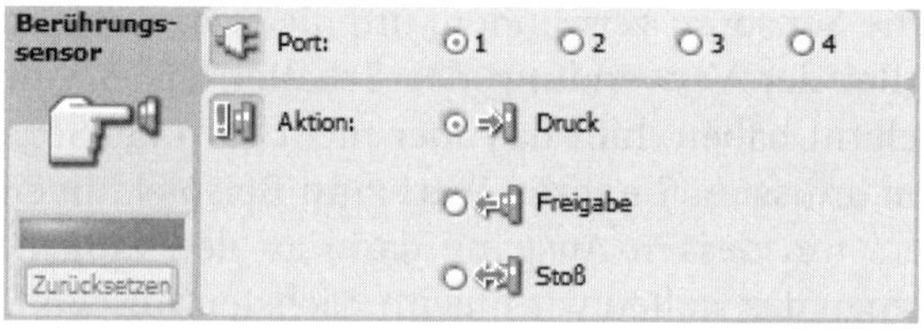

Abb. 12.14: Einstellungen Berührungssensor-Block

Wie alle anderen Sensor-Blöcke auch verfügt der Berührungssensor-Block über einen Datenausgangsknoten, an dem der aktuelle Wert des Sensors ausgegeben wird. Für den Berührungssensor ist dieser Ausgangswert vom Typ Boolean, also 1 oder 0 beziehungsweise wahr oder falsch. Damit können Sie, zusammen mit einem Schalter-Block, nun erstmals ein wirklich sinnvolles Konstrukt der bedingten Programmierung bauen.

Zum Beispiel können Sie, wie in Abbildung 12.15 zu sehen, ein Programm bauen, das einen unterschiedlichen Text anzeigt, je nachdem, ob der Berührungssensor gedrückt wurde oder nicht.

Einen kleinen Haken hat dieses Programm noch, denn es wird nur einmal am Anfang geprüft, ob der Berührungssensor gedrückt ist. Drückt man ihn nicht direkt am Anfang, wird einfach der Text ausgegeben und das Programm beendet. Interessant wäre es, wenn so lange der alternative Text angezeigt würde, bis der Berührungssensor aktiviert wird, und dann der andere Text. Um solche Programme zu ermöglichen, brauchen Sie aber ein weiteres Konstrukt, das Sie im nächsten Kapitel kennen lernen werden.

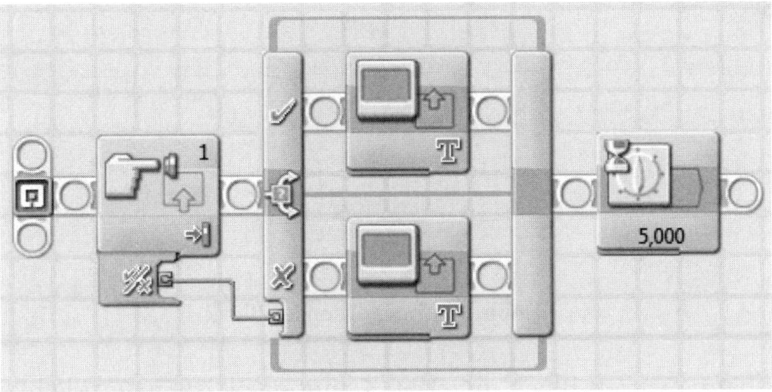

Abb. 12.15: Schalter-Block mit Berührungssensor-Block und Textausgabe

Programme wie das in Abbildung 12.15 sind so häufig, dass es eine Komfortfunktion dafür gibt. Statt eines extra Berührungssensor-Blocks können Sie dem Schalter auch direkt sagen, dass ihm ein Berührungssensor als Bedingung gelten soll.

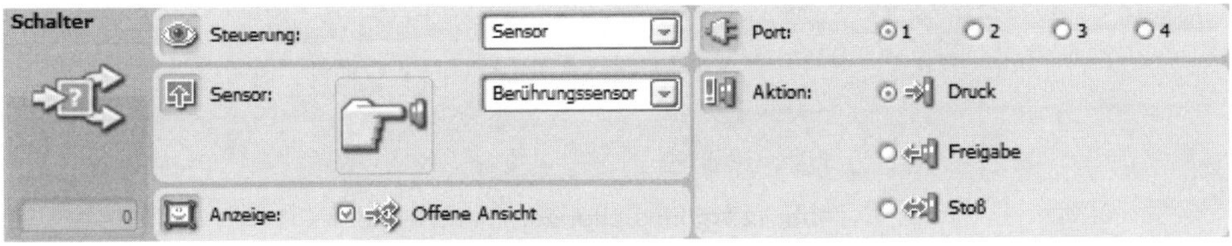

Abb. 12.16: Schalter-Block – Einstellungen

Dazu wählen Sie einfach wie in Abbildung 12.16 als STEUERUNG SENSOR und als Sensor den BERÜHRUNGSSENSOR. Auf der rechten Seite funktionieren die Einstellungen dann analog zum Berührungssensor-Block. Unser Programm von Abbildung 12.15 können Sie damit noch etwas kürzer und übersichtlicher gestalten, wie Abbildung 12.17 zeigt.

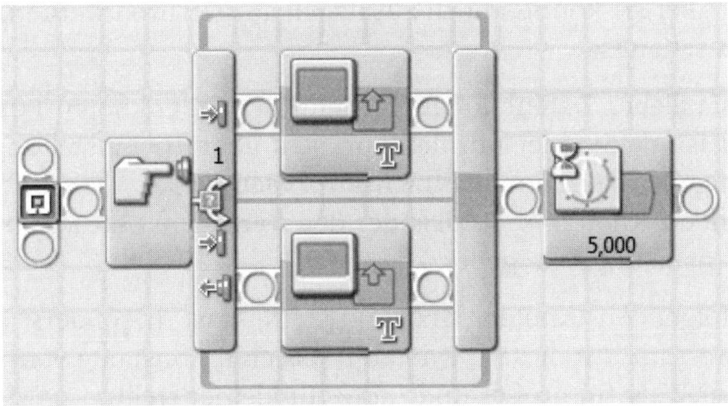

Abb. 12.17: Vereinfachtes Programm ohne Berührungssensor-Block

Klangsensor

Abb. 12.18: Klangsensor-Block

Wie schon beim Warten-Block gilt: Der Klangsensor ist in Wirklichkeit nur ein Lautstärke-Sensor, dementsprechend ist der Wert seines Datenausgangsknotens auch eine Zahl, und zwar eine Zahl zwischen 0 für sehr leise und 100 für sehr laut.

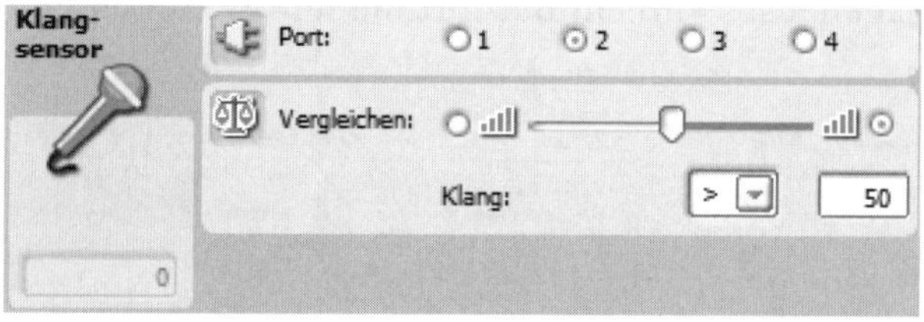

Abb. 12.19: Einstellungen Klangsensor

Ein Blick in die Einstellungen des Klangsensors lohnt sich auf jeden Fall, denn hier verbirgt sich Unerwartetes. Die Einstellungsmöglichkeit für den PORT überrascht nicht, dafür aber der Punkt VERGLEICHEN darunter. Wieso vergleichen? Schließlich gibt der Klangsensor-Block doch nur einen Wert zwischen 0 und 100 zurück.

Da am Klangsensor-Block nur ein Datenknoten automatisch ausgefahren wird, wenn man den Block auf dem Ablaufträger platziert, übersieht man die restlichen Knoten leicht, aber sie können noch zusätzlich ausgefahren werden, wie in Abbildung 12.20 zu sehen ist.

Als erster zusätzlicher Datenknoten erscheint der Datenknoten PORT, der relativ unspektakulär ist, da Sie hier nur den Port statt über die Einstellungen mit einer Konstanten angeben können, also nichts wirklich Neues. Das gilt auch für den darunterliegenden Knoten AUSLÖSER, der den Vergleichswert angibt, wie Sie ihn auch in den Einstellungen angeben können.

Beim darauffolgenden Knoten GRÖSSER/KLEINER ist besonders der erwartete Datentyp interessant. An diesem Knoten muss eine Konstante vom Typ BOOLEAN anliegen, wobei *Wahr* für größer und *Falsch* für kleiner steht.

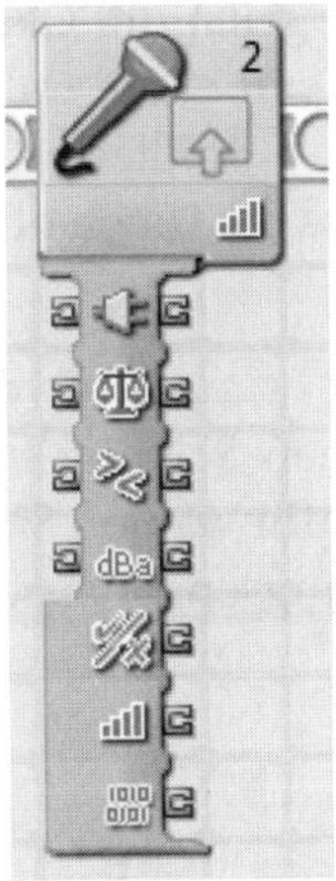

Abb. 12.20: Klangsensor-Block mit allen Datenknoten

An vierter Stelle finden Sie einen Datenknoten, der eine völlig neue Funktionalität bietet. Mit seiner Hilfe können Sie die Daten des Sensors nicht mehr nur als Wert zwischen 0 und 100 auslesen, sondern auch in der Einheit dBA, was besonders für wissenschaftliche Messungen oder Tests interessant ist.

In der Praxis noch viel häufiger verwendet man aber den darunter folgenden Datenknoten, der liefert nämlich das Ergebnis des Vergleichs, den Sie in den Einstellungen vornehmen können, und hat dementsprechend den Typ BOOLEAN. Mit Hilfe dieser Option können Sie sich Konstruktionen wie in Abbildung 12.21 zu sehen in Zukunft sparen und sie direkt in einen Block packen.

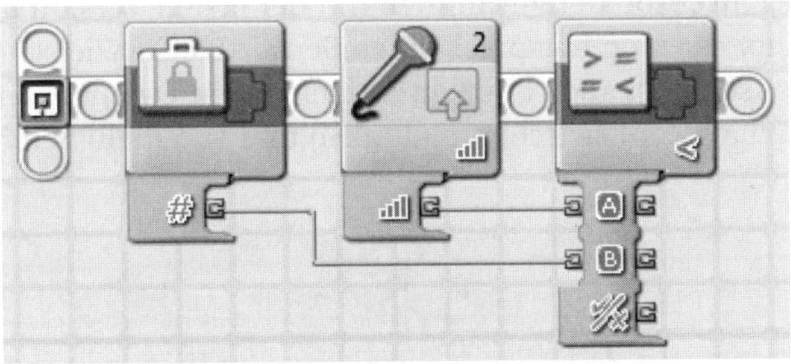

Abb. 12.21: Vergleich mit Klangsensor-Block

Noch etwas komfortabler geht es, wie schon beim Berührungssensor, wenn Sie den Vergleich mit einem Schalter-Block verbinden wollen, aber dazu gleich mehr.

Zuerst wollen wir uns noch die beiden verbleibenden Datenknoten anschauen. Der vorletzte Datenknoten braucht wohl keine weitere Beschreibung, es handelt sich um den KLANGPEGEL, der von Anfang an automatisch ausgefahren war.

Der letzte Datenknoten ist der so genannte GROBWERT, der gibt im Prinzip auch den Sensorwert wieder, allerdings auf einer anderen Skala und zwar von 0 (leise) bis 1024 (laut). Dabei hat das »Grob« in diesem Fall nichts mit ungenauer zu tun, sondern weist eher darauf hin, dass die Daten ohne Weiterverarbeitung direkt vom Sensor weitergegeben werden.

Wie beim Berührungssensor gibt es auch für den Klangsensor einen »fertigen« Schalter-Block, der es erlaubt, einen Schalter mit Klangsensor als Bedingung in nur einem Block zu realisieren. Dafür wählen Sie einfach in den Einstellungen des Schalter-Blocks als Sensor den Klangsensor aus.

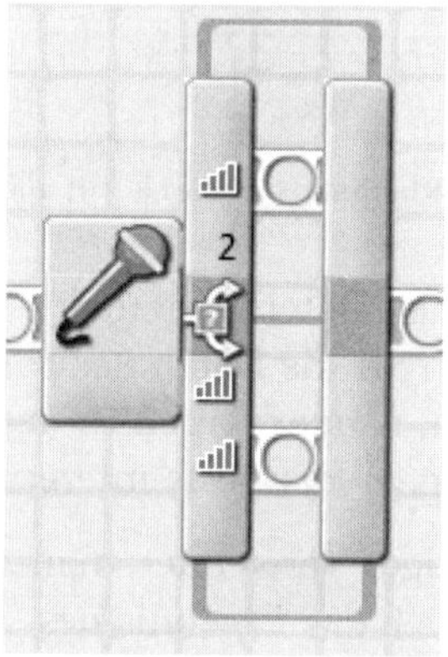

Abb. 12.22: Schalter-Block mit Klangsensor-Bedingung

Lichtsensor

Auch für den Lichtsensor, der zusammen mit der ersten Version des NXT ausgeliefert wurde, gibt es einen entsprechenden Sensor-Block. Wie schon bei den beiden anderen Sensoren ist auch hier von Anfang an ein Datenknoten ausgefahren, der die Helligkeit als Zahl zwischen 0 (dunkel) und 100 (hell) liefert.

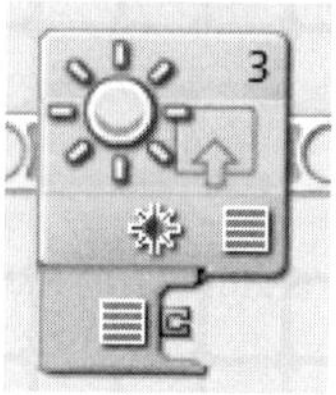

Abb. 12.23: Lichtsensor-Block

Die Einstellungen des Lichtsensor-Blocks erlauben im Wesentlichen drei Varianten:

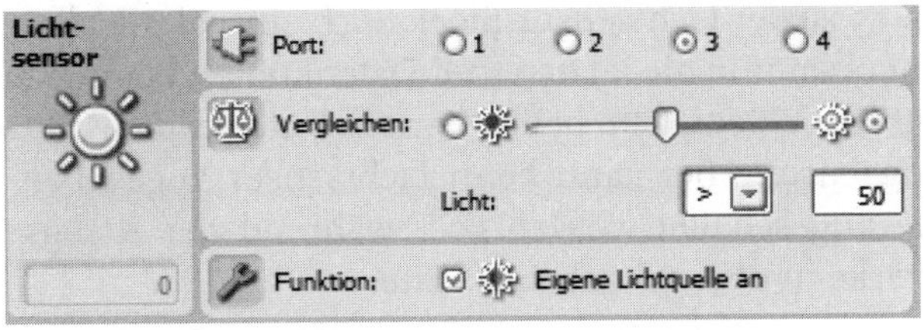

Abb. 12.24: Einstellungen Lichtsensor-Block

Unter dem Punkt PORT kann, wie bei den anderen Sensoren, eingestellt werden, an welchem Port der Sensor am NXT angeschlossen ist.

Unter dem Punkt VERGLEICH kann zum einen der Vergleichswert eingestellt werden, wobei 0 dunkel entspricht und 100 hell. Darüber hinaus kann eingestellt werden, ob auf größer oder kleiner getestet werden soll. Wie Sie sich an dieser Stelle sicher schon denken können, müssen Sie, wie beim Klangsensor, zusätzliche Datenknoten ausklappen, um auf das Ergebnis dieses Vergleichs zugreifen zu können.

Als letzte Einstellungsmöglichkeit kann noch ausgewählt werden, ob die eigene Lichtquelle, sprich die rote LED, des Sensors angeschaltet werden soll oder abgeschaltet. Möchten Sie die Umgebungshelligkeit in einem Raum messen, empfiehlt es sich, die LED abzuschalten, richten Sie den Sensor dagegen auf den Boden und möchten zum Beispiel einer Linie folgen, so empfiehlt es sich, die LED anzuschalten. Dem Problem des Linie-Folgens werden wir uns am Ende dieses Abschnittes aber noch einmal genauer annehmen.

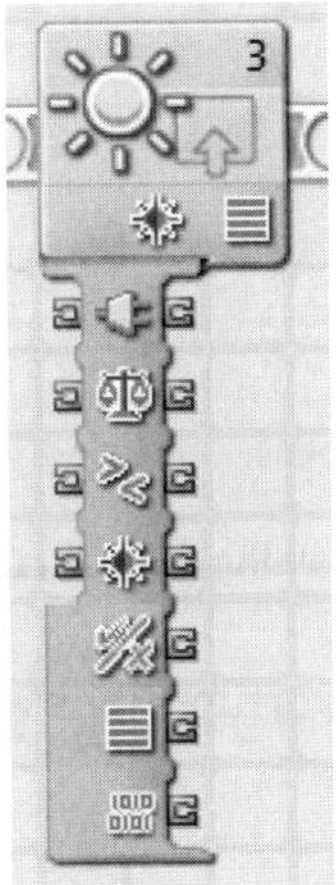

Abb. 12.25: Lichtsensor-Block mit ausgefahrenen Datenknoten

In Abbildung 12.25 ist der Lichtsensor-Block noch einmal mit all seinen Datenknoten gezeigt. Die ersten und die letzten drei Datenknoten kennen Sie ja bereits von unserem Klangsensor, lediglich beim vierten Datenknoten unterscheiden sich Licht- und Klangsensor. Hier kann beim Lichtsensor angegeben werden, ob die eingebaute LED angeschaltet werden soll, während der Klangsensor an dieser Stelle die Lautstärke in dBA ausgeben konnte.

Zum Schluss ein Hinweis: Auch für den Lichtsensor gibt es einen fertigen Schalter-Block mit integriertem Vergleich.

Ultraschallsensor

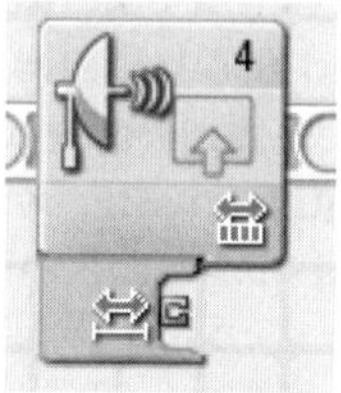

Abb. 12.26: Ultraschallsensor-Block

Nachdem Sie sich schon drei andere Sensor-Blöcke angesehen haben, bietet der Ultraschallsensor-Block wenig Überraschendes. Auch hier finden Sie einen automatisch ausgeklappten Datenknoten, dieser gibt den Abstand zum nächsten Objekt an. Ob dieser Abstand in Zentimetern oder Zoll angegeben werden soll, können Sie in den Einstellungen angeben, in denen Sie sonst auch nur bekannte Punkte finden.

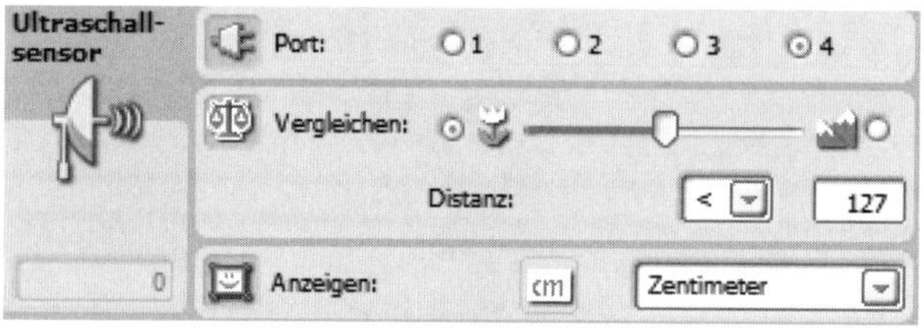

Abb. 12.27: Einstellungen Ultraschallsensor-Block

Auch der Ultraschallsensor-Block verfügt über weitere ausklappbare Datenknoten, wie in Abbildung 12.28 zu sehen ist.

Abb. 12.28: Ultraschallsensor-Block mit allen Datenknoten

Etwas verwunderlich ist dabei, dass die Einheit als einzige Option nicht über einen Datenknoten eingestellt werden kann, diese Möglichkeit haben die Entwickler einfach nicht vorgesehen.

NXT-Tasten

Natürlich haben auch die NXT-Tasten ihren eigenen Sensor-Block.

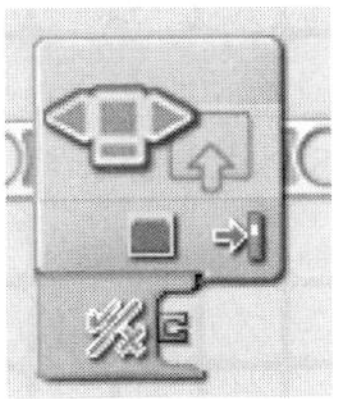

Abb. 12.29: NXT-Tasten-Block

Die Einstellmöglichkeiten für AKTION und die verschiedenen Schaltflächen haben Sie ja bereits in Abschnitt 12.1.1 kennen gelernt.

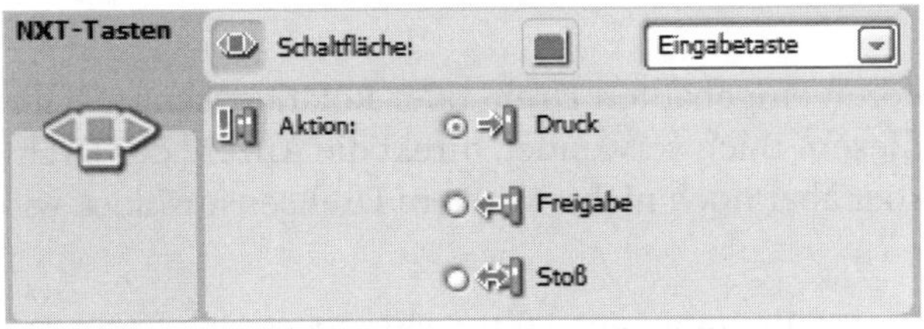

Abb. 12.30: NXT-Tasten-Block-Einstellungen

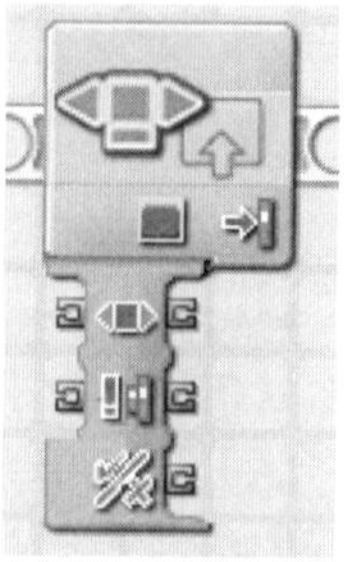

Abb. 12.31: NXT-Tasten-Block mit allen Datenknoten

Im komplett ausgefahrenen Zustand bietet der NXT-Tasten-Block noch zwei zusätzliche Datenknoten, da Datenknoten für Vergleich oder Grobdaten hier natürlich wegfallen. Dafür können mit den ersten beiden Datenknoten sowohl die SCHALTFLÄCHE als auch die AKTION eingestellt werden. Vernünftigerweise erwartet der Block für diese beiden Datenknoten jeweils eine Zahl, wobei die Belegung in Tabelle 12.1 beziehungsweise Tabelle 12.2 gezeigt ist.

Schaltfläche	Zahl
Pfeil rechts	1
Pfeil links	2
Enter	3

Tabelle 12.1: Datenknoten-Belegung für Schaltflächen

Aktion	Zahl
Druck	0
Freigabe	1
Stoß	2

Tabelle 12.2: Datenknoten-Belegung für Aktionen

Drehsensor

Den in den Motoren eingebauten Dreh- oder Rotationssensor haben wir ja bereits des Öfteren in diesem Buch verwendet, direkt die Anzahl der Drehungen auslesen konnten wir bisher aber noch nicht. Mit dem Drehsensor-Block wird nun auch das möglich sein.

In Abbildung 12.32 fällt sofort ein Unterschied zwischen dem Drehsensor-Block und den anderen Sensor-Blöcken, die Sie bisher kennen gelernt haben, auf. Im Gegensatz zu den Sensor-Blöcken, die Sie bisher kennen, sind beim Drehsensor-

Block von Anfang an zwei Datenknoten ausgefahren, einer für die GRADZAHL und einer für die RICHTUNG.

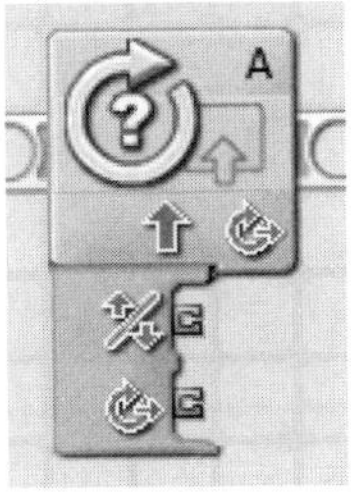

Abb. 12.32: Drehsensor-Block

Am Datenknoten GRADZAHL können Sie später ablesen, um wie viel Grad sich der Motor gedreht hat beziehungsweise wie viele Rotationen er gemacht hat, denn in den Einstellungen des Drehsensor-Blocks können Sie einstellen, ob die Rotationen in Grad oder ganzen Umdrehungen gemessen werden sollen. Der Datenknoten RICHTUNG verrät dann noch, in welche Richtungen die Rotationen gemacht wurden. Bekommen Sie hier als Rückgabewert »falsch«, bedeutet das, dass sich die Motoren rückwärts gedreht haben, der Rückgabewert »wahr« dagegen bedeutet, dass es vorwärtsging.

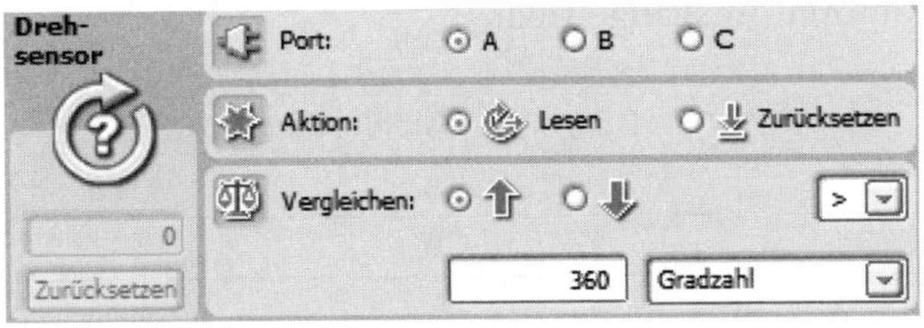

Abb. 12.33: Einstellungen Drehsensor-Block

In den Einstellungen des Drehsensor-Blocks können Sie neben der üblichen Auswahl des Ports und eines Vergleiches auch noch einstellen, ob der Drehsensor die aktuellen Sensordaten ausgeben soll oder den Sensor zuerst auf 0 zurücksetzen soll.

Alle diese Optionen finden sich auch als Datenknoten wieder, wenn Sie die zusätzlichen Datenknoten Ihres Blocks ausklappen, wie in Abbildung 12.34.

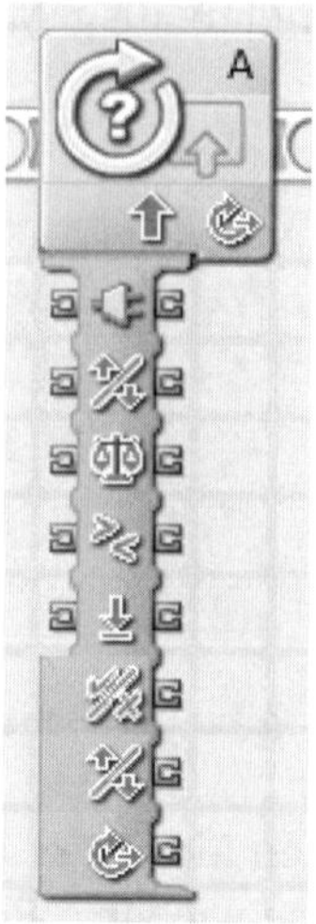

Abb. 12.34: Drehsensor-Block mit allen Datenknoten

Wie die verschiedenen Datenknoten funktionieren, wissen Sie inzwischen, allerdings gibt es eine kleine Besonderheit beim Drehsensor. Da dieser in die Motoren eingebaut ist und nicht extra an einen Sensorport angeschlossen wird, stehen als Eingang nicht 1, 2, 3 und 4 zur Wahl, sondern A, B und C. Als Wert erwartet der Port-Datenknoten aber trotzdem eine Zahl, die, wie in Tabelle 12.3 zu sehen, für einen der drei Motoren-Ausgänge steht.

Zahl	Motorenausgang
1	A
2	B
3	C

Tabelle 12.3: Eingangswerte für die verschiedenen Motoren-Ausgänge

Timer

Wie schon vorher angekündigt, werden wir auch einen Blick auf die Timer werfen, diesmal aber auf den eigenen Timer-Block.

Abb. 12.35: Timer-Block

Wie schon beim Warten-Block können Sie auch beim Timer-Block zwischen drei verschiedenen Timern wählen. Wie in Abbildung 12.36 in den Einstellungen zu sehen ist, können Sie diesmal aber nicht nur den Wert eines Timers auslesen, sondern den Timer auch, wie vorher bereits angekündigt, wieder auf 0 zurücksetzen.

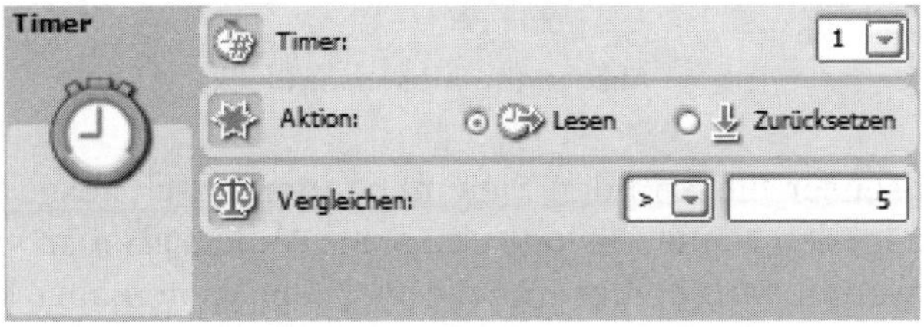

Abb. 12.36: Einstellungen Timer-Block

Darüber hinaus können Sie natürlich auch hier einen Vergleich einstellen, die Einheit ist auch hier wieder Millisekunden, 1 Sekunde entspräche also dem Wert 1000.

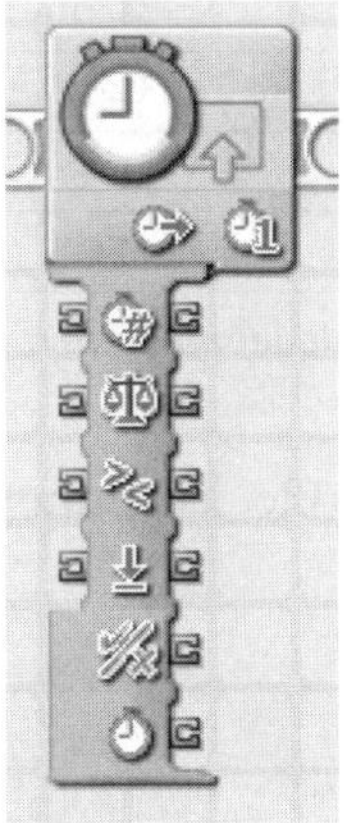

Abb. 12.37: Timer-Block mit allen Datenknoten

Auch der Timer-Block hat natürlich eine ganze Reihe zusätzlich ausklappbarer Datenknoten. Bis auf den ersten Datenknoten, der die Wahl eines Timers ermöglicht, haben Sie alle Knoten schon einmal gesehen. Um einen Timer zu wählen, muss am ersten Datenknoten einfach die entsprechende Nummer des Timers anliegen.

Farbsensor

Als letzten Sensor-Block betrachten wir jetzt noch den Farbsensor-Block.

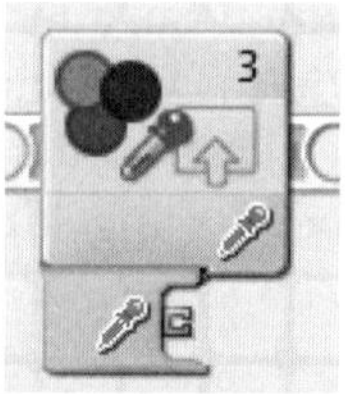

Abb. 12.38: Farbsensor-Block

Auch beim Farbsensor-Block finden Sie einen automatisch ausgeklappten Datenknoten, dieser trägt den Namen ERKANNTE FARBE. Anders als man vielleicht im ersten Moment erwarten würde, gibt uns dieser Datenknoten aber keinen Text mit dem Farbennamen, sondern eine Zahl, die für eine Farbe steht. Welche Zahl für welche Farbe steht, können Sie Tabelle 12.4 entnehmen.

Zahl	Farbe
1	Schwarz
2	Blau
3	Grün
4	Gelb
5	Rot
6	Weiß

Tabelle 12.4: Zahlencodes für die verschiedenen Farben

Die Einstellungen des Farbsensor-Blocks kennen Sie ja bereits vom Warten-Block.

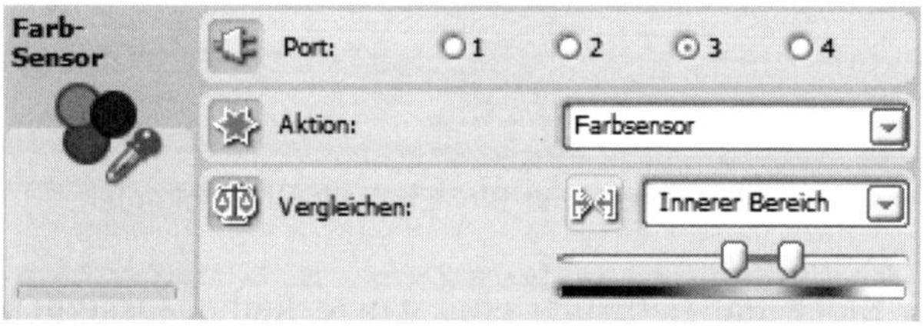

Abb. 12.39: Einstellungen Farbsensor-Block

Ebenso wie beim Warten-Block können Sie auch bei dem Sensor-Block unter dem Punkt AKTION wählen, ob Sie den Farbsensor als echten Farbsensor oder als Lichtsensor betreiben wollen. Je nachdem, was Sie auswählen, verändern sich auch die Einstellungen, wie in Abbildung 12.39 beziehungsweise Abbildung 12.40 zu sehen ist.

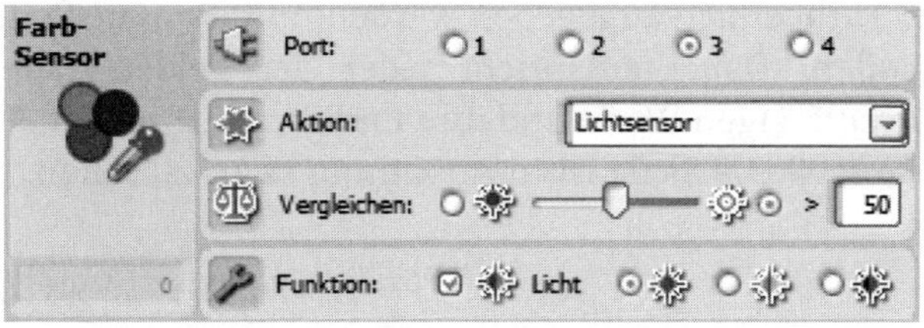

Abb. 12.40: Einstellungen Farb-Ssensor-Block mit ausgewählter Aktion Lichtsensor

Eine weitere Besonderheit beim Farbsensor-Block ist, dass einige der Datenknoten nur in einem der beiden Modi, entweder Lichtsensor oder Farbsensor, funktionieren.

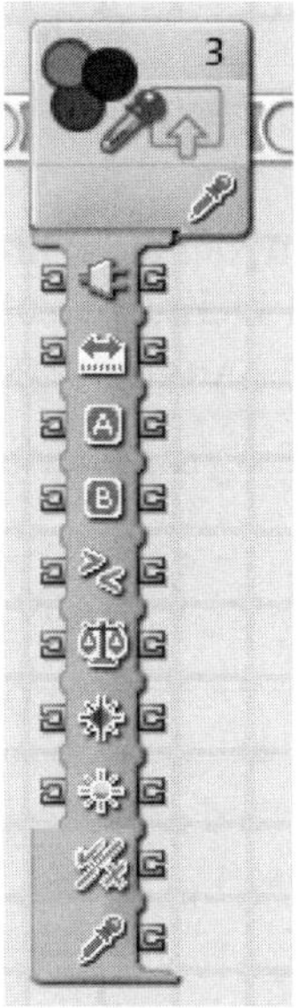

Abb. 12.41: Farb-Sensor-Block mit allen Datenknoten

Auf den ersten Datenknoten, den PORT-Knoten, trifft das natürlich nicht zu, dieser Datenknoten funktioniert unabhängig vom Modus, in dem der Farbsensor betrieben wird.

Der Knoten darunter allerdings, der den Namen BEREICH trägt, funktioniert nur im Farbsensor-Modus. Denn er gibt an, ob beim Vergleich darauf getestet werden soll, ob die Farbe innerhalb des gewählten Bereiches liegt (Eingangssignal *Wahr*) oder außerhalb (Eingangssignal *Falsch*).

Die beiden darauffolgenden Datenknoten, FARBBEREICH A und FARBBEREICH B, funktionieren ebenfalls nur im Farbsensor-Modus. Mit Hilfe dieser beiden Datenknoten kann der Farbbereich angegeben werden, mit dem die Sensordaten verglichen werden sollen. Dabei entspricht jeder der beiden Datenknoten einer Begrenzung. Die zulässigen Werte und ihre Entsprechungen auf der Farbskala finden Sie in Tabelle 12.5. Die Skala ist in Abbildung 12.39 zu sehen.

Zahl	Position auf der Farbskala
0	Links von Schwarz
1	Zwischen Schwarz und Blau
2	Zwischen Blau und Gelb
3	Zwischen Grün und Gelb
4	Zwischen Gelb und Rot
5	Zwischen Rot und Weiß
6	Rechts von Weiß

Tabelle 12.5: Zulässige Eingangswerte für Farbbereich-Datenknoten

Der GRÖSSER/KLEINER-Datenknoten, der sich direkt darunter befindet, funktioniert dagegen nur, wenn der Sensor im Lichtsensor-Modus betrieben wird, ebenso der AUSLÖSEPUNKT, EIGENE LICHTQUELLE AN und LAMPENFARBE darunter.

Für Letzteren lauten die gültigen Eingangswerte:

Zahl	Lampenfarbe
0	Rot
1	Grün
2	Blau

Tabelle 12.6: Lampenfarben des Farbsensors

12.1.3 Beispielprogramme

Da Sie jetzt mit einigem Know-how zu Sensoren ausgerüstet sind, können Sie einige Programme erstellen, die unseren Roboter zum Leben erwecken.

Fahren bis Farbe

Wenn der Roboter auf einem Untergrund mit bunten Linien steht, können Sie ihn mit einem Warten-Block recht einfach fahren lassen, bis er auf eine Linie einer bestimmten Farbe trifft.

Dazu platzieren Sie einfach einen Bewegungs-Block, der beide Motoren unbegrenzt vorwärtsdrehen lässt, an den Anfang unseres Programms und einen Warten-Block, der auf die gesuchte Farbe wartet, dahinter, wie in Abbildung 12.42 zu sehen.

Abb. 12.42: Beispielprogramm I

Richtig spannend ist dieses Programm aber noch nicht. Viel interessanter wäre zum Beispiel ein Programm, mit dem unser Roboter einer Linie folgen kann. Ein solches Programm können Sie aber noch nicht realisieren, da Ihnen noch eine entscheidende Komponente fehlt, die es ermöglicht, bestimmte Vorgänge zu wiederholen. Denn wenn Sie einer Linie folgen wollen, müssen Sie ja immer wieder überprüfen, ob Sie sich aktuell noch auf der Linie befinden. Ein Konstrukt, das das ermöglicht, nennen wir Schleifen. Wie Schleifen in NXT-G funktionieren, werden Sie sich im nächsten Kapitel anschauen.

Quiz

Als zweites Beispielprogramm wollen wir ein eher untypisches Programm bauen. Sie brauchen dazu keine Motoren und auch keine Sensoren, nur das Display und die Tasten des NXT. Mit ihrer Hilfe wollen wir uns ein kleines Quiz bauen.

Sie beginnen, indem Sie einen Anzeige-Block an den Anfang Ihres Programms platzieren, der die erste Frage anzeigt. Die Einstellungen dieses Blocks könnten zum Beispiel wie in Abbildung 12.43 aussehen.

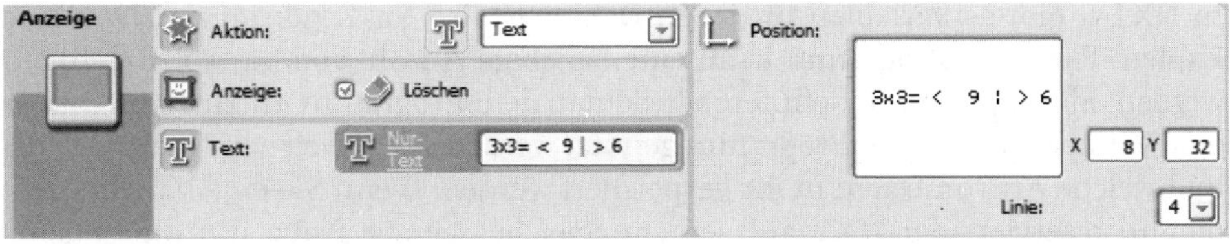

Abb. 12.43: Einstellungen für den ersten Anzeige-Block

Wie Sie am Text schon erkennen können, wird es zwei Antwortmöglichkeiten geben und die Wahl wird über die Pfeiltasten am NXT getroffen. Links bedeutet 9, rechts bedeutet 6. Wie setzen Sie diese Auswahl technisch um?

Sie platzieren hinter der Frage einen Warten-Block, der auf den Druck der richtigen Taste wartet, danach geben Sie für 3 Sekunden »Richtig!« auf dem Display aus, wie in Abbildung 12.44 zu sehen.

Wenn Sie möchten, können Sie hinter dem letzten Warten-Block noch einmal dieselbe Sequenz von Blöcken anhängen, nur mit geänderten Fragen und somit ein Quiz mit mehreren Fragen machen.

Abb. 12.44: Beispielprogramm II

Bevor wir uns die angekündigten Schleifen anschauen, sollten wir uns vorher noch eine weitere Konstruktion anschauen. Denken Sie noch einmal an unser erstes Beispielprogramm zurück. Viel praktischer wäre es doch, wenn wir die Farbe, bis zu der der Roboter fahren soll, nicht immer im Programm ändern müssten, sondern den Roboter einfach auf eine Farbe stellen könnten, den Wert der Farbe speichern und den Roboter dann fahren lassen, bis er auf genau diese Farbe trifft.

Bisher haben Sie allerdings noch keine Möglichkeit, Werte zu speichern. Sie können zwar Werte in Konstanten schreiben, diese können Sie aber während der Ausführung eines Programms nicht ändern. Sie brauchen also einen Block, der Zahlen speichern und während der Ausführung eines Programms geändert werden kann.

12.2 Variablen

Genau für dieses Problem gibt es so genannte Variablen. Zumindest aus dem Schulunterricht kennt jeder Variablen. Dort ist eine Variable meistens ein Buchstabe, der für eine Zahl steht. So ähnlich ist es auch mit den Variablen in NXT-G.

In NXT-G gibt es Variablen für jeden Datentyp, also für Logiksignale, Texte und Zahlen. Für jedes Programm kann eine beliebige Anzahl von Variablen definiert werden. Eine Variable zu definieren bedeutet, dem Programm mitzuteilen, dass es eine Variable gibt, die im Programm genutzt werden kann, welchen Namen sie hat und welche Art von Daten in ihr gespeichert werden. Wenn Sie eine Variable definieren, reserviert der NXT auf seinem Speicher genug Platz, um die entsprechende Variable dort abzulegen, und merkt sich, wo genau im Speicher sie steht.

Mit Hilfe des Variablen-Blocks können Sie dann später auf diesen Speicherort zugreifen und den gespeicherten Wert entweder ändern oder einfach nur auslesen.

12.2.1 Variable definieren

Um eine Variable zu definieren, wählen Sie in der oberen Menüleiste den Eintrag BEARBEITEN.

Im Menü, das sich dann öffnet, finden Sie, wie in Abbildung 12.45 zu sehen ist, als vorletzten Eintrag VARIABLE DEFINIEREN. Wenn Sie diesen Menüpunkt anklicken, öffnet sich das in Abbildung 12.46 zu sehende Fenster auf der Programmieroberfläche.

Abb. 12.45: Menüleiste|BEARBEITEN

Abb. 12.46: Variablen bearbeiten

Von Anfang an gibt es in jedem Programm drei Variablen, die auch nicht gelöscht werden können. Sie tragen die Namen LOGIK 1, ZAHL 1 und TEXT 1 und sind jeweils vom entsprechenden Typ. In kleinen Programmen, die nur einen Wert speichern müssen, können Sie diese Variablen verwenden, für größere Programme, die mehrere Werte speichern müssen, müssen Sie aber eigene Variablen erstellen. Das funktioniert recht einfach, indem Sie auf den Button ERSTELLEN klicken. Danach können Sie NAME und DATENFORMAT der Variablen angeben.

Gerade bei großen Programmen ist der Name unglaublich wichtig und Sie sollten vermeiden, die Variablen »Logik 1«, »Logik 2«, »Logik 3« usw. zu nennen, sondern aussagekräftige Namen wählen wie zum Beispiel »Wert Lichtsensor« oder »gesuchte Farbe«, da es sonst auf Dauer nahezu unmöglich ist, den Überblick zu behalten, welcher Wert in welcher Variablen abgelegt ist. Für unser Beispielprogramm aus Abschnitt 12.1.3 würden Sie also zum Beispiel eine Variable mit dem Namen »gesuchte Farbe« und dem Datenformat ZAHL anlegen.

An dieser Stelle ist es auch an der Zeit, einen kleinen Nachtrag zu Konstanten zu machen. Vielleicht ist Ihnen in Abbildung 12.45 schon der letzte Menüpunkt mit dem Namen KONSTANTEN DEFINIEREN aufgefallen. Der ermöglicht es, analog zum Punkt VARIABLEN DEFINIEREN Konstanten für das Programm festzulegen. Einziger Unterschied ist, dass bei den Konstanten gleich ein Wert mit angegeben wird, klar, schließlich kann der sich ja nicht mehr ändern. Um so erstellte Konstanten zu lesen, platzieren Sie einfach einen Konstanten-Block auf dem Ablaufträger und wählen in den Einstellungen unter AKTION die Option AUS LISTE AUSWÄHLEN und schon können Sie die Konstanten wie gewohnt verwenden.

12.2.2 Variable-Block

Um nun in unserem Programm auf die Variable und ihren Wert zugreifen zu können, benötigen wir den Variable-Block. Den finden Sie in der vollständigen Palette als vorletzten Eintrag unter dem Punkt DATEN.

Abb. 12.47: Vollständige Palette – Daten

Wie sofort auffällt, sieht der Variable-Block aus wie der Konstanten-Block, nur ohne ein Schloss auf dem Koffer, was symbolisiert, dass Sie Variablen ändern können.

Abb. 12.48: Variable-Block

Wie Sie es schon von den verschiedenen Sensor-Blöcken kennen, ist auch beim Variable-Block bereits von Anfang an ein Datenknoten ausgefahren. Die Einstellungen des Blocks sind in Abbildung 12.49 zu sehen.

Abb. 12.49: Einstellungen Variable-Block

Auf der linken Seite der Einstellungen finden Sie eine LISTE mit allen Variablen, die Sie, wie in Abschnitt 12.2.1 gezeigt, definiert haben.

Rechts können Sie unter AKTION wählen, ob Sie Ihre Variable mit dem aktuell gewählten Block nur LESEN oder auch SCHREIBEN wollen.

Abb. 12.50: Variable-Block im Schreib-Modus

Wählen Sie hier SCHREIBEN, erscheint automatisch ein zusätzlicher Datenknoten an Ihrem Block, wie in Abbildung 12.50 zu sehen. Außerdem wird in den Einstellungen der Punkt WERT freigeschaltet, der es ermöglicht, der Variablen einen neuen Wert direkt mit Hilfe des Blocks zuzuweisen.

Sie merken, im Prinzip funktionieren Variablen ganz einfach. Aufmerksame Leser könnten sich an dieser Stelle die Frage stellen: Was passiert, wenn ich eine Variable lese, bevor ich einen Wert geschrieben habe? Das ist eine gute Frage! Das erstmalige Zuweisen eines Werts für eine Variable nennt man Initialisierung. In vielen Programmiersprachen kann es zu echten Problemen kommen, wenn man versucht, mit Variablen zu arbeiten, die noch nicht initialisiert wurden. Glücklicherweise nimmt uns NXT-G diesen Vorgang ab. Variablen vom Typ Zahl initialisiert NXT-G mit dem Wert 0, Variablen vom Typ Text mit der so genannten leeren Zeichenkette, also »«, und Logik-Variablen mit XXX.

Hinweis

Da in NXT-G alle Variablen automatisch initialisiert werden, macht es zwar in NXT-G keinen Unterschied, in fast allen anderen Programmiersprachen gibt es aber einen sehr großen Unterschied zwischen nicht initialisierten Texten und einer leeren Zeichenkette.

12.2.3 Beispiele

Beispiel 1

Fühlen Sie sich fit im Umgang mit Variablen? Versuchen wir, es mit einigen Beispielen herauszufinden!

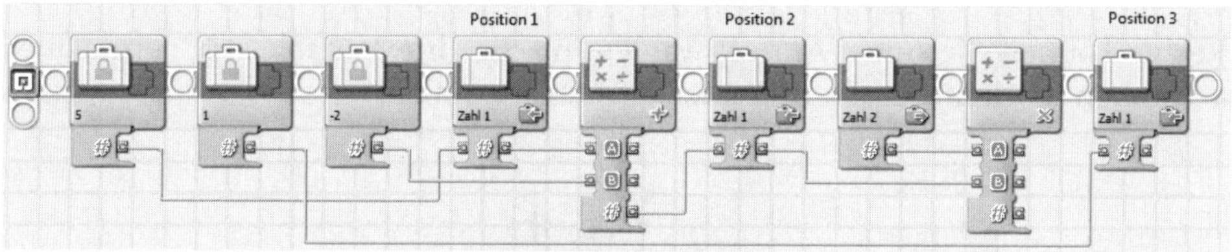

Abb. 12.51: Beispiel 1

Unser erstes Beispiel in Abbildung 12.51 besteht aus zwei Variablen, drei Konstanten und zwei Rechen-Operationen. Die Werte der Konstanten werden jeweils auf dem entsprechenden Block als Name angezeigt. Jeder »Zahl 1«-Block hat eine Positionsnummer und wir wollen nun versuchen herauszufinden, welchen Wert »Zahl 1« an den drei verschiedenen Positionen hat.

Sie sollten zunächst versuchen, die Werte selbst herauszufinden, die folgenden Texte helfen Ihnen dabei, ohne die Lösung zu verraten. Am Endes des Abschnitts finden Sie dann eine Übersicht mit den Lösungen zum Vergleichen.

Position 1

Hier tritt die Variable das erste Mal auf. An den zwei Datenknoten erkennen Sie, dass es sich um einen Schreib-Zugriff handelt, der Variablen wird also ein Wert zugeordnet. Da am Eingangs-Datenknoten nur ein Konstanten-Block angeschlossen ist, lässt sich der Wert an Position 1 sehr einfach bestimmen.

Position 2

Auch hierbei handelt es sich wieder um einen Schreibzugriff, der Wert der Variablen wird also geändert. Am Datenknoten ist diesmal allerdings ein Rechenoperator angeschlossen, an dem wiederum eine Konstante und unsere Variable angeschlossen sind. Sie nehmen also den Wert der Variablen, addieren eine Konstante dazu und speichern das Ergebnis dann wieder in der Variablen. Sie sollten an dieser Stelle auch darauf achten, ob die Zahl, die Sie addieren, positiv oder negativ ist und welche Auswirkungen das auf das Ergebnis hat.

Position 3

Zugegeben, an Position 3 gibt es eine kleine Falle. Zwar ist vor Position 3 auch ein Rechenoperator, allerdings ist der gar nicht mit unserer Variablen verbunden. Sie müssen der Datenleitung also nur bis zu ihrem Anfang folgen und schon kennen Sie den Wert von »Zahl 1« an der Position 3. Übrigens, falls Sie das Ergebnis der Rechenoperation vor Position 3 trotzdem interessiert, das Ergebnis ist 0, da »Zahl 2«, wie oben beschrieben, den Initialwert 0 hat.

Lösung

Position	Wert
Position 1	5
Position 2	3
Position 3	1

Tabelle 12.7: Werte der Variablen »Zahl 1« an den verschiedenen Programm-Positionen

Tipp

Die Positionsmarkierungen wurden mit Hilfe der Kommentar-Funktion in das Programm eingebaut. Kommentare ermöglichen es, kurze Texte im Programm zu schreiben, die keine Auswirkungen auf die Ausführung haben, es dem Programmierer aber erleichtern, sich in komplexen Programmen zurechtzufinden. Kommentare können mit dem sprechblasenförmigen KOMMENTAR-WERKZEUG aus der Werkzeugleiste erstellt werden. Um einen Kommentar zu platzieren, müssen Sie einfach nur an die gewünschte Stelle klicken und den Text dann eingeben.

Beispiel 2

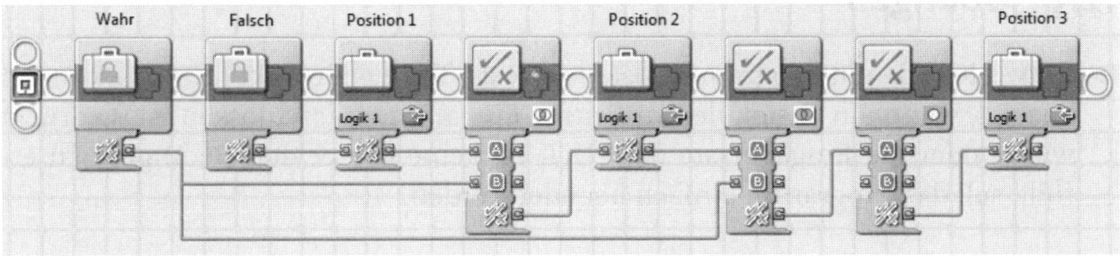

Abb. 12.52: Beispiel 2

Für unser zweites Beispiel steigen wir von den Zahlen auf Logiksignale um. Der Wert der Konstanten steht diesmal als Kommentar über dem jeweiligen Block, ansonsten bleibt alles gleich.

Position 1

Wie schon im ersten Beispiel fangen wir auch in Beispiel 2 einfach an. Am Datenknoten ist nur eine Konstante angeschlossen, der Wert lässt sich dementsprechend einfach ablesen.

Position 2

Nun kommt ein Logiksignal-Block vor die Variable. Was der macht, erkennen Sie hoffentlich noch am Venn-Diagramm, das auf dem Block zu sehen ist. Falls nicht, gibt es eine kleine Gedankenstütze, es handelt sich um eine AND-Verknüpfung.

Position 3

Auch an Position 3 lohnt es sich, die Venn-Diagramme gut in Erinnerung zu haben. Zuerst eine Oder-Verknüpfung, dann eine Negation. Und das Ergebnis ist?

Lösung

Position	Wert
Position 1	Falsch
Position 2	Falsch
Position 3	Falsch

Tabelle 12.8: Werte der Variablen »Logik 1« an den verschiedenen Programm-Positionen

Auch wenn wir mit dem Kapitel über Variablen nun fertig sind, werden sie uns trotzdem weiterhin begleiten, im nächsten Kapitel über Schleifen, aber auch in anderen folgenden Kapiteln, wie zum Beispiel bei der Display-Ausgabe. Bevor Sie weiterlesen, sollten Sie deshalb sicher sein, dass Sie Variablen und ihre Funktionsweise verstanden haben.

12.3 Übungen

- Entwerfen Sie ein Programm, das den Text »Taste gedrueckt« für 5 Sekunden anzeigt, wenn ein Taster, der an Sensor-Eingang 1 angeschlossen ist, gedrückt wurde oder die Eingabetaste des NXT. Ist keine der beiden Bedingungen erfüllt, soll das Programm einfach beendet werden.

Kapitel 13

Schleifen

Beim Programmieren und speziell bei der Arbeit mit Robotern kommt es oft vor, dass bestimmte Abschnitte eines Programms wiederholt werden sollen. Zum Beispiel wenn man einer Linie folgen will oder etwas machen möchte, bis ein Sensor ausgelöst wird.

Auf den ersten Blick könnte man denken: Auf die Auslösung eines Sensors warten? Das können wir doch schon mit einem Warten-Block! Können wir aber nicht, mit einem Warten-Block können wir nur eine Anweisung, die gerade ausgeführt wird, weiter ausführen lassen. Wollen Sie zum Beispiel eine Abfolge mit mehreren Blöcken wiederholen oder einen Schalter-Block, brauchen Sie dazu die so genannten Schleifen, die Sie sich in diesem Kapitel genau anschauen werden.

Während es in anderen Programmiersprachen meist drei oder vier verschiedene Schleifen gibt, kennt NXT-G nur einen Schleifen-Block. Allerdings können Sie mit diesem einen Block auch alle anderen Arten von Schleifen nachbauen. Beginnen möchte ich mit der einfachsten Art von Schleifen, der Endlosschleife.

13.1 Endlosschleifen

Zuerst einmal brauchen Sie natürlich den Schleife-Block. Den finden Sie in der allgemeinen Palette oder in der vollständigen Palette unter dem Punkt ABLAUF.

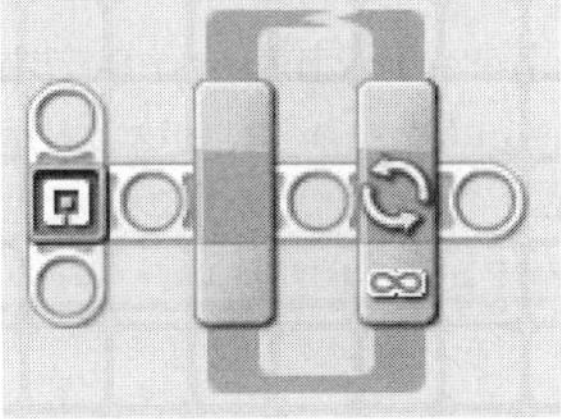

Abb. 13.1: Schleife-Block

Wenn Sie den Schleife-Block auf dem Ablaufträger platzieren, erhalten Sie automatisch eine Endlosschleife, zu erkennen an der liegenden Acht, dem Zeichen für unendlich, auf dem Block.

Was eine Endlosschleife macht, bedarf wohl keiner großen Erklärung. Wie der Name schon erahnen lässt, wiederholt sie ihren »Rumpf« unendlich oft.

Als Rumpf bezeichnet man dabei die Blöcke, die innerhalb der Schleife liegen und damit wiederholt werden.

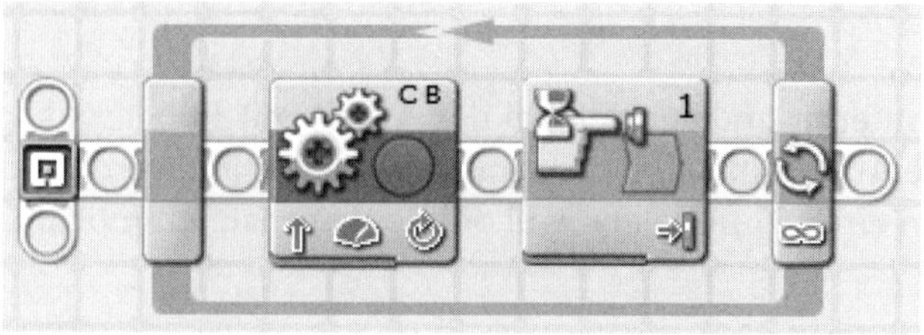

Abb. 13.2: Schleife mit zwei Blöcken

Um einen Block im Rumpf der Schleife zu platzieren, ziehen Sie ihn einfach an die entsprechende Stelle, er wird dann automatisch der Schleife hinzugefügt.

Natürlich ist »unendliche« Wiederholung etwas übertrieben, schließlich kann man die Wiederholung durch Beenden des Programms unterbrechen, oder sie kann durch einen leeren Akku oder Batterien unterbrochen werden. Von sich aus wird das Programm die Wiederholung aber niemals stoppen. Gerade bei Programmen für Roboter, die sich selbst in ihrer Umgebung zurechtfinden sollen, verwendet man diese Art der Schleife relativ häufig.

13.1.1 Beispiele

Ein kleines Beispiel hierzu. Sie möchten einen Roboter bauen, der einfach immer umherfährt. Wenn Sie dafür nur einen Bewegungs-Block verwenden, dann funktioniert Ihr Programm bis zur nächsten Wand oder Tür, zum nächsten Tischbein oder Ähnlichem, aber dann ist Schluss.

Also spendieren Sie Ihrem Roboter noch einen Berührungssensor, der Alarm gibt, wenn der Roboter gegen etwas gefahren ist. Jetzt fährt der Roboter also, wir testen, ob er gegen etwas gefahren ist, falls nicht, fährt er weiter, falls doch, fährt er ein Stück zurück und dreht sich zur Seite und fährt dann weiter. Und das alles wiederholt er dann beliebig oft.

Und an dieser Stelle sollte es Ihnen spätestens in den Ohren klingeln: Sie wiederholen etwas beliebig oft, genau hier brauchen Sie unsere Schleife.

Das fertige Programm dazu sehen Sie in Abbildung 13.3.

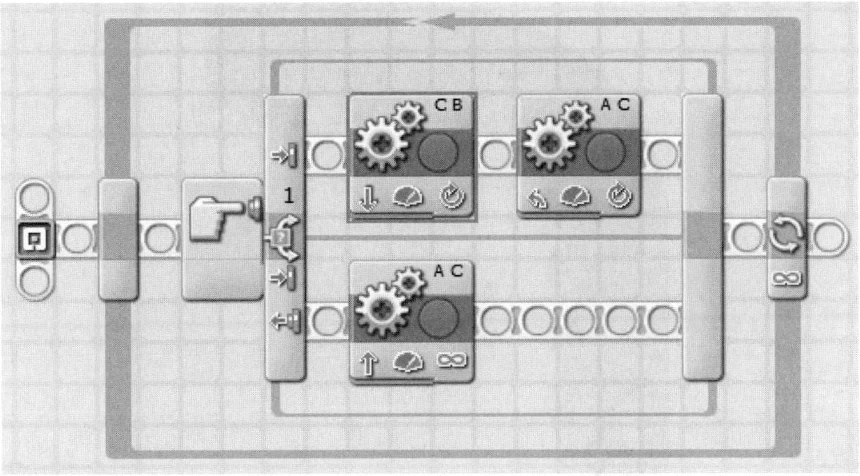

Abb. 13.3: Beispielprogramm 1

Linien folgen

Ein weiteres Problem, das wir lösen möchten, habe ich schon im letzten Kapitel erwähnt, man könnte sagen ein echter Klassiker, was NXT-Programmierung angeht: das Folgen einer schwarzen Linie.

Dabei ist Folgen eigentlich nicht das, was das Programm tun soll. Wenn Sie einen Roboter mit zwei Licht- beziehungsweise Farbsensoren hätten, dann könnten Sie der Linie folgen. Sobald ein Sensor die schwarze Linie verlässt, wüssten Sie, in welche Richtung Sie weiterfahren müssen, denn der andere Sensor wäre noch auf der Linie.

Da Sie aber nur einen Sensor zur Verfügung haben, können Sie der Linie auch nicht im klassischen Sinne folgen. Denn würden Sie einfach geradeaus fahren, solange Ihr Sensor auf Schwarz ist, dann wüssten Sie beim Verlassen der Linie nicht, ob Sie sich jetzt nach links oder rechts drehen müssten, um wieder auf die Linie zu kommen. Genauer ausgedrückt kommen Sie in beiden Richtungen wieder auf die Linie, aber entweder vorwärts oder rückwärts. Und da Sie natürlich vermeiden wollen, wieder zurückzufahren, müssen Sie eine andere Technik anwenden.

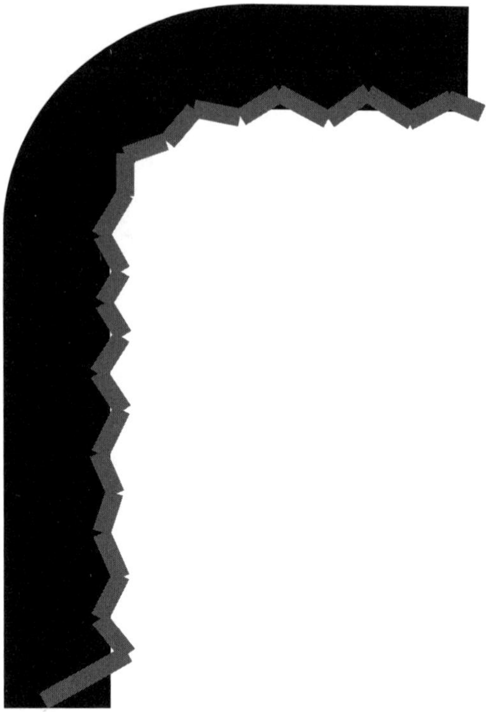

Abb. 13.4: Sensorposition (dünnere Linie) beim Folgen einer Linie mit einem Sensor

Um auch mit einem Sensor einer Linie folgen zu können, müssen Sie sich am Rand der Linie entlanghangeln. Immer, wenn der Sensor auf die Linie kommt, drehen Sie in die eine, kommt er von der Linie ab, in die andere Richtung. Der Roboter bewegt sich dann im Zickzackkurs am Rand der Linie fort.

Drehen Sie zum Beispiel nach rechts, wenn Sie auf der Linie sind, und nach links, wenn Sie davon abgekommen sind, entsteht eine Spur, wie in Abbildung 13.4 zu sehen.

Nun wollen wir uns anschauen, wie ein solches Programm in NXT-G aussieht.

Als Rahmen für den Rest des Programms dient wieder unsere Endlosschleife.

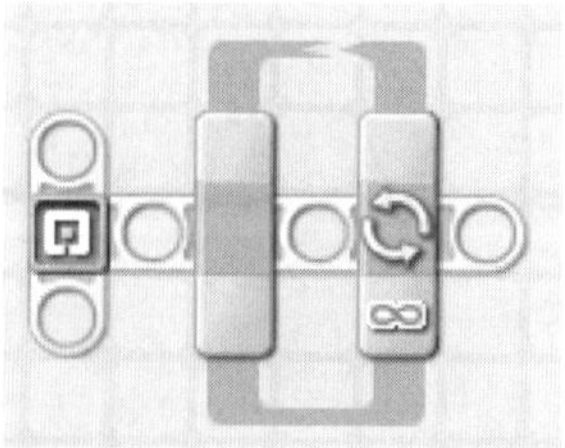

Abb. 13.5: Linie folgen – Schritt 1

Was tun Sie in der Schleife? Das hängt davon ab, ob sich der Sensor auf oder neben der Linie befindet. Also müssen Sie zwei verschiedene Fälle unterschieden und dafür verwenden Sie, wie immer, den Schalter-Block. Als Steuerung für Ihren Schalter-Block können Sie direkt den Farbsensor benutzen beziehungsweise den Lichtsensor, je nach Modell, und sich damit einen zusätzlichen Sensor-Block mit Vergleich sparen.

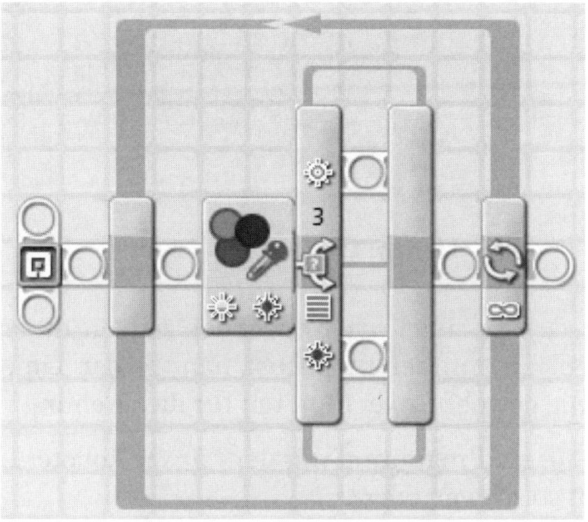

Abb. 13.6: Linie folgen – Schritt 2

Falls Sie den Farbsensor verwenden, sollten Sie als AKTION »Lichtsensor« wählen, diese Einstellung eignet sich am besten für das Folgen einer Linie. Wie Sie den passenden Wert für den Vergleich im Schalter-Block herausfinden können, haben Sie ja bereits in Kapitel 3 gesehen, Sie verwenden dazu einfach die View-Funktion des NXT.

Nun müssen Sie sich noch überlegen, was Ihr Schalter-Block in beiden Fällen tun soll. Es ist im Prinzip egal, ob sich der Roboter nach links dreht, wenn er auf der Linie ist, und nach rechts dreht, wenn er daneben ist, oder umgekehrt. Die beiden verschiedenen Umsetzungen unterscheiden sich nämlich nur darin, an welchem Rand der Linie der Roboter entlangfährt.

Wir entscheiden uns an dieser Stelle einfach dafür, dass der Roboter nach rechts drehen soll, wenn er sich auf der Linie befindet, und nach links, wenn er sich nicht auf der Linie befindet.

Wenn sich der Sensor auf der Linie befindet, ist der Wert für den Farbsensor klein, da der Untergrund dunkel ist. Die Rechtsdrehung muss also auf den unteren Ablaufträger im Schalter, auf den oberen kommt dann logischerweise eine Linksdrehung.

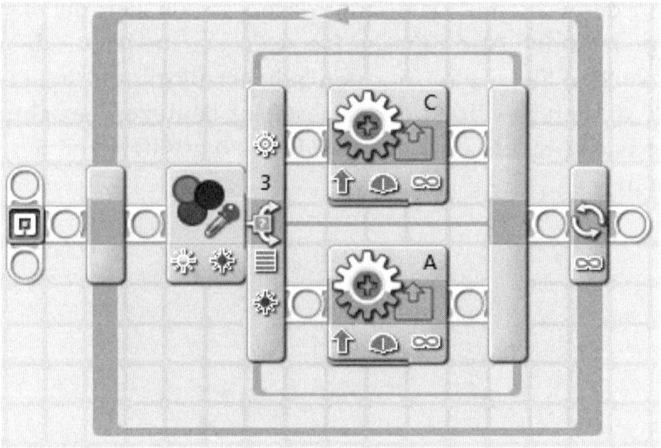

Abb. 13.7: Linie folgen – Schritt 3

Wie in Abbildung 13.7 zu sehen ist, verwenden wir an dieser Stelle nur einen Motor zum Drehen, um immer möglichst nah an der Linie zu bleiben. Man könnte aber auch wie gewohnt zwei Motoren für die Drehung verwenden.

Und schon haben Sie ein Programm, mit dem unser Roboter Linien folgen kann. Eigentlich gar nicht so schwer, oder?

13.2 Sensor-Schleifen

Die Endlosschleifen, die wir bisher betrachtet haben, sind aus Sicht eines Programmierers die langweiligsten Schleifen, die es überhaupt gibt. Viel spannender ist es, wenn eine Schleife nur unter bestimmten Bedingungen ausgeführt wird, wir kommen also wieder zu bedingter Programmierung.

Wie schon beim Schalter-Block können Sie auch beim Schleifen-Block einen Sensor als Bedingung für die Ausführung der Schleife angeben.

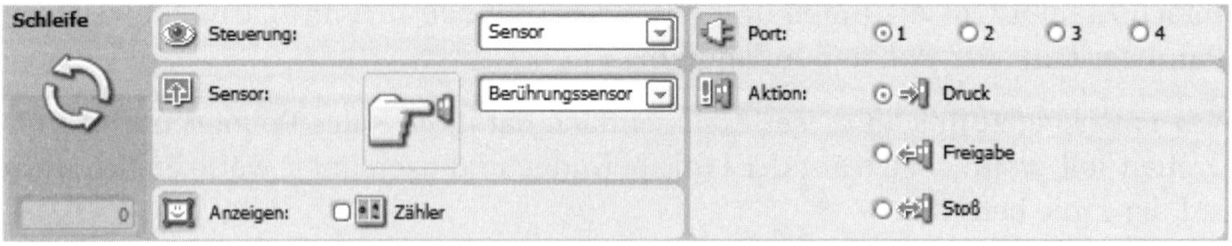

Abb. 13.8: Einstellungen des Schleifen-Blocks

Dazu wählen Sie einfach in den Einstellungen der Schleife unter STEUERUNG die Option SENSOR. Danach können Sie sich dann unter dem Punkt SENSOR den gewünschten Sensor aussuchen. An dieser Stelle sparen wir uns noch einmal genau auf alle Einstellmöglichkeiten für die verschiedenen Sensoren einzugehen, da diese exakt mit den Einstellungen beim Schalter-Block übereinstimmen, nur wird beim Schleifen-Block die Ausführung eben so oft wiederholt, bis die angegebene Bedingung erfüllt ist. Es handelt sich dabei deshalb um eine so genannte Abbruchbedingung.

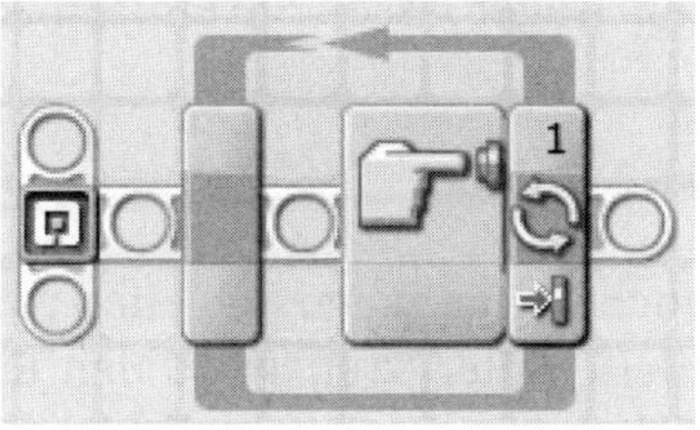

Abb. 13.9: Schleife mit Berührungssensor

Wie in Abbildung 13.9 gut zu sehen ist, handelt es sich bei den Sensor-Schleifen und auch allen anderen Schleifen in NXT-G um so genannte fußgesteuerte Schleifen. Von fußgesteuerten Schleifen spricht man, wenn eine Schleife auf jeden Fall einmal ausgeführt wird und erst nach der ersten Ausführung die Bedingung beziehungsweise Abbruchbedingung geprüft wird.

Das Gegenstück zu einer fußgesteuerten Schleife ist eine so genannte kopfgesteuerte Schleife. Bei einer kopfgesteuerten Schleife wird die Bedingung vor jeder Ausführung geprüft. Ist die Bedingung zu Anfang nicht erfüllt, wird die Schleife kein einziges Mal ausgeführt. Obwohl es solche Schleifen in NXT-G nicht gibt, können Sie sie trotzdem mit einem zusätzlichen Block nachbauen.

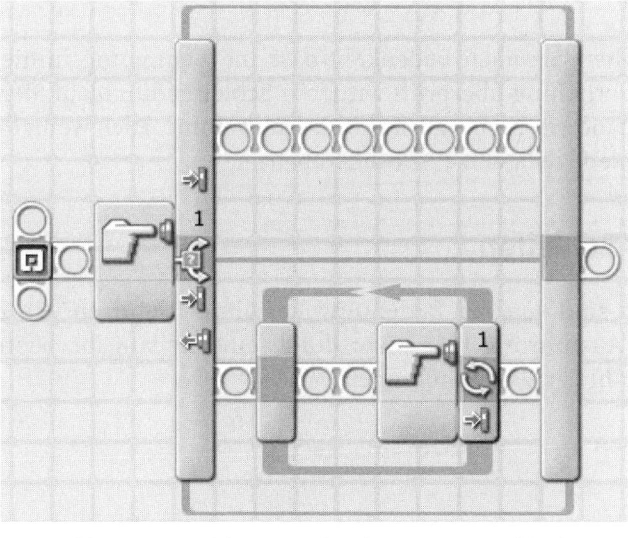

Abb. 13.10: Nachbau einer kopfgesteuerten Schleife

Der benötigte zusätzliche Block ist ein Schalter-Block, in dem Sie die Schleife nun platzieren. Dabei sollten Sie bedenken, dass Ihre Schleife genau andersherum funktioniert wie der Schalter. Der Schalter führt den oberen Träger aus, falls der Taster gedrückt wird. Da das Drücken des Berührungssensors aber für Ihre Schleife eine Abbruchbedingung ist, platzieren Sie Ihre Schleife auf dem unteren Ablaufträger, damit sie ausgeführt wird, wenn der Berührungssensor nicht gedrückt wurde. Den oberen Träger lassen Sie einfach leer.

13.3 Zeit-Schleifen

Neben Sensoren können auch Zeitangaben Schleifen steuern. Dazu wählen Sie in den Einstellungen der Schleife unter STEUERUNG den Eintrag ZEIT und geben die gewünschte Zeit dann in Sekunden ein, wie in Abbildung 13.11.

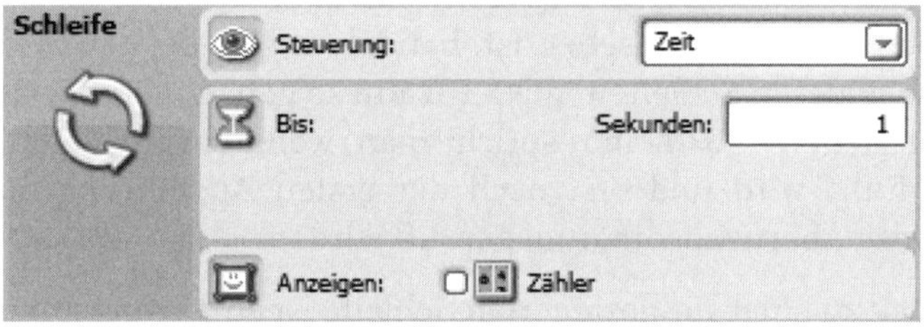

Abb. 13.11: Schleife mit Zeit-Steuerung

Auch wenn es bei der Zeit-Steuerung wohl in den meisten Fällen unerheblich ist, handelt es sich auch bei dieser Schleife um eine fußgesteuerte Schleife, das heißt, die Schleife wird selbst dann einmal ausgeführt, wenn Sie 0 Sekunden als Dauer angeben.

Außerdem sollten Sie auch bedenken, dass die Bedingung immer nur vor der nächsten Wiederholung überprüft wird, ein Schleifendurchlauf, der zum Beispiel 10 Sekunden dauert, wird bis zum Schluss ausgeführt, auch wenn die angegebene Zeit in der Schleife lediglich 5 Sekunden betrug.

13.4 Zähl-Schleifen

Zähl-Schleifen sind von der Bedienung her ähnlich einfach wie Zeit-Schleifen, nur wird die Ausführung hier nicht durch eine Zeitangabe begrenzt, sondern durch die Anzahl der Wiederholungen.

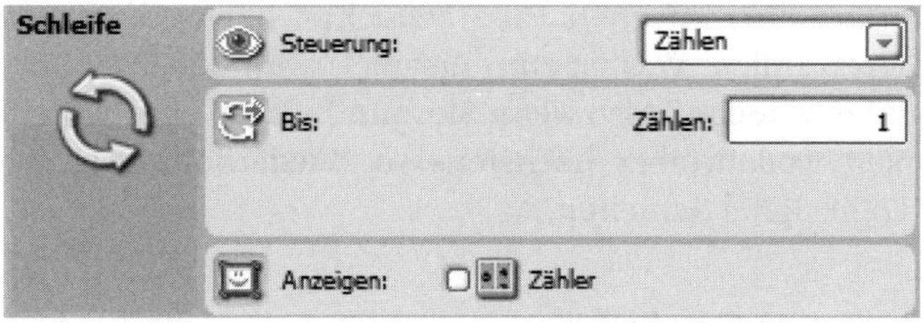

Abb. 13.12: Einstellungen für eine Zähl-Schleife

Um aus einer Schleife eine Zähl-Schleife zu machen, wählen Sie in den Einstellungen als Steuerung einfach den Punkt ZÄHLEN und geben dann im Feld darunter die Anzahl der Wiederholungen an. Wie Sie leicht feststellen werden, ist es nicht möglich, eine 0 einzugeben, was der Tatsache geschuldet ist, dass es sich auch hier um eine fußgesteuerte Schleife handelt.

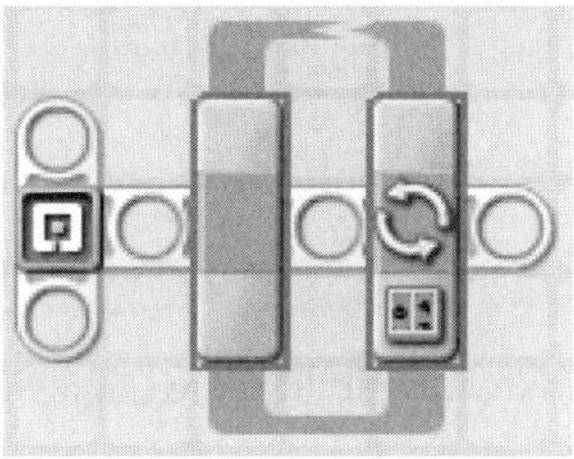

Abb. 13.13: Zählschleifen-Block

Übrigens haben Sie bereits bei den anderen Arten der Schleifen-Steuerung die Möglichkeit gehabt, mit der Zahl der Schleifen-Durchläufe zu arbeiten. In den Schleifen-Einstellungen befindet sich am unteren Ende unter dem Punkt ANZEIGEN immer ein Kästchen mit dem Namen ZÄHLER.

Wenn Sie dieses Kästchen aktivieren, erscheint im Inneren des Schleifenblocks ein neuer Datenausgangsknoten, wie in Abbildung 13.14 zu sehen.

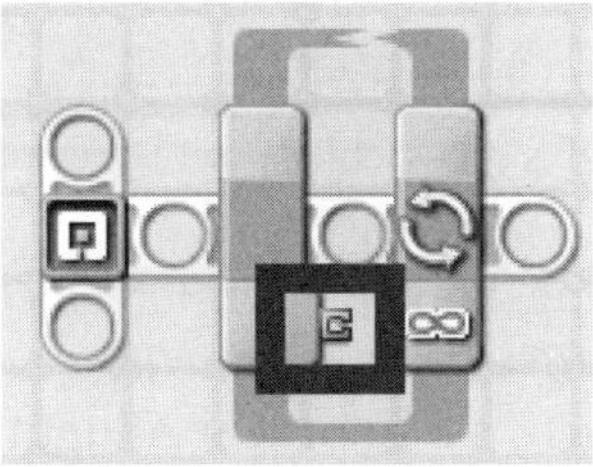

Abb. 13.14: Zähler im Schleifenblock

Nachdem wir nun alle einfachen Fälle betrachtet haben, kommen wir zu den etwas komplexeren Fällen. Was ist zum Beispiel, wenn Sie zwei Bedingungen für eine Schleife nutzen wollen? Also wenn Sie zum Beispiel eine Schleife 5 Sekunden lang wiederholen wollen, aber höchstens 10 Wiederholungen möchten? Dazu brauchen Sie Logiksignal-Schleifen.

13.5 Logiksignal-Schleifen

Was die Verarbeitung von Logiksignalen angeht, sind Sie ja inzwischen ein echter Experte, deshalb wollen wir uns nun auch eine Variante der Schleife anschauen, die mit Logiksignalen arbeitet. Dazu wählen Sie in den Einstellungen der Schleife als STEUERUNG den Eintrag LOGIKSIGNAL.

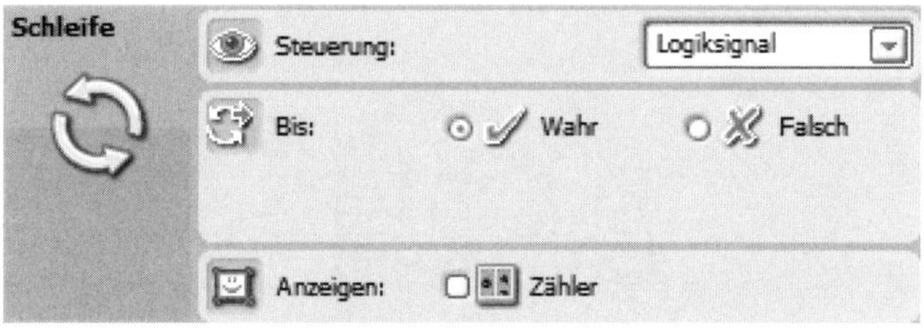

Abb. 13.15: Einstellungen für eine Logiksignal-Schleife

Damit Sie die Schleife über ein Logiksignal steuern können, müssen Sie ihr zuerst ein solches Signal übergeben. Deshalb erscheint am rechten Rand der Schleife ein Dateneingangsknoten, sobald Sie LOGIKSIGNAL als STEUERUNG wählen.

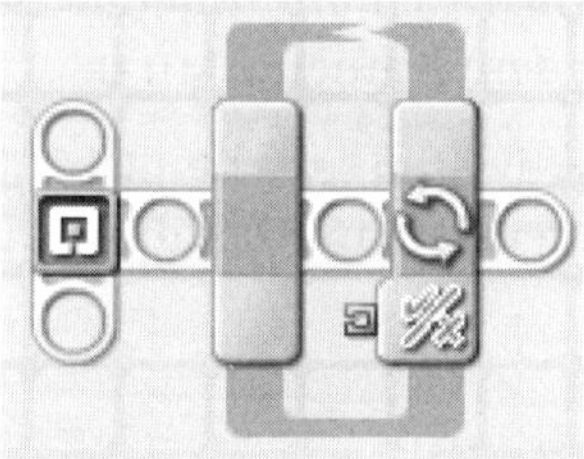

Abb. 13.16: Logiksignal-Schleife mit Dateneingangsknoten

Die Position des Dateneingangsknotens erinnert noch mal daran, dass Sie es mit einer fußgesteuerten Schleife zu tun haben. Das Logiksignal fungiert, wie alle anderen Steuerungsarten auch, als Abbruchbedingung. Ob die Schleife abgebrochen werden soll, wenn das Eingangssignal *Wahr* ist oder wenn das Eingangssignal *Falsch* ist, kann in den Einstellungen unter dem Punkt BIS ausgewählt werden.

Wählen Sie hier WAHR, wird die Schleife also ausgeführt, solange das anliegende Signal am Dateneingangsknoten *Falsch* ist.

Mit diesem Wissen können Sie nun als kleines Beispiel die Schleife bauen, die uns auf die Logiksignal-Schleife gebracht hat, also eine Schleife, die 5 Sekunden lang ausgeführt wird, aber höchstens 10-mal wiederholt wird. Sollten die 10 Wiederholungen vor Ablauf der 5 Sekunden erreicht werden, wird die Schleife beendet.

Als Grundlage benötigen Sie auf jeden Fall eine Schleife und wie weiter oben schon angedeutet nutzen Sie als Steuerung ein Logiksignal. Da Sie mit der Zahl der Schleifendurchläufe arbeiten wollen, müssen Sie noch den Zähler aktivieren.

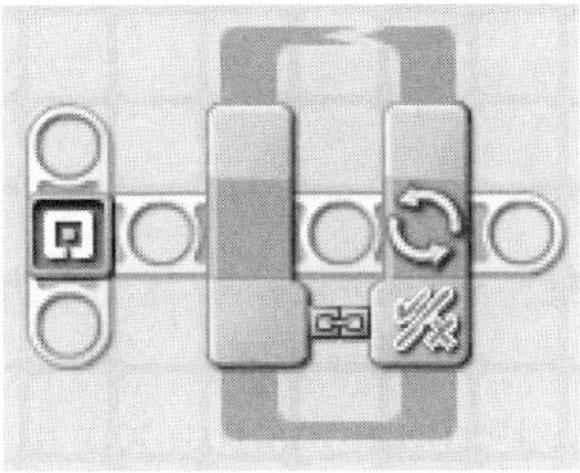

Abb. 13.17: Beispiel – Schritt 1

Als Nächstes müssen Sie versuchen, Ihre beiden Bedingungen in Blöcke zu übersetzen. Beginnen Sie mit den 10 Wiederholungen. Dazu platzieren Sie einen Vergleichen-Block an das Ende der Schleife. Als Operation wählen Sie logischerweise KLEINER ALS. Nun verbinden Sie noch den Zähler der Schleife mit dem Eingangsknoten A und geben für B in den Einstellungen die Konstante 11 ein.

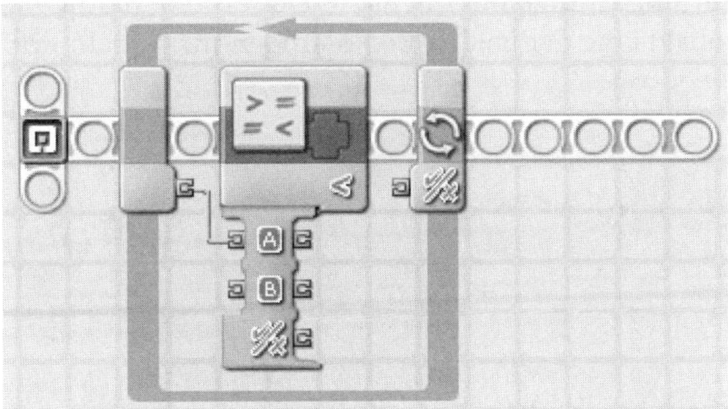

Abb. 13.18: Beispiel – Schritt 2

Nun wird es etwas schwerer. Sie müssen die Zeit messen, die seit dem Start der Schleife vergangen ist. Dazu brauchen Sie einen Timer-Block, wie Sie ihn im vorangegangenen Kapitel kennen gelernt haben.

Vor der Schleife setzen Sie den Timer zurück, um ihn dann innerhalb der Schleife auszulesen und mit 5 zu vergleichen. Den Vergleich können Sie direkt in den Einstellungen des Timer-Blocks angeben.

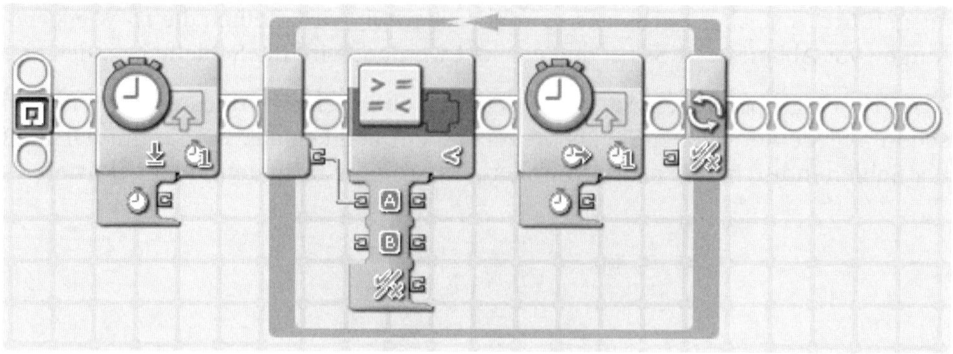

Abb. 13.19: Beispiel – Schritt 3

Nun müssen Sie Ihre beiden Bedingungen noch miteinander verbinden, da die Schleife nur ausgeführt werden soll, solange beide Bedingungen erfüllt sind. Und wenn beide Bedingungen erfüllt sein müssen, dann wissen Sie auch schon, welchen Operator Sie benötigen, nämlich einen Und-Operator.

Das Ergebnis der Und-Operation muss noch mit dem Dateneingangsknoten der Schleife verbunden werden und dann sind Sie auch schon fast fertig. Eine kleine Änderung in den Einstellungen der Schleife müssen Sie aber noch vornehmen. Standardmäßig wird die Schleife abgebrochen, wenn der Logikwert *Wahr* anliegt, für unsere Zwecke brauchen Sie aber genau das Gegenteil, deshalb stellen Sie unter BIS in den Einstellungen der Schleife FALSCH ein, damit wird Ihre Schleife abgebrochen, sobald eine der beiden Bedingungen nicht mehr erfüllt ist.

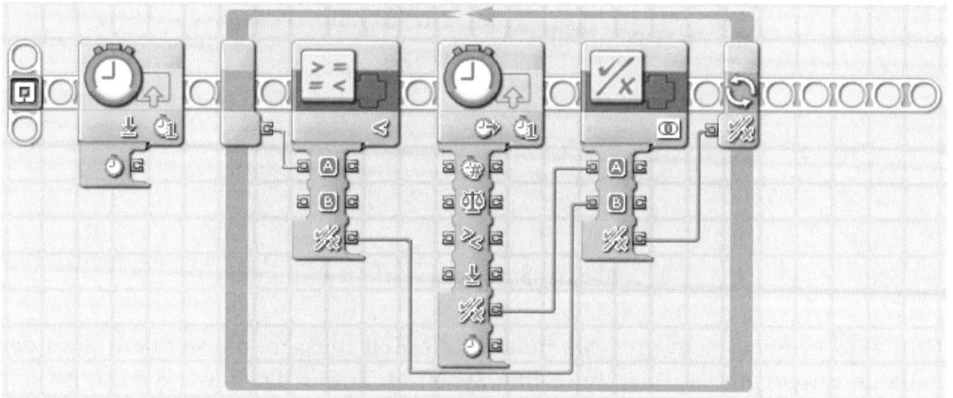

Abb. 13.20: Beispiel – Schritt 4

Damit wollen wir das Kapitel über die Schleifen auch abschließen, Sie werden ihnen im weiteren Verlauf des Buches aber immer wieder begegnen. Außerdem sind Sie auch an dieser Stelle wieder dazu angehalten zu probieren und zu testen, was alles möglich ist.

13.6 Übungen

- Entwickeln Sie ein Programm, das einen Roboter so lange fahren lässt, bis er sich 20 cm vor einem Hindernis befindet.
- Erstellen Sie ein Programm, das den Text »Hallo Welt!« auf dem Display des NXT anzeigt, solange die Eingabetaste des NXT gedrückt wird!
- Realisieren Sie mit der Hilfe einer Schleife ein Programm, das die y-te Potenz von x berechnen kann, also x^y, wobei x und y durch Variablen angegeben werden sollen! (Tipp: $x^3 = x \cdot x \cdot x$)

Kapitel 14

Display

Schon in unserem ersten Programm haben wir das Display des NXT zum Ausgeben eines Textes genutzt und auch in anderen Programmen haben wir die Display-Ausgabe immer wieder verwendet.

Richtig systematisch haben wir uns mit dem Anzeige-Block und anderen Blöcken, die bei der Ausgabe helfen, aber noch nicht beschäftigt. Das wollen wir nun an dieser Stelle nachholen.

14.1 Anzeige-Block

Abb. 14.1: Anzeige-Block

Als Erstes schauen wir uns dafür die Einstellungen des Anzeige-Blocks an, die in Abbildung 14.2 zu sehen sind.

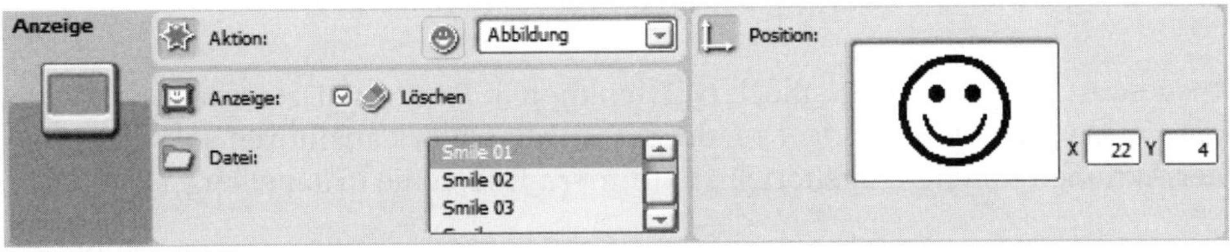

Abb. 14.2: Einstellungen Anzeige-Block

Bisher haben Sie lediglich die AKTION TEXT verwendet, jetzt wollen wir uns auch mit den anderen Aktionen beschäftigen. Beginnen möchte ich mit der ABBILDUNG, die auch standardmäßig gewählt ist, wenn Sie den Block platzieren.

Wie schon zuvor können Sie mit der Einstellung ANZEIGE das Display leeren lassen, bevor Sie etwas darauf ausgeben.

Da Sie die Aktion ABBILDUNG gewählt haben, müssen Sie nun natürlich auch noch eine Abbildung auswählen, die Sie anzeigen möchten. Eine Liste der verfügbaren Abbildungen finden Sie unter dem Punkt DATEI.

Hier werden alle Abbildungen angezeigt, die im Installationsordner der LEGO-Software im Ordner ENGINE/PICTURES gespeichert sind. Wie Sie solche Abbildungen selbst erstellen können, haben wir ja bereits in einem früheren Kapitel betrachtet.

Noch nicht genauer betrachtet haben wir dagegen die Datenknoten des Anzeige-Blocks, das möchte ich aber an dieser Stelle nachholen.

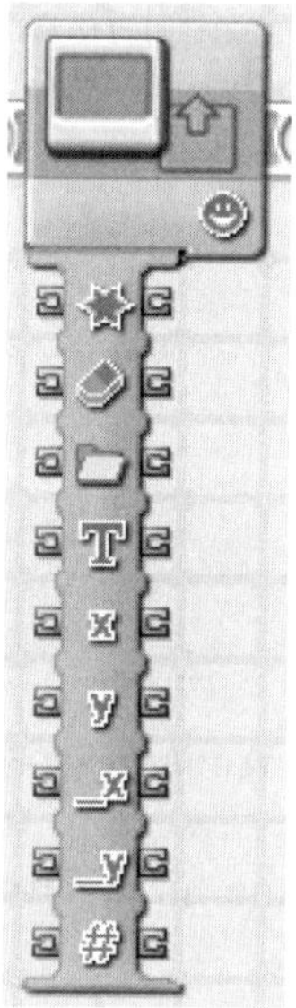

Abb. 14.3: Datenknoten des Anzeige-Blocks

Insgesamt hat der Anzeige-Block 9 Datenknoten. Der erste Datenknoten erwartet eine Zahl und gibt die AKTION an, die der Anzeige-Block ausführen soll. Eine Liste der Aktionen und der zugehörigen Nummern finden Sie in Tabelle 14.1.

Zahl	Aktion
0	Abbildung
1	Text
2	Punkt
3	Linie
4	Kreis
5	Bildschirm wiederherstellen

Tabelle 14.1: Aktionen des Anzeige-Blocks

Je nachdem, welche Aktion Sie wählen, ändern sich auch die Datenknoten, auf die der Block zugreift, wie Sie gleich sehen werden.

Zunächst wollen wir uns aber den nächsten Datenknoten ansehen, der trägt den Namen LÖSCHEN und funktioniert genau wie die Löschen-Funktion in den grafischen Einstellungen des Anzeige-Blocks.

Der dritte Datenknoten mit dem Namen DATEINAME ist einer der Datenknoten, der nur mit einer bestimmten AKTION zusammen funktioniert. Einen Dateinamen anzugeben macht nur Sinn, wenn Sie eine Abbildung anzeigen wollen, demnach funktioniert dieser Datenknoten nur mit der Aktion ABBILDUNG. Ist eine andere Aktion gewählt und es liegt ein Wert an diesem Datenknoten an, wird dieser schlicht ignoriert.

Dateinamen werden dem Datenknoten als Text übergeben. Dabei muss kein Pfad angegeben werden und auch keine Dateiendung, sondern nur der Name der Abbildung, wie er auch in den grafischen Einstellungen zu lesen ist, also zum Beispiel »Bomb« für die Bomben-Abbildung. Übrigens unterscheidet NXT-G an dieser Stelle nicht zwischen Groß- und Kleinschreibung, statt »Bomb« könnten Sie also auch »bomb« oder »BOMB« schreiben.

Hinweis

Unterscheidet eine Programmiersprache zwischen Groß- und Kleinschreibung, so spricht man auch häufig von »case sensitivity«.

Entsprechend funktioniert der nächste Datenknoten, TEXT, auch nur, wenn Sie Text als Aktion ausgewählt haben. Ist das der Fall, können Sie einfach einen Text mit dem Datenknoten verbinden, der dann ausgegeben wird.

Die beiden folgenden Datenknoten X und Y gelten dann allerdings wieder für alle Aktionen und dienen dazu, die jeweilige Ausgabe auf dem Display zu positionieren.

Dabei ist zunächst zu beachten, dass die Ausrichtung der Achsen auf dem Bildschirm im ersten Moment etwas unintuitiv ist. Da es unserer Schriftsprache entspricht, würden wir wohl erwarten, dass wir, wenn wir 0 und 0 als Position angeben, in der oberen linken Ecke beginnen.

Der Nullpunkt des Displays befindet sich aber in der unteren linken Ecke. Da das Display des NXT 100 x 64 Pixel groß ist und die Nummerierung bei 0 beginnt, sind für den Datenknoten X Werte zwischen 0 und 99 zulässig und für Y Werte von 0 bis 63. Wenn als Aktion PUNKT gewählt wurde, so wird das angegebene Pixel einfach schwarz gefärbt.

Die nächsten beiden Knoten tragen auch X und Y in ihrem Namen, funktionieren aber nur zusammen mit der Aktion LINIE. Auch hier werden Koordinaten angegeben, die dann als Endpunkt der Linie dienen. Startpunkt sind die beiden vorangegangenen Koordinaten.

Zum Schluss bleibt noch der Knoten RADIUS. Wie der Name schon erahnen lässt, funktioniert dieser nur im Zusammenhang mit der Aktion KREIS. Und gibt den Radius des Kreises an, der gezeichnet werden soll. Als Mittelpunkt dient die X- und Y-Koordinate der entsprechenden Datenknoten.

14.2 Ausgabe von Zahlen

Bilder, Texte, Punkte, Linien und Kreise, Sie können nun schon einiges auf dem Display ausgeben, ein wichtiges Element fehlt Ihnen aber noch. Oft wird das Display als Debug-Ausgabe genutzt, also um herauszufinden, wo es eventuell Probleme in einem Programm gibt. Da unsere Programme häufig mit Zahlen-Variablen oder Sensorwerten arbeiten, wäre es deshalb auch sehr praktisch, wenn Sie Zahlen ausgeben könnten, bisher haben Sie dazu aber noch keine Möglichkeit.

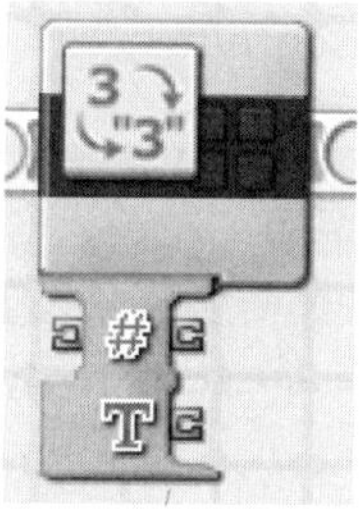

Abb. 14.4: »Konvertierung von Zahlen in Text«-Block

Aber natürlich haben die Entwickler von NXT-G auch hier mitgedacht und geben uns ein passendes Werkzeug an die Hand, mit dem wir auch Zahlen auf dem Display ausgeben können. Um genau zu sein, gibt es einen Block, der es ermöglicht, Zahlen in einen Text umzuwandeln, denn die Möglichkeit, Zahlen direkt auszugeben, gibt es in NXT-G nicht.

Zum Umwandeln verwenden Sie den Block mit dem etwas sperrigen Namen KONVERTIERUNG VON ZAHLEN IN TEXT, der auch in Abbildung 14.4 zu sehen ist. Am oberen Datenknoten können Sie eine Zahl anschließen und bekommen dann am unteren Datenausgangsknoten die Zahl als Text zurück. Die Bedienung dieses Blocks fällt also recht einfach aus, dementsprechend übersichtlich sind auch die Einstellungsmöglichkeiten, wie Abbildung 14.5 zeigt.

In den Einstellungen finden Sie lediglich das Feld ZAHL, das es ermöglicht, einen Standard-Wert einzugeben, der genutzt wird, falls am Dateneingangsknoten keine Zahl angeschlossen ist.

Abb. 14.5: Einstellungen des »Konvertierung von Zahlen in Text«-Blocks

14.3 Texte aneinanderfügen

Stellen Sie sich nun einmal vor, Sie wollten mit dem eben kennen gelernten Block Sensorwerte auf dem Display ausgeben, von zwei Tastsensoren zum Beispiel. Um die Sensorwerte auch unterscheiden zu können, sollten Sie sie jeweils in einer eigenen Zeile ausgeben und davor noch schreiben, um welchen Sensor es sich handelt, also zum Beispiel:

```
Port 1: 0
Port 2: 0
```

Um diese Ausgabe zu erreichen, gibt es verschiedene Möglichkeiten. Mit unseren bisherigen Mitteln bräuchten Sie auf jeden Fall vier Anzeige-Blöcke. Einen für »Port 1: « einen für »Port 2: « und jeweils einen für die beiden Sensorwerte. Dabei müssten Sie die X-Koordinate der beiden Anzeigeblöcke für die Sensorwerte genau so setzen, dass die Werte hinter dem Doppelpunkt anfangen. Das würde zwar prinzipiell gehen, wäre aber doch ziemlich umständlich.

Zum Glück bietet NXT-G auch hierfür ein Werkzeug, das die Arbeit deutlich einfacher macht. Mit dem Text-Block können Sie Zeichenketten addieren, sie also aneinanderfügen. Zu finden ist der Text-Block in der vollständigen Palette unter GROSSER FUNKTIONSUMFANG.

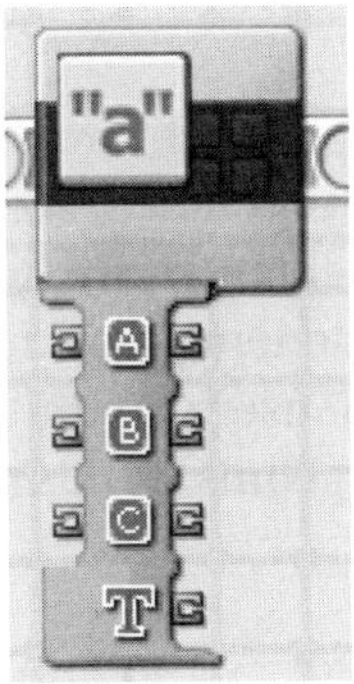

Abb. 14.6: Text-Block mit ausgeklappten Datenknoten

Der Block verfügt über drei Eingangsknoten, an denen Texte anliegen können. Am unteren Ausgangsknoten wird dann der zusammengefügte Text ausgegeben. Dabei sollten Sie beachten, dass die Texte wirklich direkt hintereinander angefügt werden. schließen Sie zum Beispiel an A den Text »Hallo«, an B »Welt« und an C ein Ausrufezeichen an, so ist das Ergebnis »HalloWelt!« ohne Leerzeichen.

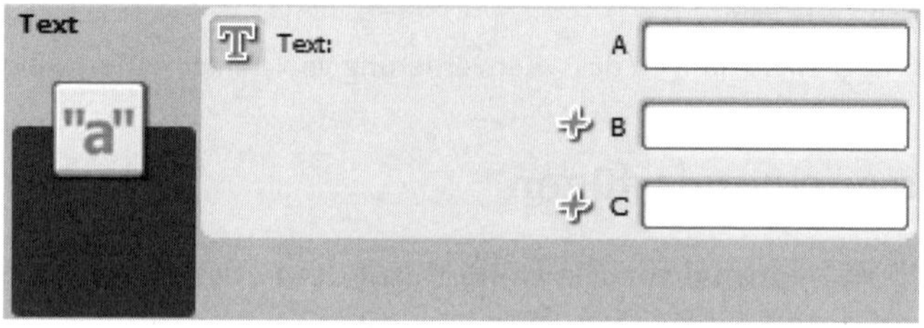

Abb. 14.7: Einstellungen des Text-Blocks

In den Einstellungen des Text-Blocks können auch feste Zeichenketten angegeben werden, die dann zu den an den Eingängen anliegenden Texten addiert werden, was zum Beispiel auch für unser Beispiel mit den Sensorwerten sinnvoll wäre.

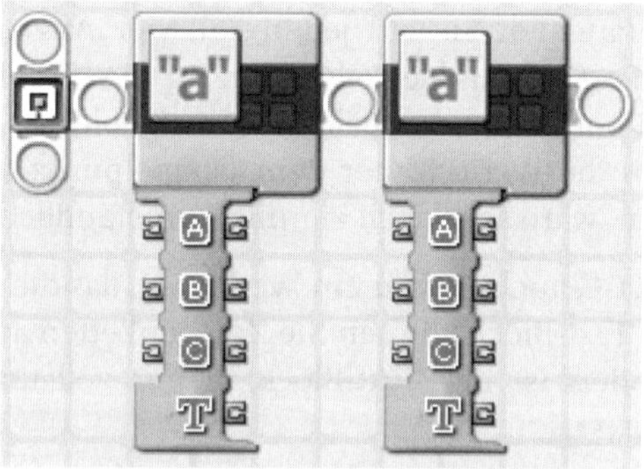

Abb. 14.8: Beispielprogramm – Schritt 1

Als ersten Schritt für unser Beispielprogramm platzieren Sie deshalb zwei Text-Blöcke und geben in den Einstellungen bei A einmal »Port 1: « und einmal »Port 2: « ein. Dabei sollten Sie darauf achten, dass nach dem Doppelpunkt jeweils noch ein Leerzeichen folgt. An den Dateneingangsknoten B unserer Text-Blöcke legen Sie dann jeweils den aktuellen Sensorwert mit Hilfe eines »Konvertierung von Zahlen in Text«-Blocks an. Das Ergebnis ist dann in Abbildung 14.9 zu sehen.

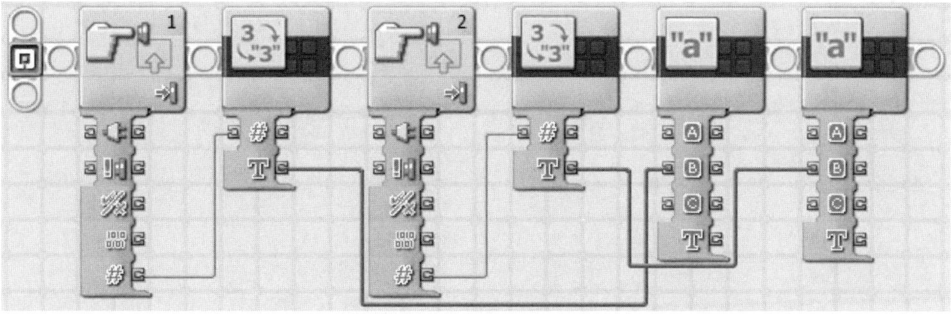

Abb. 14.9: Beispielprogramm – Schritt 2

Jetzt fehlen eigentlich nur noch die zwei Anzeige-Blöcke, die den fertigen Text ausgeben.

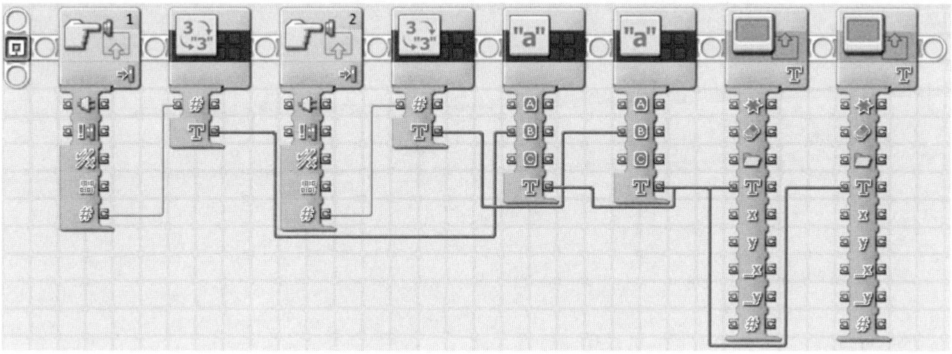

Abb. 14.10: Beispielprogramm – Schritt 3

14.4 Übungen

- Was ist der zulässige Höchstwert für eine x-Koordinate des Anzeige-Blocks?
- Was ist der zulässige Höchstwert für eine y-Koordinate des Anzeige-Blocks?
- Schreiben Sie ein Programm in NXT-G, das abwechselnd zwei verschiedene Bilder auf dem Display anzeigt. Der Abstand zwischen den Wechseln soll jeweils 2 Sekunden betragen.
- Ändern Sie das Programm aus der vorhergegangenen Aufgabe so ab, dass die Bilder nicht mehr automatisch wechseln, sondern über eine Pfeiltaste auf dem NXT gewechselt werden können.

Kapitel 15

Display-Programme

Sie haben inzwischen einiges im Umgang mit NXT-G gelernt, inklusive dem Umgang mit dem Display, höchste Zeit, Ihr Wissen in konkrete Programme umzusetzen!

15.1 Stoppuhr

Wir wollen einfach anfangen und bauen eine Stoppuhr, eine sehr rudimentäre Stoppuhr, nicht besonders hübsch, aber sie tut was sie soll, Zeit stoppen.

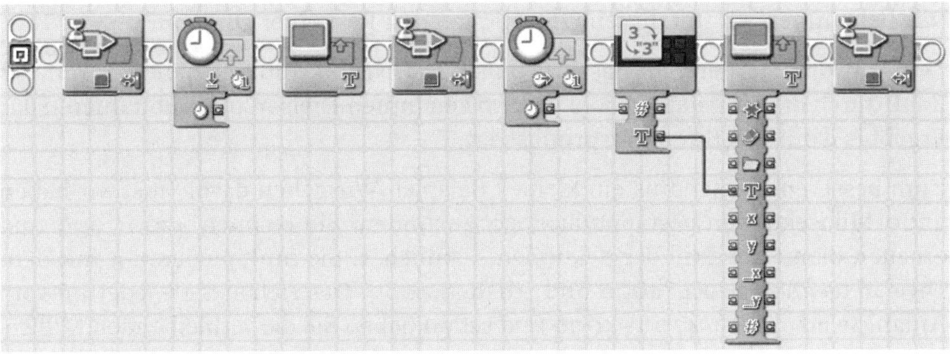

Abb. 15.1: Rudimentäre Stoppuhr in NXT-G

Zuerst platzieren Sie einen Warten-Block, der auf einen Stoß der Eingabetaste wartet. Sobald das geschehen ist, setzen Sie Timer 1 zurück und geben auf dem Display den Text »Messung laeuft« aus. Danach platzieren Sie wieder einen Warten-Block, der erneut auf einen Stoß der Eingabetaste wartet. Danach brauchen Sie nur noch den Wert des ersten Timers auf dem Display auszugeben und dahinter noch einen Warten-Block zu platzieren, damit die Anzeige nicht sofort verschwindet, schon ist unsere kleine Stoppuhr fertig.

Das war Ihnen zu einfach? Der Kniff kommt ja erst jetzt, unsere Stoppuhr gibt ihr Ergebnis nämlich in Millisekunden aus, viel lieber hätten wir die Ausgabe aber in Sekunden, also was tun?

Im ersten Moment möchte man denken, das ist doch ganz einfach, 1 Sekunde, das sind 1000 Millisekunden, also teile ich den Wert des Timers vor dem Ausgeben einfach noch durch 1000. Allerdings bekommen Sie dann zwar die Sekunden, die verbleibenden Millisekunden, die keine ganze Sekunde mehr ergeben, werden aber einfach abgeschnitten, da NXT-G keine Kommazahlen kennt. Nur Sekunden sind aber doch etwas zu ungenau für eine Stoppuhr, also muss eine andere Lösung her.

Eine Aufgabe für Mathematiker, NXT-G stellt folgende Rechenoperationen zur Verfügung:

- Addition
- Subtraktion
- Multiplikation
- Division
- Absolut-Wert (Betrag)
- Quadratwurzel

Wie bekommen wir mit diesen Operationen den Rest einer Division?

Die Antwort: Sie nehmen das Ergebnis der Division, multiplizieren es mit der Zahl, durch die Sie geteilt haben, dem so genannten Divisor, und subtrahieren das Ergebnis dann von Ihrem Ursprungswert.

Zum besseren Verständnis ein kleines Beispiel. Wir gehen davon aus, wir haben 4200 Millisekunden gestoppt, also 4,2 Sekunden. Sie rechnen 4200/1000 und erhalten damit die Zahl der Sekunden, nämlich 4. Sie multiplizieren 4 mit dem Divisor, rechnen also 4 · 1000 und erhalten 4000. Das ziehen Sie wiederum vom Anfangswert ab, also 4200 - 4000 und schon haben Sie die verbleibenden Millisekunden, nämlich 200.

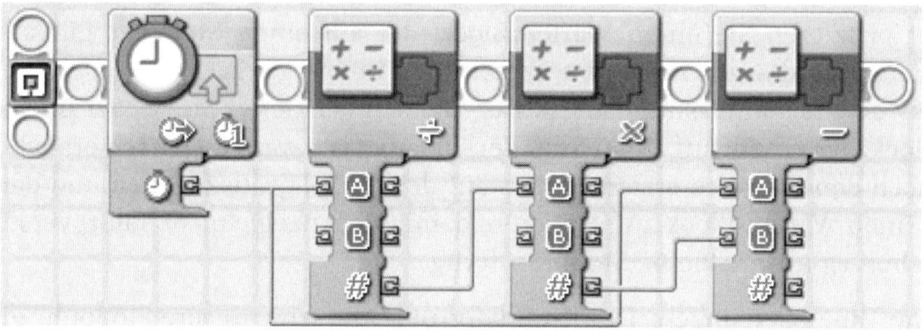

Abb. 15.2: Rest-Berechnung

Umgesetzt in NXT-G können Sie all diese Anweisungen in drei Blöcken unterbringen, wie Abbildung 15.2 zeigt.

Das war aber nur eine mögliche Lösung für das Problem, wir wollen noch eine weitere finden, diesmal mit einer Methode, die sich eher an die Programmierer als an die Mathematiker richtet. Können Sie das Problem auch nur durch Addition und Subtraktion lösen?

Die Antwort lautet ja, alles, was Sie dazu brauchen, ist eine einzige Schleife. Zunächst speichern Sie den Timer-Wert in einer Variablen zwischen, dann brauchen Sie eine Schleife mit einem Logikwert als Abbruchbedingung. Innerhalb dieser Schleife ziehen Sie dann von Ihrer Variablen immer wieder 1000 ab, bis der Wert der Variablen kleiner 1000 ist, dann brechen Sie die Schleife ab. In Ihrer Variablen stehen jetzt also die Millisekunden, wo bekommen Sie aber die Sekunden her? Dazu aktivieren Sie einfach den Zähler der Schleife, der zählt mit, wie oft die Schleife ausgeführt wird, wie oft Sie also 1000 von Ihrem Timer-Wert abziehen konnten, und damit auch, wie viele Sekunden Sie haben.

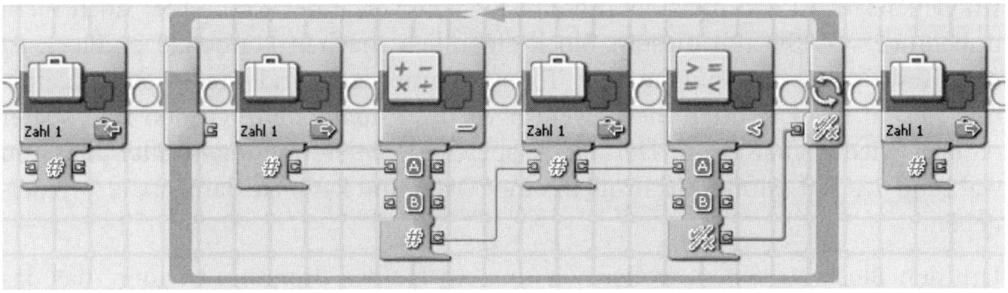

Abb. 15.3: Berechnung des Restes mit Hilfe einer Schleife

Umgesetzt in NXT-G sieht dieses Verfahren dann aus, wie in Abbildung 15.3 gezeigt. Welche der beiden Methoden Sie für Ihre Stoppuhr verwenden wollen, liegt ganz bei Ihnen.

Tipp

Wenn man lange Zeiträume stoppen möchte, kann es passieren, dass der NXT in den Schlafmodus wechselt, um Energie zu sparen. Um das zu verhindern, gibt es den Lebenserhaltung-Block, zu sehen in Abbildung 15.4, der hindert den NXT daran, in den Schlafmodus zu wechseln.

Abb. 15.4: Lebenserhaltung-Block

15.2 Aufnehmen und Abspielen

In unserem nächsten Programm werden Sie neben der praktischen Übung gleich noch einen neuen Block kennen lernen. Den Block, den wir verwenden werden, befindet sich in der vollständigen Palette in der Kategorie ALLGEMEIN und trägt den Namen Aufnahme/Abspielen-Block.

Abb. 15.5: Aufnahme/Abspielen-Block

Im Gegensatz zu den meisten anderen Blöcken verrät der Name hier noch nicht unbedingt, was Sie mit diesem Block eigentlich machen können. Der Block ist nicht etwa dafür da, Sprache oder Töne aufzunehmen und wieder abzuspielen, mit diesem Block können Sie Bewegungen des Roboters aufnehmen und später einfach wieder ausführen. Der Block speichert die Bewegungen aller Motoren während des Aufnahmezeitraums in einer Datei und kann sie dann später wiedergeben.

Um den Block zu testen, wollen wir uns ein kleines Programm bauen, das das Aufnehmen und Abspielen auf Knopfdruck übernimmt.

Dazu platzieren Sie zuerst drei Anzeige-Blöcke, die den Text »Eingabetaste druecken um Aufnahme zu starten« anzeigen, danach einen Warten-Block, der auf eben diesen Tastendruck wartet.

Abb. 15.6: Anfang Aufnahme-Programm

Danach platzieren Sie logischerweise Ihren Aufnahme/Abspielen-Block, um den es ja eigentlich geht und dessen Einstellungen wir uns jetzt noch anschauen wollen.

Als erste Option können Sie dort, wie in Abbildung 15.7 zu sehen, eine Aktion auswählen, für unseren Fall ist das erst einmal AUFNEHMEN, denn noch haben Sie ja gar nichts, das Sie ABSPIELEN könnten. Im nächsten Feld können Sie den Dateinamen angeben, unter dem Sie die Aufzeichnung speichern wollen, den brauchen Sie spätestens wieder, wenn Sie die Aufnahme wieder abspielen wollen.

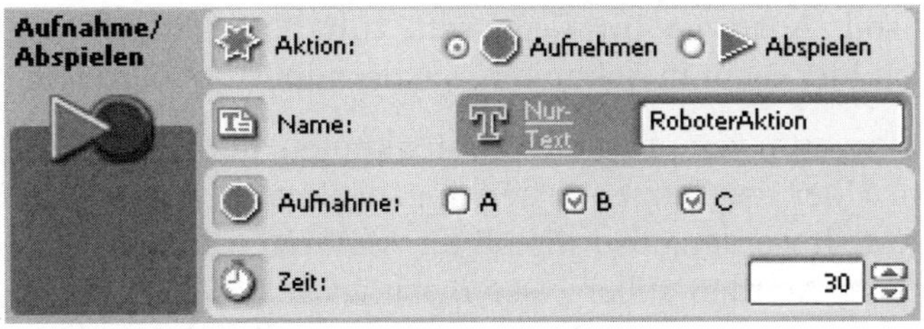

Abb. 15.7: Einstellungen des Aufnahme/Abspielen-Blocks

Darunter können Sie dann noch auswählen, für welche Motoren Sie die Bewegung aufnehmen möchten und wie lange aufgezeichnet werden soll.

Wie Sie das schon von den anderen Blöcken kennen, bietet auch der Aufnahme/Abspielen-Block eine Reihe von Datenknoten, mit denen Sie aber sogar noch zusätzliche Einstellungen vornehmen können, die es in den grafischen Einstellungen nicht gibt.

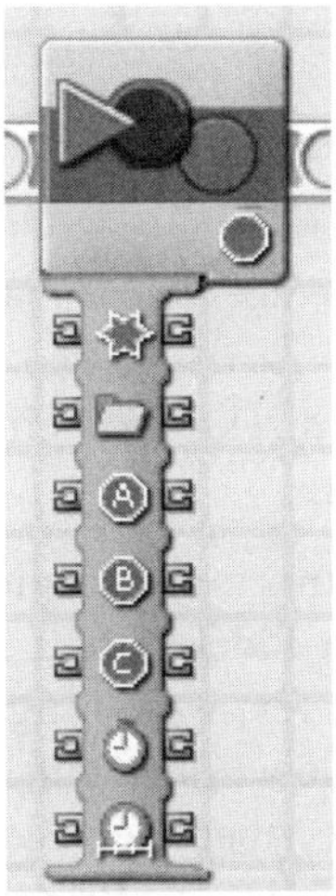

Abb. 15.8: Datenknoten des Aufnahme/Abspielen-Blocks

In Abbildung 15.8 finden Sie eine Übersicht über die verschiedenen Datenknoten. Der erste Datenknoten steuert die AKTION und erwartet entweder eine 0 für Aufnehmen oder eine 1 für Abspielen.

Dem Knoten darunter können Sie den gewünschten Dateinamen in Form eines Textes mitteilen, die drei darunter liegenden Knoten erwarten jeweils ein Logiksignal, ob Bewegungen für den entsprechenden Motor aufgezeichnet werden sollen oder nicht.

Am vorletzten Dateneingangsknoten können Sie angeben, wie lange aufgenommen werden soll. Achtung, im Gegensatz zum Einstellungs-Menü erfolgt die Angabe der Zeit hier nicht in Sekunden, sondern in Millisekunden.

Kommen wir nun zum versprochenen Datenknoten, der kein Pendant in den Einstellungen hat. Über den letzten Dateneingangsknoten können die SAMPLES PRO SEKUNDE eingestellt werden, also wie oft die Motoren während der Aufnahme pro Sekunde abgefragt werden sollen. Der maximal zulässige Wert ist hier 255. Bei maximaler Einstellung werden Bewegungen natürlich besonders genau aufgezeichnet, dafür werden aber auch sehr viele Daten produziert, die viel Speicherplatz belegen. Welche Einstellung die beste ist, hängt stark von der aufgezeichneten Bewegung ab und sollte im Einzelfall im Zweifel einfach durch Testen verschiedener Einstellungen gesucht werden.

Nachdem Sie die richtigen Einstellungen angegeben haben, müssen Sie den Aufnahme/Abspielen-Block nur noch in Ihrem begonnenen Programm platzieren und schon ist Ihr Programm zum Aufnehmen einer Bewegung fertig, wie in Abbildung 15.9 zu sehen.

Abb. 15.9: Fertiges Aufnahme-Programm

Jetzt erstellen Sie sich natürlich direkt auch ein passendes Programm, das Ihre Aufnahme wieder abspielen kann.

Auf ein Bild des fertigen Programms zum Abspielen verzichte ich an dieser Stelle, denn es sieht bis auf den letzten Block genau aus wie Abbildung 15.9. Diesmal geben Sie auf dem Display einen Text wie »Eingabetaste druecken um Aufnahme abzuspielen« aus, warten dann ebenfalls auf den Tastendruck und platzieren dahinter einfach einen Aufnahme/Abspielen-Block mit der Aktion ABSPIELEN und dem Namen Ihrer Datei und schon ist das Programm zum Abspielen fertig.

15.3 Der springende Punkt

Während das Display im Aufnahme- und Abspiel-Programm eher eine unterstützende Rolle hatte, wollen wir uns jetzt noch einmal einem Programm widmen, das sich voll auf das Display konzentriert.

Dieses kleine Programm mit dem kreativen Namen »Der springende Punkt« soll, Sie ahnen es vielleicht schon, einen kleinen Punkt über das Display hüpfen lassen, und zwar immer so lange, bis er an den Rand des Displays kommt, dort soll er abprallen und wieder zurückhüpfen.

Bevor es aber so weit ist, haben Sie noch einiges zu tun, deshalb fangen wir erst einmal klein an, indem Sie einen Kreis zeichnen. Da Sie aber jetzt schon wissen, dass Sie den Kreis später bewegen werden, erstellen Sie für die Position schon einmal zwei Variablen mit den Namen x und y. Außerdem stecken Sie Ihre Anzeige-Funktion in eine Schleife. Als Radius für den Kreis wählen Sie 2 Pixel. Deshalb initialisieren Sie Ihre Positionsdaten für den Kreis mit 2, sowohl für den x- als auch für den y-Wert, denn dann startet der Kreis genau in der linken unteren Ecke. Würden Sie hier stattdessen 0 angeben, wäre der Mittelpunkt genau am Rand und es würde somit ein Teil fehlen.

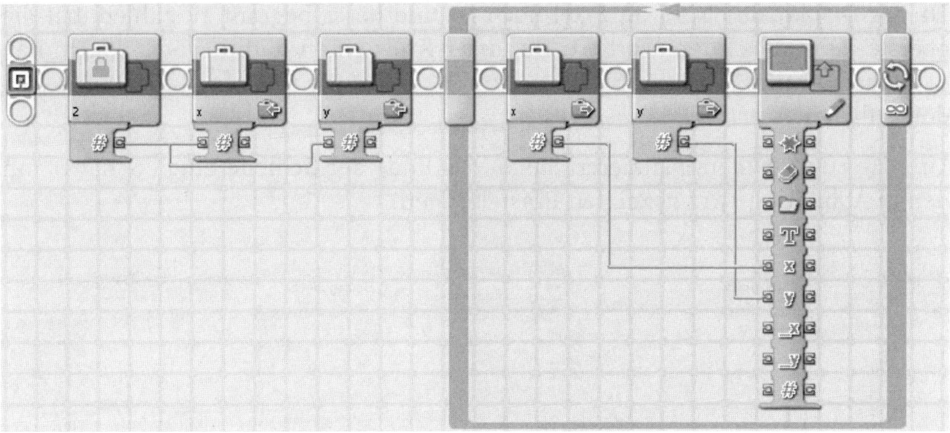

Abb. 15.10: Anfang des springenden Punktes

In ein Programm übersetzt sieht das Ergebnis dann zunächst aus, wie in Abbildung 15.10 zu sehen. Wenn Sie das Programm nun ausführen, passiert noch nichts besonders Spannendes, Sie haben einfach auf dem Display einen Punkt in der linken unteren Ecke. Deshalb wird es jetzt Zeit, dass der Punkt fliegen lernt.

Dank Ihrer Vorarbeit ist das nicht mehr sehr schwer zu realisieren. Nachdem Sie den Punkt gezeichnet haben, addieren Sie einfach zu dem Wert der x- und der y-Variablen 1 und speichern das Ergebnis.

Würden Sie das Programm jetzt allerdings so ausführen, würde der Punkt so schnell aus dem Bildschirm fliegen, dass Sie ihn gar nicht sehen könnten. Deshalb müssen Sie an den Anfang Ihrer Schleifen noch einen Warten-Block platzieren. Je länger Sie an dieser Stelle warten, desto langsamer wird der Punkt nachher fliegen. Für den Anfang ist 0,1 Sekunden ein ganz guter Wert.

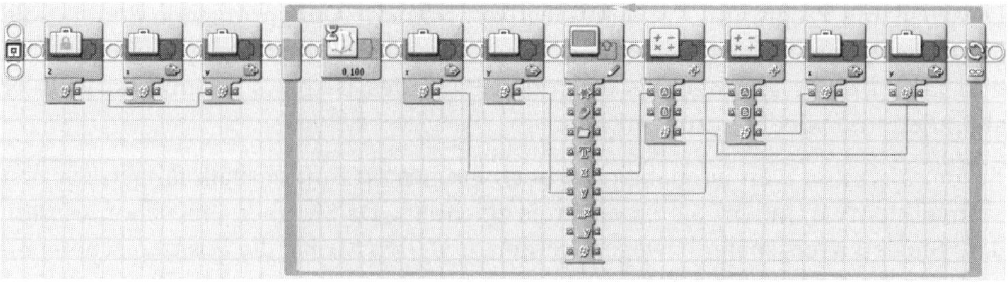

Abb. 15.11: Zweiter Ausbauschritt: Der Punkt lernt fliegen.

Wenn Sie alle Änderungen übernommen haben, sollte Ihr Programm jetzt ungefähr aussehen wie das Programm in Abbildung 15.11. Wenn Sie das Programm jetzt auf dem NXT ausführen, fliegt der Punkt quer über das Display oben aus dem Display heraus. Das wollen wir nun im nächsten Schritt verhindern.

Da das Display des NXT 64 Pixel hoch ist und bei 0 beginnt zu zählen, hat die oberste Reihe Pixel den Wert 63. Da unser Kreis einen Radius von 2 Pixeln hat, darf unsere Mitte maximal bis circa zum Pixel 60, Sie müssen Ihren Punkt also dort anhalten.

Um das zu erreichen, platzieren Sie an das Ende der Schleife einen Schalter mit den in Abbildung 15.12 gezeigten Einstellungen.

Abb. 15.12: Einstellungen für den hinzugefügten Schalter

Da Sie aber nicht nur wollen, dass Ihr Punkt dann aufhört zu fliegen, sondern wollen, dass er in die andere Richtung fliegt, müssen Sie noch eine Änderung vornehmen. Statt immer 1 auf den y-Wert zu addieren, addieren Sie auf den y-Wert jetzt eine Variable, in die Sie am Anfang des Programms eine 1 speichern und die in Ihrem Schalter, sollte die 60 anliegen, in -1 geändert wird. Und da Sie gerade dabei sind, fügen Sie Ihrem Schalter noch einen weiteren Fall hinzu, falls der Punkt nämlich die y-Koordinate 2 haben sollte, also wieder am unteren Rand angekommen ist, ändern Sie Ihre Variable, die zu y addiert wird, wieder auf 1.

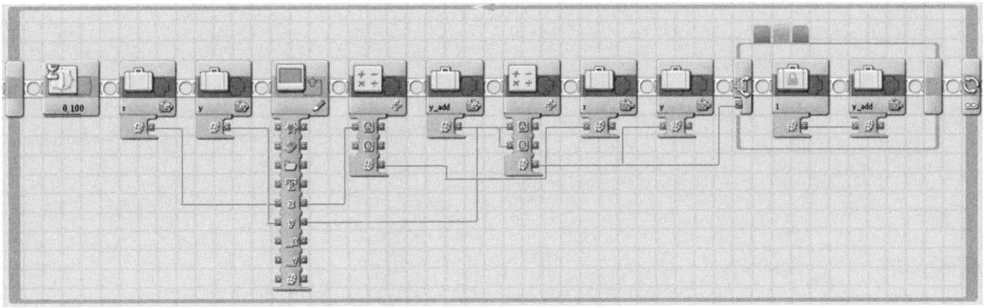

Abb. 15.13: Fast fertiges Programm

Die fertig umgebaute Schleife sieht dann aus, wie in Abbildung 15.13 zu sehen. Nun kommen wir zum letzten Schritt. Wir müssen nun noch den Fall behandeln, dass unser Punkt zu den Seiten aus dem Display fliegt. Auch dafür erstellen Sie eine Variable, die Sie auf den x-Wert addieren und die Sie mit Hilfe eines Schalters auf 1 setzen, wenn die x-Koordinate 2 wird, und auf -1 setzen, wenn die x-Koordinate 98 wird.

Wenn Sie auch diese Änderungen in das Programm eingebaut haben, haben Sie es geschafft und Ihr Punkt wird in einer Endlosschleife kreuz und quer über das gesamte Display springen, der springende Punkt eben.

Kapitel 16

Sounds

Nachdem Sie sich schon ausführlich mit dem Display beschäftigt haben und darauf jetzt die verschiedensten Ausgaben erzeugen können, wird es Zeit, dass Sie sich mit dem Lautsprecher des NXT beschäftigen. Mit dem können nämlich verschiedene Sounds und Töne wiedergegeben werden.

Abb. 16.1: Paletten-Symbol für den Klang-Block

16.1 Klang-Block

Benutzen können Sie den Lautsprecher des NXT über den Klang-Block. Mit diesem können einzelne Töne abgespielt werden oder auch Klangdateien, wie zum Beispiel die auf dem NXT abgelegten Menü-Sounds, aber auch Dateien, die mit dem Klangbearbeitungs-Tool von NXT-G erstellt wurden, das Sie schon kennen gelernt haben.

Abb. 16.2: Klang-Block

16.1.1 Töne

Wir wollen zunächst mit dem Abspielen von einfachen Tönen beginnen. Dazu wählen Sie in den Einstellungen des Klang-Blocks als AKTION den Eintrag TON, wie in Abbildung 16.3 zu sehen.

Abb. 16.3: Klang-Block-Einstellungen für die Aktion Ton

Unter dem Punkt STEUERUNG, der sich direkt unter AKTION befindet, können Sie auswählen, ob Sie einen Ton spielen wollen, mit der Option ABSPIELEN, oder ob Sie alle Töne, die gerade gespielt werden, beenden wollen, mit der Option STOPPEN. Entscheiden Sie sich für letztere Option, werden alle weiteren Einstellungen automatisch deaktiviert.

Da wir aber zuerst einmal Töne erzeugen wollen, entscheiden wir uns für die erste Option. Als Nächstes können Sie dann die Lautstärke für Ihren Ton auswählen. Auf 0 ist der Ton ausgeschaltet, auf 100 erhalten Sie die maximale Lautstärke. Der nächste Punkt in den Einstellungen mit dem Namen FUNKTION hat auf das Abspielen von Tönen keinen Einfluss, er wird erst interessant, wenn Sie sich mit dem Abspielen von Klangdateien beschäftigen.

Auf der rechten Seite der Einstellungen können Sie auswählen, welchen Ton Sie spielen wollen und wie lange. Während Sie die Länge des Tones im Eingabefeld oben rechts eingeben können, müssen Sie den Ton durch einen Klick auf die entsprechende Taste auf der Klaviatur wählen.

Das mag für Nichtmusiker im ersten Moment etwas kompliziert wirken, funktioniert im Prinzip aber ganz einfach. Hilfreich ist dabei auch, dass Sie am Computer hören, welchen Ton Sie gerade ausgewählt haben, außerdem wird der Ton auch im Feld HINWEIS mit Namen angezeigt. Etwas verwirrend bei der Benennung ist möglicherweise der Ton B, denn NXT-G verwendet die englische Notation. Der Ton B in NXT-G entspricht in der deutschen Notation dem Ton H.

Bleibt als Letztes noch die Option WARTEN: AUF ABSCHLUSS. Ist diese Option aktiviert, wird das Programm erst weiter ausgeführt, wenn der Ton zu Ende gespielt wurde, diese Option ersetzt also einen zusätzlichen Warten-Block hinter dem Klang-Block.

Wie fast jeder Block verfügt auch der Klang-Block über ausklappbare Datenknoten, über die die Einstellungen des Blocks gesteuert werden können. Die Datenknoten des Klang-Blocks sind in Abbildung 16.4 zu sehen.

Der erste Datenknoten in Form eines Sterns ist, wie Sie das von anderen Blöcken bereits kennen, dafür zuständig, die AKTION festzulegen. Beim Klang-Block haben Sie hier die Auswahl zwischen dem Abspielen einer Klangdatei (0) und dem Abspielen eines Tons (1).

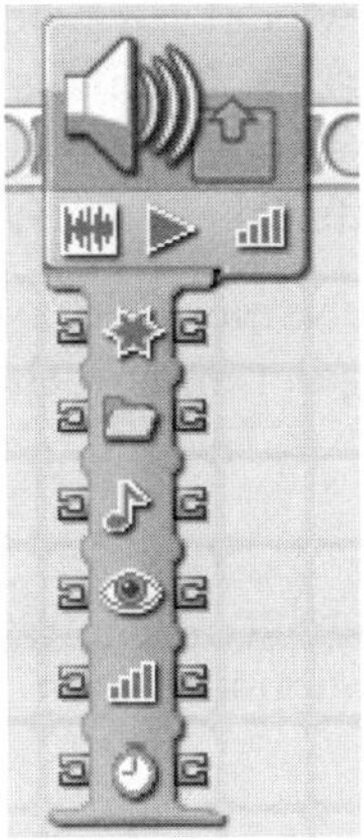

Abb. 16.4: Klang-Block mit ausgeklappten Datenknoten

Der Datenknoten darunter trägt den Namen DATEINAME und wird für uns erst im nächsten Abschnitt relevant, wenn wir uns mit dem Abspielen von Klangdateien beschäftigen, denn solange Sie als Aktion TON ausgewählt haben, wird dieser Knoten einfach ignoriert.

Beim folgenden Knoten TONFREQUENZ ist es genau andersherum, er ist nur für TON wichtig. Hier können Sie einen Ton, statt wie in den Einstellungen über eine Klaviatur, direkt mit seiner Frequenz angeben. Eine Liste mit den verschiedenen Tönen, in verschiedenen Oktaven, und den dazugehörigen Frequenzen finden Sie in Tabelle 16.1.

	3	4	5	6	7	8	9
H	247	494	988	1976	3951	7902	
A#	233	466	932	1865	3729	7458	
A	220	440	880	1760	3520	7040	14080
G#		415	831	1661	3322	6644	13288
G		392	784	1568	3136	6272	12544
F#		370	740	1480	2960	5920	11840
F		349	698	1397	2794	5588	11176
E		330	659	1319	2637	5274	10548
D#		311	622	1245	2489	4978	9956
D		294	587	1175	2349	4699	9398
C#		277	554	1109	2217	4435	8870
C		262	523	1047	2093	4186	8372

Tabelle 16.1: Tonfrequenzen

Der Datenknoten STEUERUNG ist wieder für beide Aktionen gültig. Gültige Werte sind 0 für ABSPIELEN und 1 für STOPP. Ebenfalls für beide Aktionen gültig ist der folgende VOLUMEN-Datenknoten, mit dessen Hilfe ein Lautstärkewert zwischen 0 (Ton aus) und 100 (maximale Lautstärke) eingestellt werden kann.

Der letzte Datenknoten mit dem Namen DAUER gilt nur für die Aktion TON und gibt in Millisekunden an, wie lang der entsprechende Ton gespielt werden soll.

16.1.2 Klangdateien

Nachdem wir uns mit dem Abspielen von Tönen beschäftigt haben, wollen wir nun zum Abspielen von Klangdateien kommen.

Abb. 16.5: Klang-Block – Einstellungen für die Aktion KLANGDATEI

Dazu wählen Sie als AKTION in den Einstellungen des Klang-Blocks den Eintrag KLANGDATEI. Daraufhin ändert sich nicht nur die rechte Seite der Einstellungen, sondern auch die Option WIEDERHOLEN kann jetzt genutzt werden. Aktivieren Sie sie, wird die ausgewählte Klangdatei in einer Endlosschleife wiederholt. Deshalb wird auch automatisch die Option WARTEN: AUF ABSCHLUSS deaktiviert, sobald Sie die Wiederholung aktivieren, denn beides zusammen würde recht wenig Sinn ergeben.

Auf der rechten Seite der Einstellungen kann dann noch die DATEI ausgewählt werden, die abgespielt werden soll. Damit eine Datei in der Auswahl angezeigt wird, muss sie vom Typ .rso sein und im Ordner ENGINE/SOUNDS im Installationsordner der NXT-Software abgelegt sein.

Statt eine Datei aus der Liste zu wählen, kann auch der Datenknoten DATEINAME verwendet werden und der Dateiname einfach als Text-Wert an den Datenknoten angelegt werden.

16.2 Übungen

- Welche Dateiendung müssen Sound-Dateien haben, damit der NXT sie abspielen kann?
- Schreiben Sie ein Programm, das für 5 Sekunden den C-Dur-Dreiklang spielt. Der C-Dur-Dreiklang besteht aus den gleichzeitig gespielten Tönen C, E und G. Verwenden Sie dafür lediglich Variablen und Datenknoten, nicht aber die grafischen Einstellungen. (Tipp: Tabelle 16.1 beachten!)

Kapitel 17

Dateien

Nachdem wir uns nun ausgiebig mit dem Display und dem Lautsprecher des NXT beschäftigt haben, wollen wir uns noch einmal der Verarbeitung von Daten zuwenden. Bisher speichern Sie Daten, die Sie innerhalb eines Programms verwenden und ändern wollen, in Variablen. Wie Sie bereits erfahren haben, ist der Vorteil von Variablen gegenüber Konstanten, dass Sie die Werte von Variablen verändern können.

Allerdings kann es auch einige Fälle geben, in denen auch die Möglichkeit, die Variablen bieten, um Daten und Werte zu speichern, nicht reichen, denn immer, wenn ein Programm beendet wird, verlieren Variablen ihren Wert. Es ist also nicht möglich, zum Beispiel einen Sensorwert, der bei einer früheren Ausführung des Programms erfasst wurde, bei einer erneuten Ausführung wieder zu verwenden oder gar an ein anderes Programm zu übergeben, zumindest nicht allein mit Variablen.

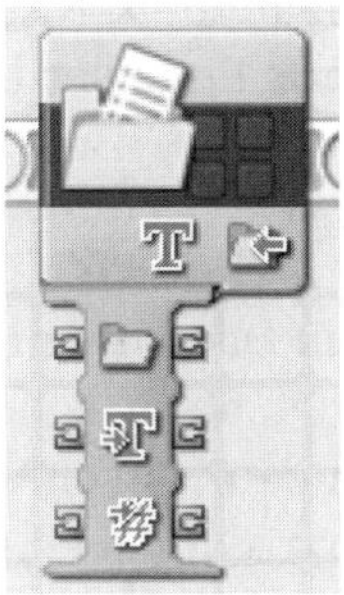

Abb. 17.1: Dateizugriff-Block

Aber, Sie werden es vermutlich schon ahnen, auch dafür bringt NXT-G das richtige Werkzeug mit, Sie haben es bisher nur noch nicht kennen gelernt. Der so genannte Dateizugriff-Block ermöglicht dauerhaftes, oder zumindest längerfristiges, Speichern von Daten, indem er sie in, der Name lässt es erahnen, Dateien auf dem Flash-Speicher des NXT schreibt und sie später auch von dort wieder lesen kann.

17.1 Schreiben

Bevor wir uns allerdings damit beschäftigen, wie wir Daten aus einer Datei wieder in ein Programm bekommen, sollten wir uns damit beschäftigen, wie wir die Daten in die Datei bekommen. Dazu schauen wir uns zunächst die Einstellungen des Dateizugriff-Blocks an, wie sie in Abbildung 17.2 zu sehen sind.

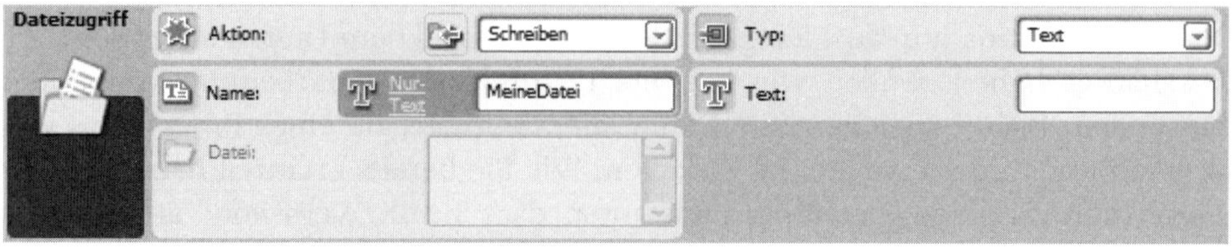

Abb. 17.2: Schreiben-Einstellungen für den Dateizugriff-Block

Die Aktion des Dateizugriff-Blocks ist, wie Sie sehen, standardmäßig schon auf Schreiben eingestellt und damit genau richtig für uns. Im Feld darunter können Sie dann den Namen eingeben, den die Datei tragen soll, in der Sie Ihre Daten speichern möchten. Hier gibt es prinzipiell zwei Möglichkeiten, entweder Sie schreiben die Daten in eine neue Datei, die noch nicht existiert, dann legt der NXT automatisch für Sie eine Datei mit dem entsprechenden Namen an, oder aber Sie wollen Ihre Daten in eine bereits existierende Datei schreiben, dann geben Sie den Namen einer Datei an, die es schon auf dem NXT gibt, und die Daten, die Sie speichern, werden dann automatisch ans Ende der Datei angefügt.

Hinweis

Wenn Sie Daten einer bestehenden Datei hinzufügen, werden diese wirklich einfach an das Ende der Datei angefügt, ohne jegliche Trennung. Schreiben Sie also zum Beispiel zuerst »Hallo« und dann »Welt!« in eine Datei, steht am Ende in der Datei »HalloWelt!«, ohne Leerzeichen oder sonstige Trennung.

Wenn der NXT während des Programmierens mit dem Computer verbunden ist, zeigt NXT-G im Feld Datei in den Einstellungen eine Liste der auf dem NXT vorhandenen Dateien an, aus der Sie dann auch direkt eine Datei auswählen können, statt ihren Namen selbst einzugeben.

Auf der rechten Seite der Einstellungen können Sie angeben, welche Daten gespeichert werden sollen. Zum einen können Sie sich für einen Typ, entweder Text oder Zahl, entscheiden, zum anderen können Sie auch direkt einen Wert vom ausgewählten Typ angeben. In der Praxis ist das natürlich meistens nicht das Mittel der Wahl, denn so können Sie immer nur einen konstanten Wert in Ihrer Datei speichern. Um wechselnde Werte in einer Datei speichern zu können, nutzen Sie die Dateneingangsknoten des Schreibzugriff-Blocks.

Die Datenknoten, die Sie zum Schreiben benötigen, sind standardmäßig bereits ausgeklappt. An erster Stelle steht der Datenknoten für DATEINAME, danach folgt jeweils ein Knoten für einen TEXT- beziehungsweise ZAHL-Wert, den Sie speichern möchten.

Für echte Profis gibt es noch eine weitere Option, die Sie über einen Datenknoten einstellen können, den Sie vorher noch ausklappen müssen. Über den Knoten ANFANGS-DATEIGRÖSSE kann, falls bekannt, die Größe einer Datei bei der Erstellung angegeben werden. Das beschleunigt die Erstellung, ist aber nicht unbedingt notwendig, da die Dateigröße andernfalls automatisch an den zu speichernden Inhalt angepasst wird.

17.2 Schließen

Sie haben die Daten nun zwar in eine Datei geschrieben, bevor Sie sie aber daraus wieder lesen können, fehlt noch ein kleiner Schritt. Jedes Mal, nachdem Sie eine Datei geschrieben haben, müssen Sie sie wieder schließen. Bevor Sie eine Datei nicht geschlossen haben, können Sie ihren Inhalt nicht lesen und riskieren beim Versuch, dass Daten verloren gehen. Deshalb muss jede Datei unbedingt nach einem Schreibzugriff wieder geschlossen werden.

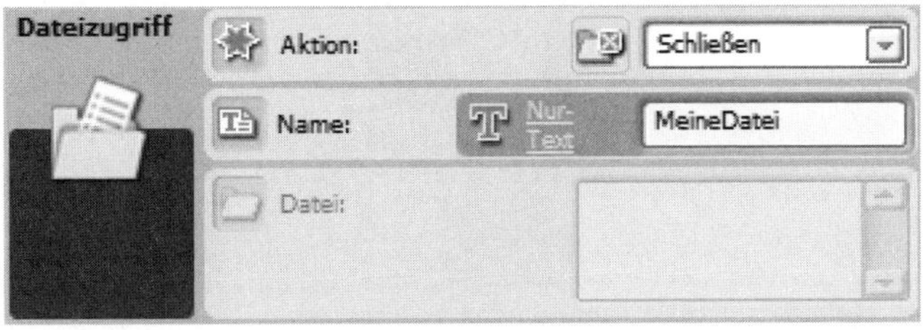

Abb. 17.3: Schließen-Einstellungen für den Dateizugriff-Block

Um eine Datei zu schließen, benötigen Sie einen Dateizugriff-Block, in dessen Einstellungen als AKTION SCHLIESSEN ausgewählt ist. Danach müssen Sie nur noch als NAME den Namen der Datei angeben, die Sie schließen möchten, und schon ist Ihre Datei geschlossen und damit auch bereit, wieder gelesen zu werden.

Auch hier können Sie bei verbundenem NXT wieder einfach eine Datei aus der Liste wählen, statt den Namen von Hand einzugeben.

17.3 Lesen

Nachdem Sie Daten nun in eine Datei schreiben können und die Datei danach auch schließen können, ist es nun an der Zeit, die Daten wiederzuholen. Dazu wählen Sie in den Einstellungen als AKTION natürlich LESEN, wie in Abbildung 17.4 gezeigt.

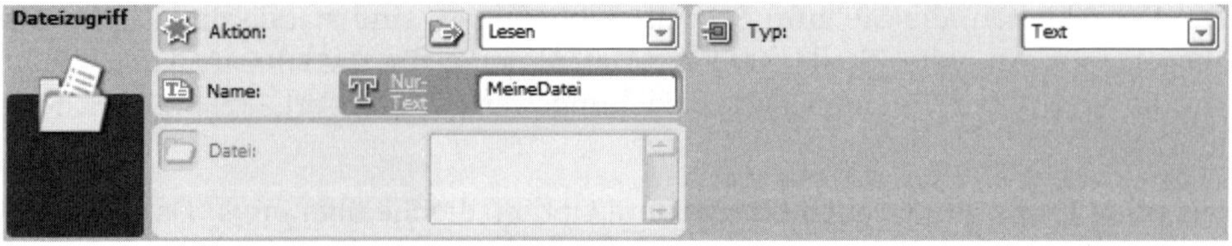

Abb. 17.4: Lesen-Einstellungen für den Dateizugriff-Block

Im Feld darunter muss der Name der Datei angegeben werden, aus der gelesen werden soll. Falls der NXT mit dem Computer verbunden ist, kann im Feld darunter auch eine auf dem NXT vorhandene Datei ausgewählt werden.

Besondere Beachtung sollten Sie an dieser Stelle dem Feld TYP widmen. Hier können Sie zwischen TEXT und ZAHL wählen und angeben, welcher Typ von Daten in der Datei gespeichert ist, die Sie lesen.

Besondere Beachtung sollten Sie dem Feld deshalb schenken, weil die Auswahl, die dort getroffen wird, nicht unbedingt mit den Tatsachen übereinstimmt. Wenn Sie zum Beispiel eine Datei haben, in der die Zahl »42« gespeichert ist, können Sie diese trotzdem als Text lesen, wenn Sie TEXT als Typ auswählen.

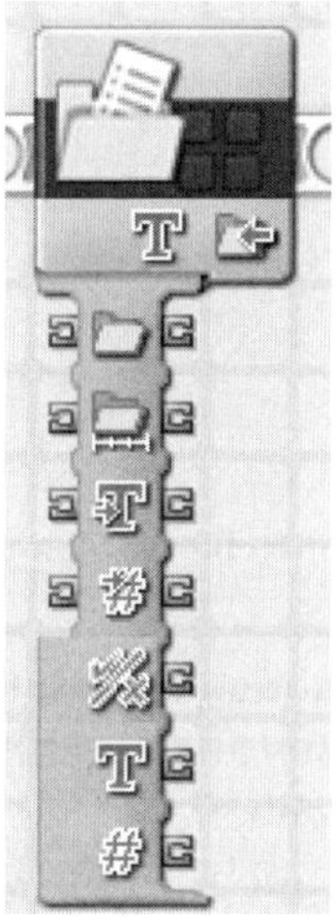

Abb. 17.5: Dateizugriff-Block mit ausgeklappten Datenknoten

Das Ergebnis Ihrer Lese-Aktion liegt dann als Wert am Datenausgangsknoten mit dem Namen TEXTAUSGABE an. In diesem Fall ist es eigentlich gar nicht schlimm, dass Sie eine Zahl mit dem Typ TEXT einlesen. Problematisch wird es aber, wenn Sie zum Beispiel eine Datei mit dem Inhalt »Hallo Welt!« haben und den Inhalt der Datei dann als Zahl lesen wollen. Weil NXT-G immer nur genau das macht, was Sie sagen, erhalten Sie dann als Wert an der ZAHLENAUSGABE auch eine gültige Zahl, den Text »Hallo Welt!« aber nicht.

Und noch eine weitere Tücke gibt es, die Sie beim Lesen aus Dateien beachten müssen. Stellen Sie sich vor, Sie speichern die Zahl »2147483647«, also die größtmögliche Zahl, die in eine Variable passt, in einer Datei. Nun schreiben Sie die Zahl 4 in dieselbe Datei. Wie Sie wissen, wird die Zahl einfach an das Ende der Datei angehängt und in der Datei steht nun die Zahl »21474836474«.

Versuchen Sie, den Inhalt der Datei als Text zu lesen, gibt es keine Probleme und Sie erhalten die korrekte Zahl, nur eben in Textdarstellung. Versuchen Sie, den Inhalt der Datei aber als Zahl zu lesen, bekommen Sie zwar eine Zahl, aber nicht die, die Sie erwartet haben, denn die ist schlicht zu groß und passt nicht in eine Zahl-Variable.

Sie sehen, beim Umgang mit Dateien muss man einige Dinge beachten. Da wir als gute Programmierer immer neugierig sein sollten, stellen Sie sich hoffentlich schon eine weitere Frage: Was passiert eigentlich, wenn man einen falschen Dateinamen eingibt?

17.4 Error handling

Ein »falscher« Dateiname, das heißt in diesem Fall, dass eine Datei angegeben wird, die gar nicht existiert. Aus der können Sie natürlich auch keine Daten lesen.

Außerdem könnten Sie sich fragen, was passiert, wenn eine Datei die maximale Größe erreicht hat oder der Speicher des NXT voll ist?

Das Behandeln dieser Fehler, die beim Arbeiten mit Dateien auftreten können, ist in den meisten anderen Programmiersprachen eine der Hauptaufgaben, die der Programmierer im Umgang mit Dateien hat. Man spricht hier auch von *error handling*, also Fehlerbehandlung. NXT-G nimmt uns diese Last zum größten Teil aber ab.

Und so ist die Antwort auf die Frage, was bei einem dieser Probleme passiert, schlicht: nichts. Während solche Fehler in anderen Programmiersprachen normalerweise zum Absturz des Programms führen, erkennt NXT-G diese Fehler und bricht die Aktion einfach ab, das heißt, es werden dann einfach keine Daten gelesen beziehungsweise geschrieben und das Programm wird normal ausgeführt.

Trotzdem sollen Sie auf eventuell auftretende Fehler in irgendeiner Form reagieren. Kann eine Datei zum Beispiel nicht geschrieben werden, weil der Speicher des NXT voll ist, kann sie später auch nicht gelesen werden und es entstehen weitere Fehler. Besser wäre es, wenn Sie erkennen können, dass die Datei nicht geschrieben werden konnte, und den Nutzer zum Beispiel dazu auffordern, andere Dateien auf dem NXT zu löschen.

Damit Sie solche Fehler erkennen können, bietet der Dateizugriff-Block noch einen zusätzlichen Datenknoten mit dem Namen FEHLER. Es handelt sich dabei um einen booleschen Wert, der 0 ist, sollte eine Lese- oder Schreib-Operation geglückt sein, und 1, falls ein Fehler aufgetreten ist.

17.5 Löschen

Eine letzte Aktion fehlt noch, dann sind Sie auch im Umgang mit Dateien echte Experten.

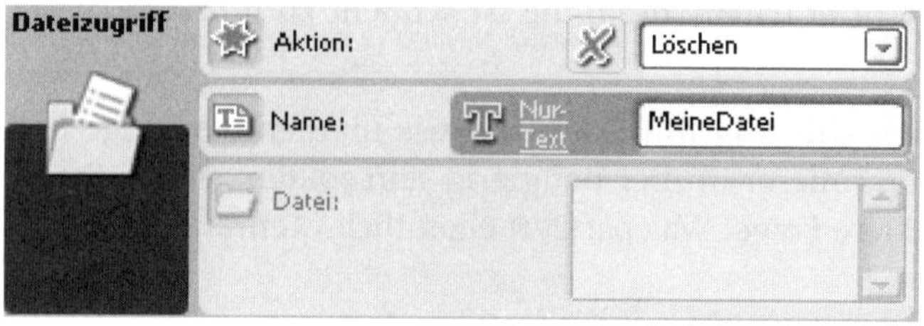

Abb. 17.6: Löschen-Einstellungen für den Dateizugriff-Block

Die Aktion LÖSCHEN erklärt sich wohl zum größten Teil von selbst. Einfach den Namen der Datei angeben, die gelöscht werden soll, oder, bei verbundenem NXT, eine Datei aus der Liste wählen.

Auch hier wird das *error handling* von NXT-G übernommen; sollte keine entsprechende Datei existieren, wird einfach am Datenausgangsknoten FEHLER der Wert 1 ausgegeben, ansonsten passiert nichts.

Nun wissen Sie zwar alles über den Dateizugriff-Block, was Sie brauchen, trotzdem haben wir unser Ziel noch nicht ganz erreicht. Unser Ziel am Anfang war, mit der Hilfe von Dateien Variablen langfristig zu speichern und auch für andere Programme zugänglich zu machen. Wie das für Zahl- und Text-Variablen funktioniert, haben Sie inzwischen auch herausgefunden. Logiksignale können Sie allerdings noch nicht speichern.

17.6 Logiksignale verarbeiten

Zwar bietet NXT-G dafür keine eigene Lösung, als guter Programmierer, der Sie ja inzwischen sind, ist es für Sie aber kein Problem, sich eine eigene Lösung zu entwerfen.

Die Idee dahinter ist recht einfach, Sie müssen die Logiksignale vor dem Abspeichern einfach in ein Format umwandeln, das Sie speichern können, und nach dem Lesen wieder zurück in ein Logiksignal. Da Variablen für Wahrheitswerte die Werte »wahr« oder »falsch« annehmen können, bietet es sich an, sie für das Speichern in die Zahl 0 für *Falsch* beziehungsweise 1 für *Wahr* umzuwandeln. Die

Logiksignale als Text abzuspeichern, würde nicht funktionieren, da NXT-G keine Operation zum Vergleichen von Texten zur Verfügung stellt, außerdem wäre der benötigte Speicherbedarf höher.

Am einfachsten umsetzen lässt sich diese Idee mit einem Schalter, der einen unterschiedlichen Speicherbefehl, je nach anliegendem Logiksignal, aufruft, in deren Einstellungen Sie 1 beziehungsweise 0 als zu speichernden Wert angeben. Der Dateiname muss dafür natürlich in beiden Fällen gleich sein. Nach dem Speichern sollten Sie nicht vergessen, die Datei wieder zu schließen.

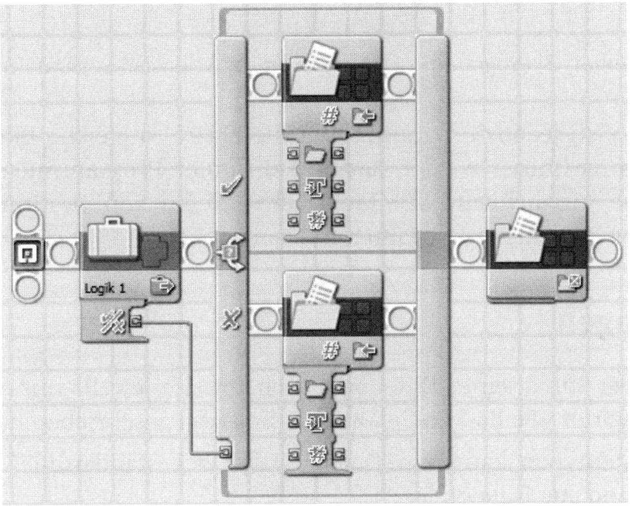

Abb. 17.7: Programm zum Abspeichern von Logiksignalen in Dateien

Als fertiges Programm sieht die Lösung zum Speichern von Logiksignalen dann aus wie in Abbildung 17.7.

Um den Inhalt der Datei nun wieder in ein Logiksignal zu verwandeln, lesen Sie einfach den Inhalt der Datei und vergleichen ihn mit Hilfe eines Vergleichen-Blocks mit der Zahl 1. Steht in der Datei eine 1, liefert der Vergleich als Ergebnis das Logiksignal »wahr«, genau wie Sie es wollten, steht in der Datei dagegen eine 0 oder etwas anderes, so bekommen Sie als Ergebnis das Logiksignal »falsch« und damit auch wieder den eingespeicherten Wert.

Das Ergebnis als Programm können Sie in Abbildung 17.8 erkennen. Das Speichern und Lesen von Logiksignalen ist also, wie Sie gesehen haben, auch möglich. Allerdings in der jetzigen Form sehr unpraktisch, besonders wenn innerhalb eines Programms mehrfach Logiksignale gespeichert und gelesen werden müssen, denn für jedes Schreiben benötigen Sie 6, für das Lesen immerhin noch 2 Blöcke, die zudem immer identisch sind.

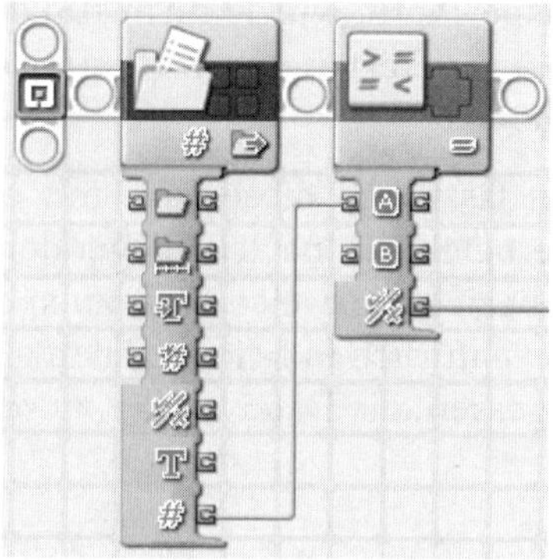

Abb. 17.8: Programm zum Lesen von Logiksignalen aus Dateien

Hier sträuben sich jedem Programmierer die Haare, 6 gleiche Blöcke innerhalb eines Programms immer wieder, das ist kein guter Programmierstil. Wir brauchen also eine Möglichkeit, das Mehrfachauftreten von bestimmten Blöcken innerhalb eines Programms eleganter zu lösen.

17.7 Übungen

- Wie sieht der Inhalt einer Datei aus, nachdem Sie jeweils mit einem eigenen Block die Wörter »Hallo« und »Welt« in die Datei geschrieben haben?
- Welche Datentypen kann ein Dateizugriff-Block standardmäßig in Dateien schreiben und aus Dateien lesen?
- Was müssen Sie nach jedem Schreibvorgang unbedingt mit einer Datei tun?

Kapitel 18

Eigene Blöcke

Immer dann, wenn Sie eine gleiche Kombination von mehreren Blöcken an verschiedenen Stellen verwenden möchten, heißt das Zauberwort in NXT-G *Eigene Blöcke*. Mit ihnen können Sie Blöcke bündeln, an beliebigen Stellen verwenden und sogar an andere Programmierer weitergeben.

18.1 Eigene Blöcke erstellen

Unser erster eigener Block soll die beiden Blöcke vereinen, die nötig sind, um einen Wahrheitswert aus einer Datei zu lesen. Die beiden Blöcke, die Sie schon im vorherigen Kapitel gesehen haben, sind noch einmal in Abbildung 18.1 zu sehen.

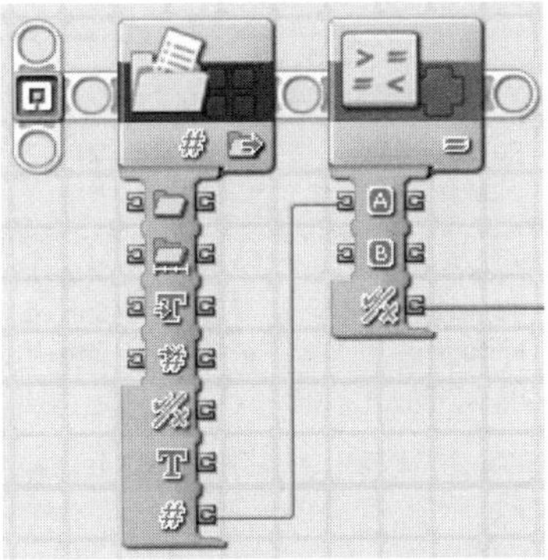

Abb. 18.1: Programm zum Lesen von Logiksignalen aus Dateien

Um daraus nun einen eigenen Block zu machen, klicken Sie etwas oberhalb des ersten Blocks mit der linken Maustaste auf eine freie Fläche und halten die Maustaste gedrückt. Jetzt können Sie mit dem Auswahlwerkzeug die beiden Blöcke markieren, indem Sie den Mauszeiger bis rechts unter den zweiten Block ziehen und die linke Maustaste dann wieder loslassen. Die beiden Blöcke sind jetzt blau umrandet, wie in Abbildung 18.2 zu sehen.

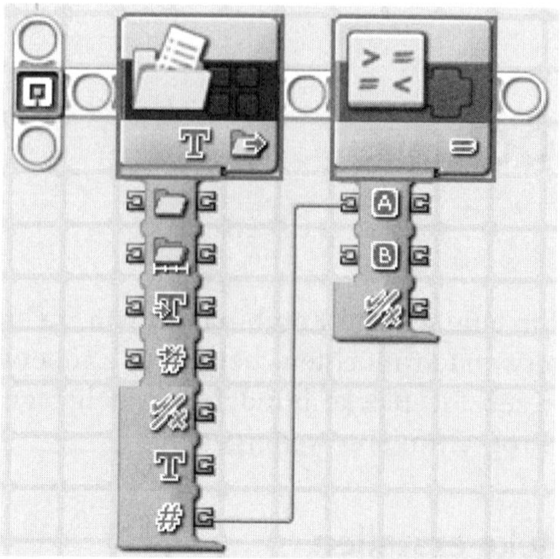

Abb. 18.2: Markierte Blöcke mit Umrandung

Wenn Sie die Blöcke markiert haben, die Sie zu einem eigenen Block zusammenfügen möchten, öffnen Sie in der oberen Menüleiste das Menü BEARBEITEN und dort den Unterpunkt NEUEN EIGENEN BLOCK ERSTELLEN.

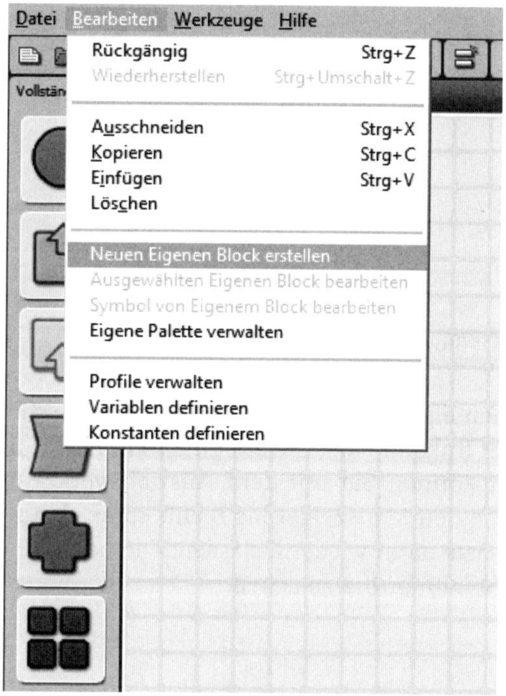

Abb. 18.3: BEARBEITEN|NEUEN EIGENEN BLOCK ERSTELLEN

Danach öffnet sich das in Abbildung 18.4 zu sehende Fenster. Hier können Sie im oberen Feld unter BLOCK-NAME angeben, wie Ihr neuer Block heißen soll. Für unser Beispiel könnten Sie hier zum Beispiel »Logiksignal lesen« angeben. Unter BLOCK-BESCHREIBUNG können Sie dann noch etwas ausführlicher sagen, was Ihr Block genau tut, das ist besonders dann sinnvoll, wenn Sie Ihren Block mit anderen Programmierern teilen wollen oder wenn Sie im Laufe der Zeit sehr viele eigene Blöcke erstellen und sich nicht mehr genau daran erinnern können, was jeder einzelne Block macht.

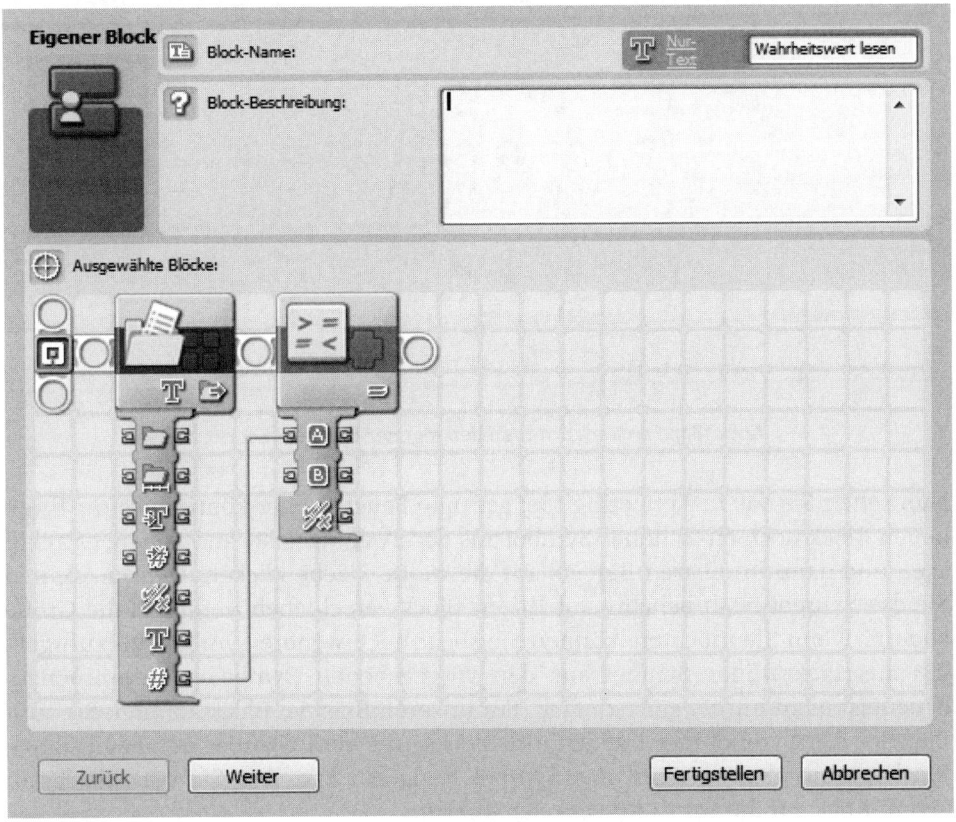

Abb. 18.4: Fenster zum Erstellen eigener Blöcke – Schritt 1

Für unser Beispiel wäre es zum Beispiel sinnvoll zu erwähnen, in welchem Format wir die Wahrheitswerte in der Datei erwarten und dass es auch einen passenden »Logiksignal schreiben«-Block gibt, den wir gleich noch erstellen werden.

Im unteren Abschnitt mit dem Namen AUSGEWÄHLTE BLÖCKE zeigt NXT noch einmal genau an, welche Blöcke Sie gerade zu einem neuen Block zusammenfügen. Ist alles korrekt, bestätigen Sie Ihre Angaben durch einen Klick auf die WEITER-Schaltfläche.

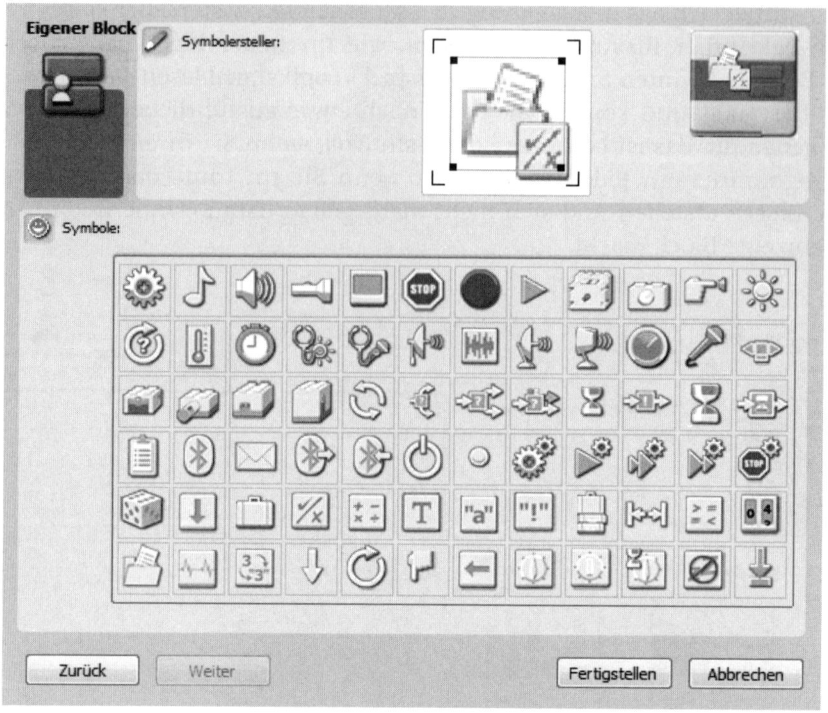

Abb. 18.5: Fenster zum Erstellen eigener Blöcke – Schritt 2

Nun sehen Sie das in Abbildung 18.5 gezeigte Fenster. Hier können Sie für Ihren neuen Block noch ein schönes Symbol aus der SYMBOLE-Liste aussuchen, es anklicken und dann im oberen Bereich auf die weiße Fläche klicken. Danach können Sie das Symbol noch beliebig auf Ihrem Block verschieben und auch die Größe ändern. Wenn Sie möchten, können Sie sogar noch weitere Symbole hinzufügen. Ein aussagekräftiges Symbol aus den vorgegebenen Symbolen zusammenzubauen, ist nicht immer ganz einfach. Für unseren Beispiel-Block könnten Sie zum Beispiel das Symbol des Dateizugriff-Blocks mit dem Symbol des Logiksignal-Blocks kombinieren. Wenn das Symbol fertig ist, erstellen Sie den Block mit einem Klick auf die FERTIGSTELLEN-Schaltfläche.

Danach wird Ihr Block automatisch an die Stelle auf dem Ablaufträger gesetzt, an der zuvor die Blöcke waren, die Sie nun ersetzt haben. Außerdem wird der Block jetzt in der eigenen Palette unter EIGENE BLÖCKE angezeigt, wie in Abbildung 18.6 zu sehen.

Tipp

Es ist auch möglich, eigene Blöcke zu erstellen, die ihrerseits wiederum auch eigene Blöcke beinhalten.

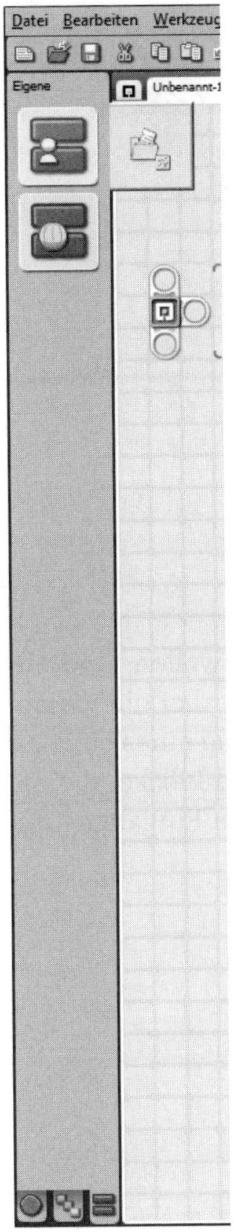

Abb. 18.6:
Eigene Palette

Wann immer Sie Ihren Block jetzt in einem Programm positionieren, können Sie sich die Blöcke, die er zusammenfasst, anschauen, indem Sie auf Ihren eigenen Block doppelklicken. Dadurch können Sie auch Änderungen an Ihrem Block vornehmen.

Vorsicht

Änderungen, die Sie in einem Programm an einem eigenen Block vornehmen, wirken sich auch auf alle anderen Programme aus, in denen der eigene Block verwendet wird.

Abb. 18.7: Unser »Logiksignal lesen«-Block

Aber wenn Sie sich Ihren fertigen Block anschauen, sollte Ihnen sofort auffallen, dass hier etwas noch nicht ganz stimmen kann, denn der Block besitzt weder einen Datenausgangsknoten, an dem Sie ablesen könnten, welches Logiksignal in der Datei gespeichert ist, noch haben Sie eine Möglichkeit, anzugeben, welche Datei Sie überhaupt lesen wollen.

Sie brauchen also noch eine Möglichkeit, Ihren eigenen Block mit Datenknoten zu versehen.

Um das zu erreichen, müssen Sie das Ursprungsprogramm von Abbildung 18.1, aus dem Sie den eigenen Block erstellt haben, etwas anpassen. Alle Datenknoten, die Sie später an Ihrem eigenen Block haben wollen, müssen Sie zunächst als Variablen in Ihr Ausgangsprogramm einfügen, zu sehen in Abbildung 18.8. Je nachdem, ob es sich um einen Eingangs- oder um einen Ausgangsknoten handeln soll, führen Sie einen Lese- oder Schreib-Zugriff auf die Variable aus.

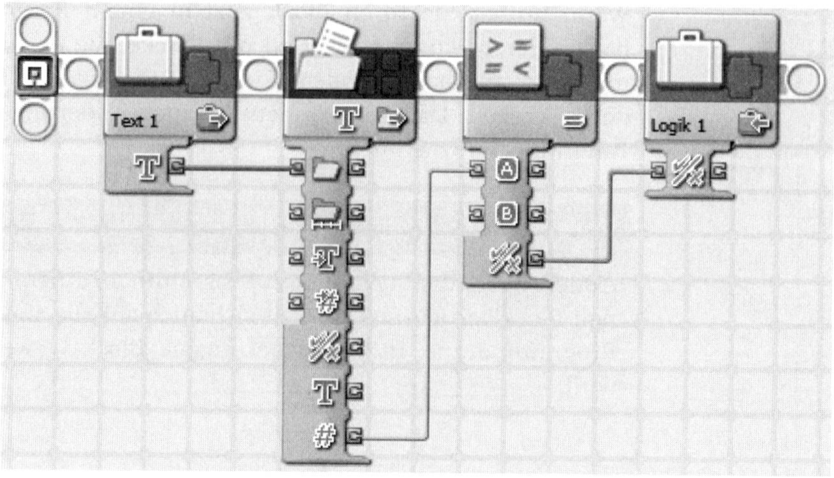

Abb. 18.8: Lese-Programm erweitert und Variablen

Nun markieren Sie wieder die Blöcke, die Sie zusammenfassen wollen, und ein Stück von den Datenleitungen, die zu den Variablen führen, nicht aber die Variablen-Blöcke selbst. Wenn Sie nun wieder die Prozedur zur Erstellung eines eigenen Blocks durchgehen, erkennen Sie schon in der Übersicht, die die Blöcke, die Sie zusammengefasst haben, noch einmal anzeigt, dass Sie nun einen Eingangs- und einen Ausgangsknoten haben.

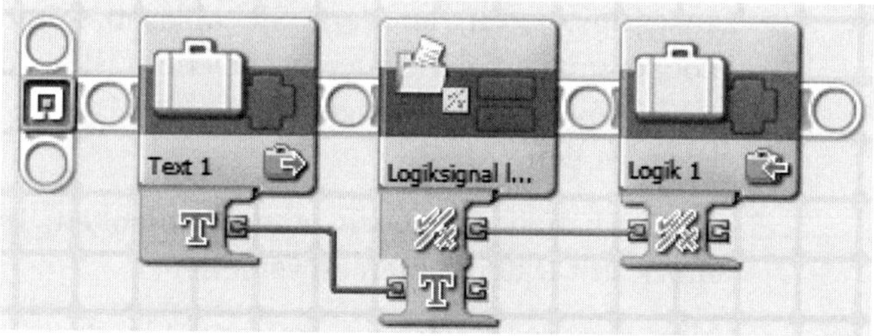

Abb. 18.9: Fertiger »Logiksignal lesen«-Block

Und damit ist Ihr erster eigener Block auch endgültig fertig, Sie können ihn nun wie in Abbildung 18.9 gezeigt einsetzen, um Logiksignale aus Dateien zu lesen.

Jetzt wäre es natürlich noch sinnvoll, auch einen eigenen Block zum Speichern von Logiksignalen zu erstellen. Dazu nehmen Sie als Grundlage auch wieder das Programm, das wir im vorherigen Kapitel erstellt haben. Wie schon beim Lesen brauchen Sie auch hier Datenknoten. Auf jeden Fall brauchen Sie zwei Eingangsknoten, um den Wert, der gespeichert werden soll, und die Datei, in der gespeichert werden soll, zu übergeben.

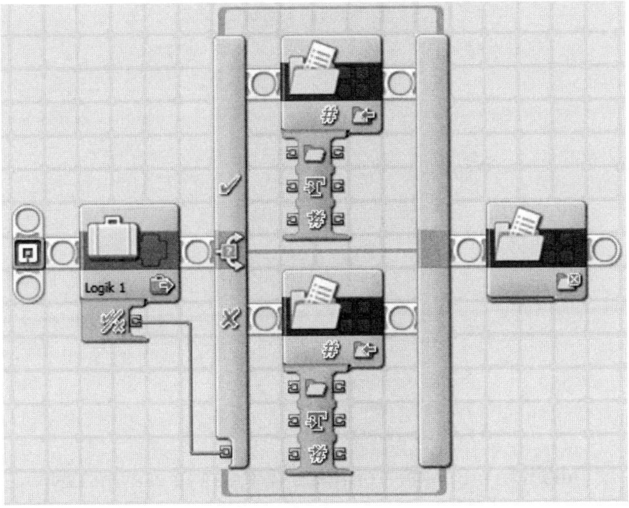

Abb. 18.10: Programm zum Abspeichern von Logiksignalen in Dateien

Da das Programm, wie in Abbildung 18.10 zu sehen, schon über eine Variable verfügt, müssen Sie diese nicht einmal extra einfügen. Wenn Sie nun wieder die Schritte durchgehen zur Erstellung eines eigenen Blocks, erhalten Sie einen eigenen Block, der Logiksignale in einer Datei speichern kann.

Mit diesen beiden Blöcken können Sie nun sehr einfach in allen Programmen, die Sie erstellen, Logiksignale in Dateien speichern und auch wieder lesen.

Wenn Sie möchten, können Sie jetzt zum Beispiel noch einen Datenausgangsknoten an Ihre eigenen Blöcke basteln, der ausgibt, ob beim Schreiben beziehungsweise Lesen ein Fehler passiert ist oder ob alles wie geplant funktioniert hat.

18.2 Blöcke teilen

Eigentlich ist der neue Block so schön geworden, dass es geradezu eine Verschwendung wäre, wenn nur Sie ihn nutzen, Sie sollten Ihren Block mit dem Rest der Welt teilen, denn Logiksignale speichern wollen mit Sicherheit noch mehr Programmierer außer Ihnen.

Am einfachsten können Sie Ihren Block mit der Welt teilen, indem Sie auf das BEARBEITEN-Menü klicken und dort auf EIGENE PALETTE VERWALTEN. Dann öffnet sich in einem Fenster ein Ordner, in dem es wiederum zwei Unterordner mit den Namen EIGENE BLÖCKE und WEB-BLÖCKE gibt.

Abb. 18.11: BEARBEITEN|EIGENE PALETTE VERWALTEN

Im Ordner EIGENE BLÖCKE sind alle Blöcke abgelegt, die Sie auch in der eigenen Palette in NXT-G sehen. Sie müssen einfach nur die Datei mit dem richtigen Namen heraussuchen und können Ihren Block dann mit anderen teilen, indem Sie ihnen einfach die entsprechende Datei schicken.

Bekommen Sie wiederum einen Block von einem anderen Programmierer, können Sie diesen im Ordner WEB-BLÖCKE ablegen und ihn dann zukünftig auch benutzen.

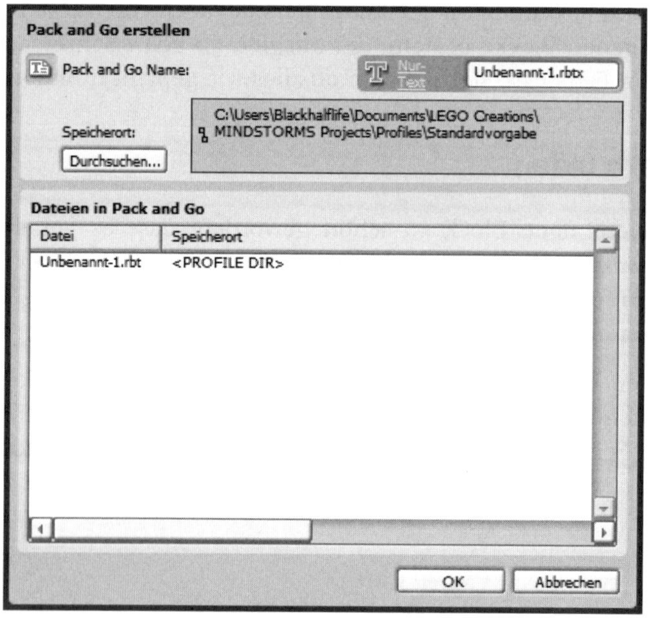

Abb. 18.12: PACK AND GO-Fenster

Etwas vornehmer funktioniert das Exportieren von Blöcken noch mit der Funktion PACK AND GO ERSTELLEN aus dem WERKZEUGE-Menü. Wenn Sie dieses Werkzeug aufrufen, nachdem Sie den Block durch Doppelklick geöffnet haben, können Sie hier im in Abbildung 18.12 zu sehenden Fenster angeben, unter welchem Namen und Pfad der Block gespeichert werden soll, das Ergebnis ist aber gleich.

18.3 Blöcke importieren

Vielleicht ist Ihnen im WERKZEUGE-Menü schon der ASSISTENT BLOCK-IMPORT UND -EXPORT aufgefallen und Sie haben sich gefragt, warum wir den nicht verwenden, um Blöcke zu teilen.

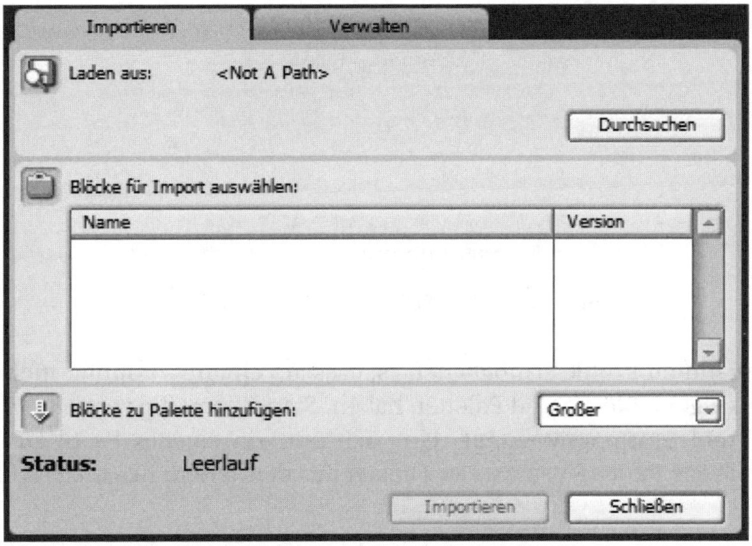

Abb. 18.13: WERKZEUGE|ASSISTENT BLOCK-IMPORT UND -EXPORT

Auch wenn es der Name natürlich suggeriert, mit diesem Werkzeug können Sie keine eigenen Blöcke exportieren oder die Blöcke anderer Nutzer importieren.

Lego bietet auf der NXT-Website zum Beispiel Blöcke für die Verwendung alter RCX-Motoren und -Sensoren an und es gibt Dritthersteller von Sensoren, die ebenfalls eigene Blöcke anbieten. Diese Blöcke haben oft ganz eigene Symbole, die nicht nur eine Kombination aus vorhandenen Symbolen sind und nicht notwendigerweise nur aus anderen Standard-Blöcken bestehen, sondern sie können auch auf tiefere Systemschichten zugreifen.

Und genau um diese Art von Blöcken importieren und exportieren zu können, brauchen Sie den ASSISTENT BLOCK-IMPORT UND -EXPORT.

Hinweis

Haben Sie einen besonders interessanten, hilfreichen oder kuriosen eigenen Block erstellt, den Sie gerne mit anderen teilen möchten? Schicken Sie Ihren Block per E-Mail an `info@daniel-braun.com` und Ihr Block wird auf `www.daniel-braun.com` veröffentlicht und anderen Lesern zugänglich gemacht.

18.4 Profile

NXT-G bietet im Zusammenhang mit Blöcken noch eine Komfortfunktion, die besonders für Nutzer interessant ist, die mit mehreren Personen eine Version der NXT-G-Software verwenden.

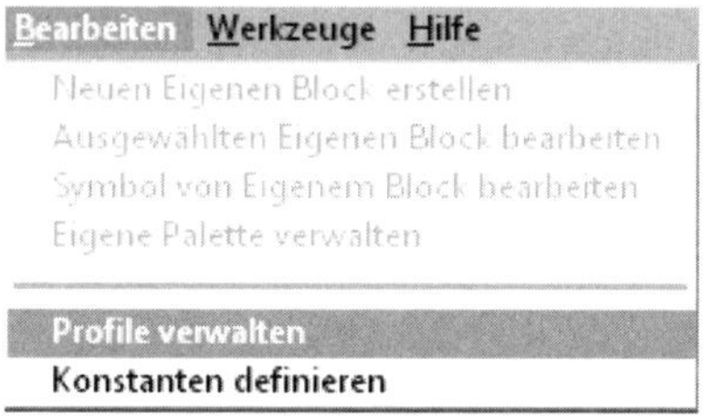

Abb. 18.14: BEARBEITEN|PROFILE VERWALTEN

Die so genannten Profile ermöglichen es, dass am einem Computer mehrere Nutzer jeweils eigene Blöcke und Paletten haben. Standardmäßig verwenden alle Nutzer das Profil STANDARDVORGABE. Um sich nun ein eigenes Profil zu erstellen, müssen Sie das PROFILE VERWALTEN-Fenster aus dem Menü BEARBEITEN öffnen.

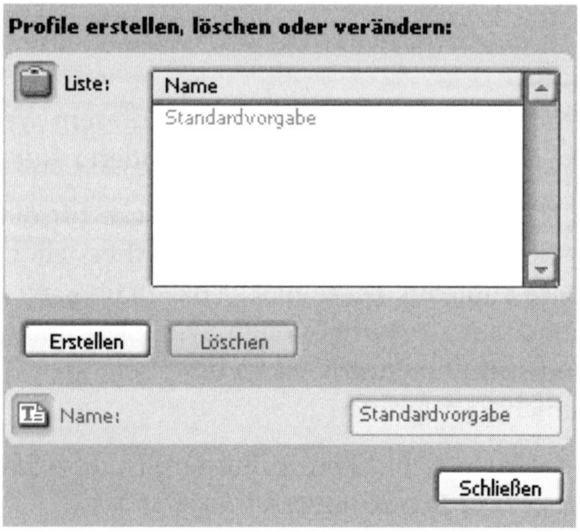

Abb. 18.15: Fenster zum Verwalten der Profile

In diesem Fenster können Sie dann über den ERSTELLEN-Button ein neues Profil erstellen und dem Profil im Feld NAME noch einen Namen zuweisen. Haben Sie erst einmal ein oder auch mehrere Benutzerprofile erstellt, können Sie zwischen den Profilen wechseln, indem Sie die Auswahlliste mit dem Namen BENUTZERPROFIL am rechten Rand der Symbolleiste nutzen, wie in Abbildung 18.16 gezeigt.

Abb. 18.16: Benutzerprofil-Auswahl

Dabei sollten Sie beachten, dass Sie über Ihr neues Profil zunächst keinen Zugriff auf bisher erstellte eigene Blöcke haben. Sollten Sie einen Block von einem Profil in ein anderes Profil übernehmen wollen, so müssen Sie den Block wie in Abschnitt 18.2 gezeigt kopieren.

18.5 Übungen

- In Kapitel 13 haben Sie als Übung ein Programm geschrieben, dass x^y berechnet, wandeln Sie dieses Programm in einen eigenen Block um, der jeweils einen Eingangsknoten für x und y besitzt und einen Ausgangsknoten für das Ergebnis!
- Erstellen Sie einen eigenen Block zum Berechnen von Fakultäten!

Hinweis

Die Fakultät ist eine mathematische Funktion. Die Fakultät einer Zahl x wird auch geschrieben als »x!«. Die Fakultäts-Funktion ist wie folgt definiert:

```
0! = 1
1! = 1
2! = 1 · 2 = 2
3! = 1 · 2 · 3 = 6
4! = 1 · 2 · 3 · 4 = 24
...
```

Beispielprogramme

Nachdem Sie nun wissen, wie Sie eigene Blöcke erstellen können, werden wir uns einem größeren Projekt widmen. Dabei werden Sie sehen, dass es dank der eigenen Blöcke auch bei größeren Programmen noch möglich ist, den Überblick zu behalten, und werden merken, wie praktisch die Möglichkeit der Erstellung eigener Blöcke ist.

19.1 Sensoren kalibrieren

Am Anfang des Buches, in Kapitel 6, haben Sie bereits gesehen, dass Sie Sensoren mit der NXT-G-Computer-Software kalibrieren können. Womit wir uns bisher aber noch nicht beschäftigt haben, ist die Möglichkeit, diese Kalibrierung auch direkt am NXT mit einem Programm vorzunehmen. NXT-G bietet dafür einen eigenen Block, den in Abbildung 19.1 zu sehenden Kalibrieren-Block.

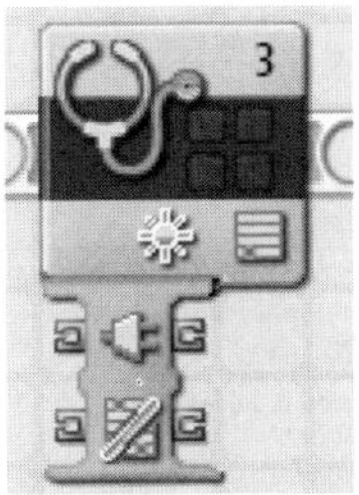

Abb. 19.1: Kalibrieren-Block

In den Einstellungen des Kalibrieren-Blocks können Sie angeben, welche Art von Sensor Sie kalibrieren möchten, LICHTSENSOR oder KLANGSENSOR, ob Sie ein MAXIMUM oder MINIMUM angeben möchten und an welchen PORT der Sensor angeschlossen ist, von dem Sie dieses Maximum beziehungsweise Minimum lesen wollen.

Abb. 19.2: Einstellungen des Kalibrieren-Blocks

Sie können zum Kalibrieren also keinen Wert direkt angeben, sondern immer nur einen aktuellen Sensor-Wert verwenden. Wenn Sie unter AKTION statt KALIBRIEREN den Eintrag LÖSCHEN wählen, können Sie eine gespeicherte Kalibrierung löschen.

Nun wollen wir mit Hilfe des Kalibrieren-Blocks und des Displays ein Programm erstellen, das für jeden Sensor verwendet werden kann, um ihn zu kalibrieren. Dazu werden wir vom Nutzer viele Eingaben brauchen, zum Beispiel um welche Art von Sensor es sich handelt, an welchen Port er angeschlossen ist und so weiter.

Als erste Abfrage sollten Sie den Benutzer fragen, welche Aktion er durchführen möchte, denn wenn er nur die Kalibrierung löschen möchte, brauchen Sie keine weiteren Angaben, wie zum Beispiel den Port, und sind schnell fertig. Damit der Nutzer später überhaupt weiß, welche Auswahlmöglichkeiten er hat, müssen Sie diese auf dem Display anzeigen, dazu benötigen Sie gleich drei Anzeige-Blöcke.

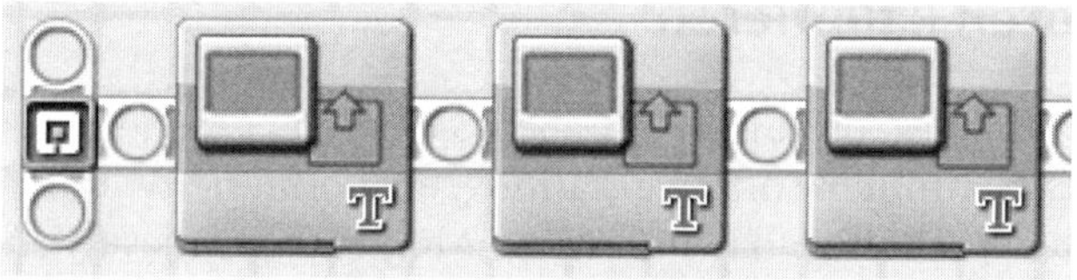

Abb. 19.3: Anzeige-Blöcke

Der erste der drei Blöcke zeigt den Text »Aktion waehlen:« in der zweiten Zeile des Displays an und erklärt dem Nutzer sozusagen, worum es gerade geht.

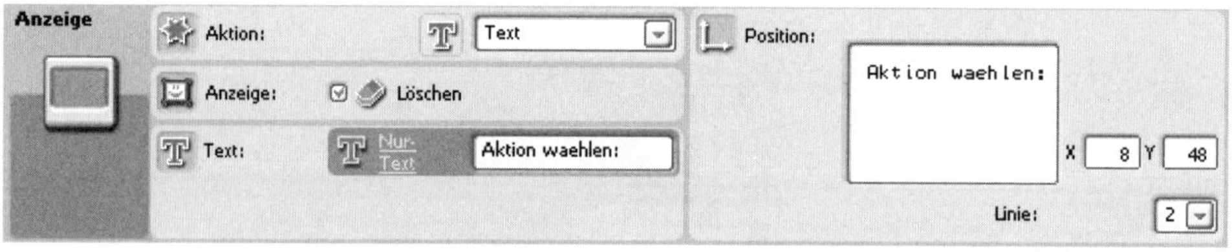

Abb. 19.4: Einstellungen für den ersten Anzeige-Block

Die beiden folgenden Blöcke zeigen dem Nutzer dann seine Auswahlmöglichkeiten an, die in diesem Fall aus KALIBRIEREN und LÖSCHEN bestehen. Durch einen Pfeil < beziehungsweise > vor dem jeweiligen Sensor zeigen Sie dem Nutzer, dass er seine Wahl über die Pfeiltasten des NXT treffen kann. Wichtig ist, dass Sie unter ANZEIGE die Option LÖSCHEN bei diesen beiden Blöcken, wie in Abbildung 19.5 zu sehen, unbedingt deaktivieren müssen, da sonst nur der Text des letzten Blocks angezeigt und die der vorherigen gelöscht werden würden. Außerdem sollten Sie natürlich darauf achten, unterschiedliche Linien für die Ausgabe auszuwählen, da die Texte sonst ineinander stehen würden.

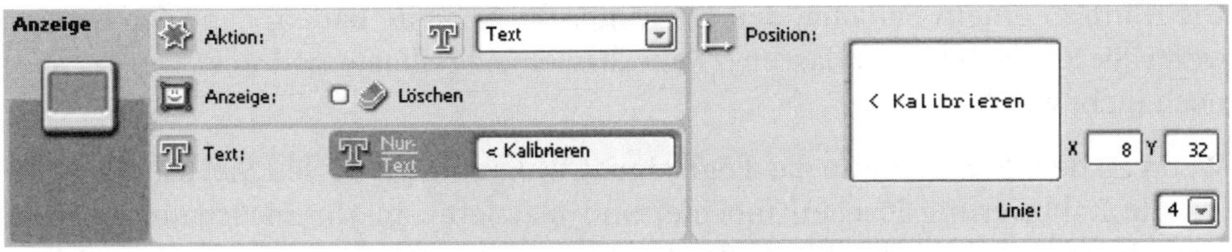

Abb. 19.5: Einstellungen für den zweiten Anzeige-Block

Jetzt muss das Programm noch darauf warten, dass sich der Nutzer entscheidet. Wenn Sie auf etwas warten müssen, dann brauchen Sie immer eine Schleife. Konkret sieht die Schleife wie in Abbildung 19.6 gezeigt aus.

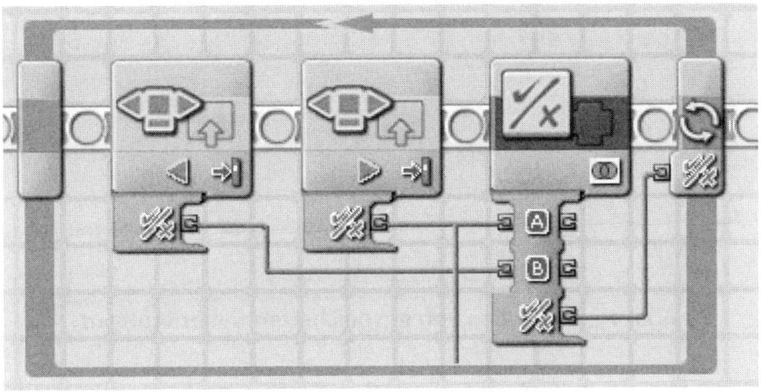

Abb. 19.6: Schleifen-Block

Der Logiksignal-Block innerhalb der Schleife enthält eine Oder-Operation, sein Ausgangswert ist also wahr, sobald eine der beiden Tasten gedrückt wurde, denn dann wollen wir ja nicht mehr warten, sondern weitermachen. Dementsprechend ist die Schleife so eingestellt, dass sie wiederholt wird, bis das anliegende Logiksignal wahr wird, also eine der beiden Tasten gedrückt wurde. Wie Sie in Abbildung 19.6 schon erkennen, gibt es auch eine Verbindung zum Logiksignal, die die Schleife verlässt.

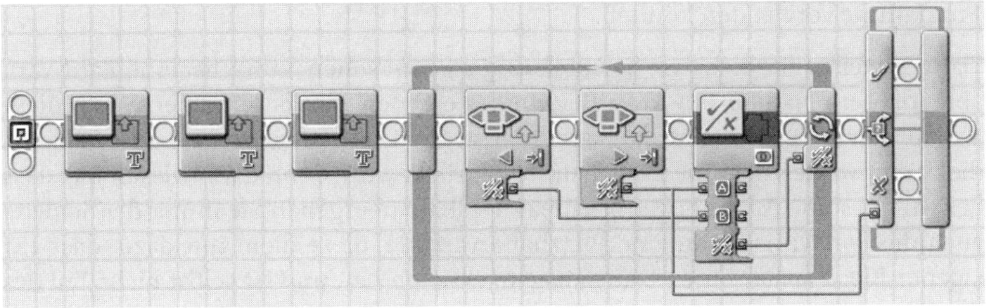

Abb. 19.7: Zwischenstand Kalibrierungs-Programm

Die führt zu einem Schalter, den Sie hinter die Schleife bauen, denn Sie wissen, wenn Sie die Schleife verlassen zwar, dass eine Pfeiltaste gedrückt wurde, aber noch nicht welche.

Wenn an dem Schalter nun das Logiksignal *Wahr* anliegt, wissen Sie, dass der Nutzer die Kalibrierung löschen möchte, und platzieren in Ihrem Schalter deshalb einfach einen Kalibrieren-Block mit der Aktion LÖSCHEN.

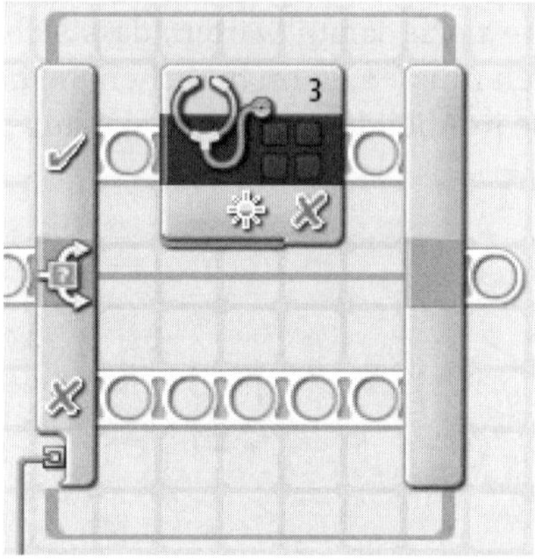

Abb. 19.8: Löschen von gespeicherten Kalibrierungen

Etwas komplizierter wird es für den Fall, dass ein Sensor neu kalibriert werden soll, dann benötigen Sie als Nächstes nämlich die Angabe eines Ports. Da der NXT gar nicht genug Tasten hat, um jeder Auswahlmöglichkeit eine eigene Taste zuzuordnen, müssen Sie hier etwas anders vorgehen. Sie werden es dem Nutzer ermöglichen, mit einer Pfeiltaste zwischen den verschiedenen Ports zu wechseln, bis er den korrekten Port ausgewählt hat, und diese Auswahl dann mit der Eingabetaste des NXT zu bestätigen. Da das Hauptprogramm sonst zu unübersichtlich würde, werden Sie sich für die Auswahl des Ports einen eigenen Block anlegen, der einen Datenausgangsknoten besitzt, der die Nummer des ausgewählten Ports zurückgibt. Vorteil davon ist auch, dass Sie diesen Block eventuell auch für andere Programme verwenden können.

Dafür erstellen Sie sich, wie in Abbildung 19.9 zu sehen, zunächst eine Zahl-Variable mit dem Namen PORT. Zu Beginn des eigenen Blocks schreiben Sie in diese Variable eine 1, sozusagen als Standardauswahl. Dann brauchen Sie eine Schleife, die darauf wartet, dass die Eingabetaste gedrückt wird, denn dann wissen Sie, dass der Nutzer seine Auswahl getroffen hat. Deshalb übergeben Sie hinter der Schleife auch die Port-Variable an eine Platzhaltervariable, diese dient nur dazu, dass Ihr eigener Block später einen Datenausgangsknoten hat, und ist selbst nicht Teil des Blocks.

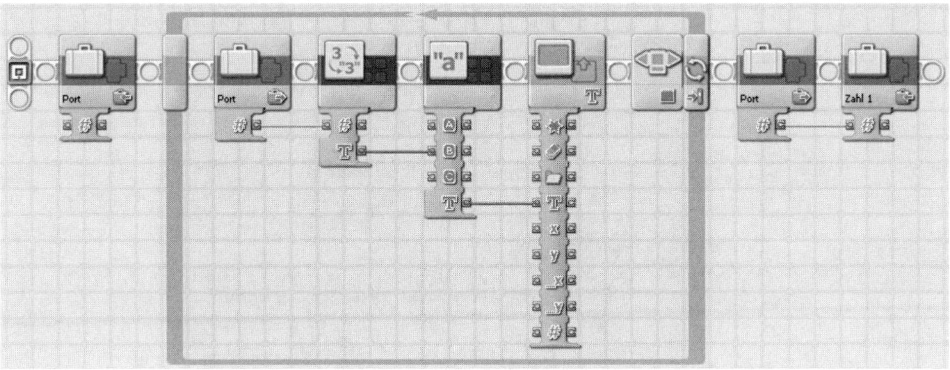

Abb. 19.9: Eigener Block zur Ausgabe des Sensor-Ports

Innerhalb der Schleife zeigen Sie zunächst nur den aktuell gewählten Port an, dazu wandeln Sie die gespeicherte Zahl für den Port in einen Text um und verknüpfen ihn mit Hilfe eines Text-Blocks, dessen Einstellungen in Abbildung 19.10 zu sehen sind. Diesen Text geben Sie dann einfach noch mit einem Anzeige-Block aus.

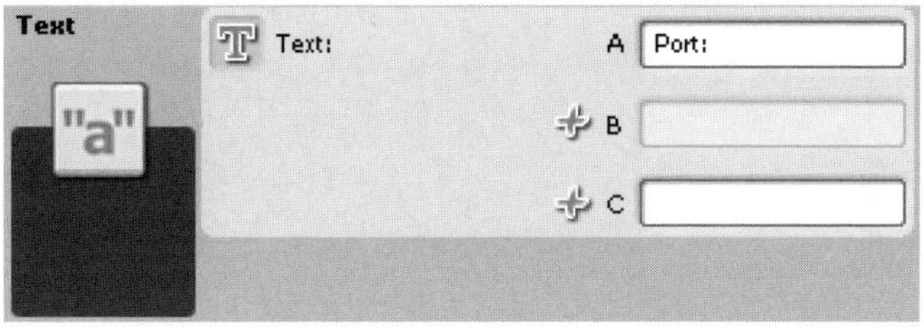

Abb. 19.10: Einstellungen des Text-Blocks

Allerdings fehlt jetzt noch die Möglichkeit, den gewählten Port zu verändern. Um das zu ermöglichen, platzieren Sie zunächst noch ans Ende der Schleife einen Anzeige-Block, der den Text »Port aendern >« ausgibt, damit der Nutzer weiß, wie er den Port ändern kann. Dahinter platzieren Sie dann einen Schalter, der auf einen STOSS der rechten Pfeiltaste reagiert. An dieser Stelle müssen Sie einen Stoß statt eines Drucks verwenden, da die Zahl sonst so lange erhöht wird, wie Sie die Taste drücken, und nicht einmal pro Druck. Wird die Taste gedrückt (und wieder losgelassen), addieren Sie auf Ihre Port-Variable einfach die Zahl 1. Allerdings dürfen Sie das nur so lange, bis die Port-Variable den Wert 4 erreicht hat, drücken Sie dann noch einmal auf die Pfeiltaste, müssen Sie wieder bei 1 anfangen.

Umgesetzt in NXT-G sieht das Ganze dann aus wie in Abbildung 19.11 zu sehen. Sie lesen die Port-Variable und vergleichen sie mit 4. Ergibt dieser Vergleich das Ergebnis *Wahr*, speichern Sie in der Port-Variablen die Zahl 1, ansonsten lesen Sie den Wert von PORT, addieren 1 dazu und speichern den neuen Wert in der Variablen.

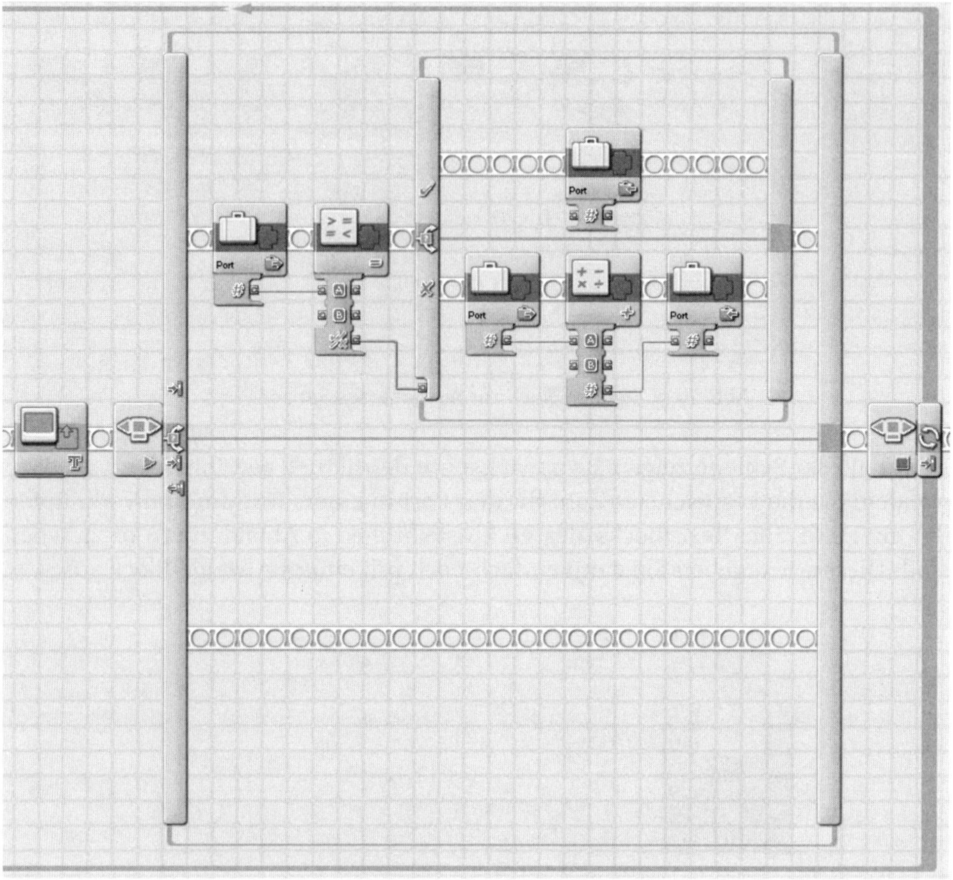

Abb. 19.11: Verändern der Port-Variablen

Ihren fertigen Block können Sie nun in Ihrem Hauptprogramm platzieren, wie in Abbildung 19.12 gezeigt.

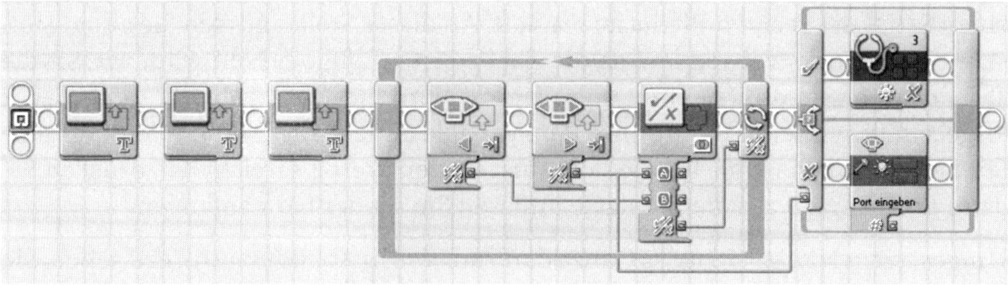

Abb. 19.12: Hauptprogramm mit eingebautem »Port eingeben«-Block

Um die Sensoren kalibrieren zu können, fehlt jetzt nur noch die Angabe, ob Sie mit Hilfe eines Maximums oder eines Minimums kalibrieren möchten.

Zur besseren Übersicht werden Sie auch das in einen eigenen Block auslagern, der über einen Datenausgangsknoten *Wahr* zurückliefert, falls Sie einen Maximalwert kalibrieren, und *Falsch* für einen Minimalwert.

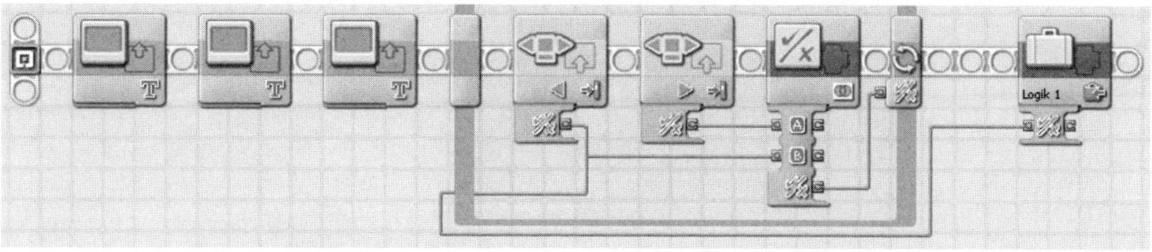

Abb. 19.13: Eigener Block für Minimal-/Maximalwert

Wie Sie in Abbildung 19.13 sehen können, gleicht der Aufbau unseres eigenen Blocks sehr der Abfrage am Anfang unseres Hauptprogramms, die Sie auch noch in einen eigenen Block hätten auslagern können.

Drückt der Nutzer die linke Pfeiltaste, wählt er aus, dass er gerne einen Maximalwert angeben möchte, der Rückgabewert Ihres eigenen Blocks wird *Wahr.* Drückt er dagegen die rechte Pfeiltaste, ist der Rückgabewert *Falsch* und es wird ein Minimalwert angegeben.

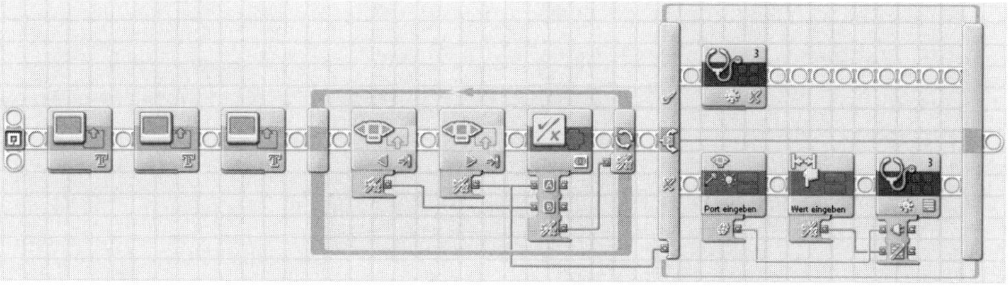

Abb. 19.14: Fertiges Kalibrierungs-Programm

Nun können Sie Ihren fertigen eigenen Block in Ihrem Hauptprogramm platzieren, zusammen mit einem Kalibrieren-Block, an dessen Dateneingangsknoten Sie die Datenausgangsknoten Ihrer eigenen Blöcke anschließen, und schon ist Ihr Kalibrierungsprogramm fertig.

Wie Sie in Abbildung 19.14 sehen, ist es trotz der Verwendung eigener Blöcke schwer, das Programm überhaupt noch auf eine Seite zu bekommen, nun stellen Sie sich vor, wie groß das Programm wäre, wenn Sie alle Blöcke direkt in Ihrem Hauptprogramm platziert hätten, statt sie in andere Blöcke auszulagern. Sie hätten selbst kaum noch den Überblick behalten können und Fehler wären fast unmöglich zu finden gewesen. Deshalb sollten Sie beim Erstellen eigener Programme ab einer gewissen Größe immer dazu übergehen, zusammengehörige Teile eines Programms in eigene Blöcke auszulagern, um Ihr Programm übersichtlich zu halten.

Kapitel 20

Bluetooth

Sie haben nun schon allerhand mit dem NXT angestellt und fast alle Blöcke kennen gelernt, die NXT-G zu bieten hat. Ein Thema haben wir bisher allerdings noch ausgeklammert, und zwar die Kommunikation zwischen zwei Robotern über eine drahtlose Bluetooth-Verbindung.

20.1 NXTs verbinden

Bevor Sie Programme erstellen können, die zwei NXTs miteinander kommunizieren lassen, müssen Sie die Roboter erst einmal miteinander verbinden. Das geschieht aber nicht innerhalb eines Programms, sondern im Menü des NXT.

Um eine Verbindung zwischen zwei NXTs herstellen zu können, stellen Sie zuerst sicher, dass beide Roboter eingeschaltet sind und Bluetooth aktiviert ist. Ob die Bluetooth-Verbindung eines NXT aktiviert ist, erkennen Sie am Bluetooth-Icon in der oberen linken Ecke des Displays, in Abbildung 20.1 mit einem Pfeil markiert, das nur angezeigt wird, wenn Bluetooth aktiviert ist.

Abb. 20.1: Pfeil: Bluetooth-Icon

Sollte das Icon nicht zu sehen sein, müssen Sie unter BLUETOOTH|ON/OFF den Menüeintrag ON wählen und mit einem Druck auf die Eingabetaste wird Bluetooth aktiviert. Außerdem muss auf mindestens einem der beiden NXTs die Option VISIBILITY auf VISIBLE gestellt sein. Diese Option finden Sie, sobald Bluetooth aktiviert wurde, ebenfalls im Menü BLUETOOTH.

Damit haben Sie alle Vorbereitungen getroffen, um die beiden Geräte miteinander zu verbinden. Im nächsten Schritt öffnen Sie auf einem NXT den Punkt SEARCH im BLUETOOTH-Menü. Der NXT beginnt jetzt damit, die Umgebung nach anderen Bluetooth-Geräten zu durchsuchen. Neben dem anderen NXT können dabei auch

Handys oder Computer in der Umgebung mit aktiviertem Bluetooth gefunden werden. Damit auch der andere NXT gefunden werden kann, muss auf dem gesuchten NXT unbedingt die Funktion VISIBLE wie eben beschrieben aktiviert werden.

Wenn alles richtig eingestellt ist, sollte der NXT in der Liste der gefundenen Geräte aufgeführt werden, nachdem die Suche beendet wurde. Wählen Sie den NXT jetzt aus und wählen Sie anschließend eine Verbindungsnummer zwischen 1 und 3 aus. Welche Verbindung Sie wählen, ist egal, Sie sollten sich die Nummer nur merken. Ihre Wahl bestätigen Sie mit der Eingabetaste. Nun sollten die beiden NXTs miteinander verbunden werden. Wenn zwei NXTs zum ersten Mal verbunden werden, muss auf beiden zur Sicherheit noch ein Schlüssel eingegeben werden, damit die beiden NXTs auch tatsächlich aufeinander zugreifen dürfen. Ob die Verbindung erfolgreich war, erkennen Sie daran, dass auf dem Display neben dem Bluetooth-Logo nicht mehr wie in Abbildung 20.1 ein < angezeigt wird, sondern < >.

20.2 Nachrichten senden

Nun können Sie sich an ein Programm wagen, das es ermöglicht, dass zwei NXTs miteinander kommunizieren. Zunächst wollen wir eine Nachricht von einem NXT an den anderen senden. Zum Senden benutzen Sie zunächst den so genannten Master-NXT. Bei der Kommunikation zwischen zwei NXTs gibt es immer einen Master und einen Slave, also einen Herrn und einen Diener.

Master ist immer der NXT, über den die Verbindung hergestellt wurde, also der NXT, mit dem Sie den anderen gesucht haben. Um zwischen zwei Robotern zu kommunizieren, müssen Sie nicht nur ein Programm schreiben, sondern immer zwei, jeweils eins für den Master und eins für den Slave.

In unserem Beispielprogramm wollen wir den Master einen Text an den Slave senden lassen und dieser soll den empfangenen Text dann auf dem Display ausgeben.

Zunächst brauchen Sie also einen Block, der Ihnen das Senden von Texten per Bluetooth ermöglicht. Einen passenden Block finden Sie unter VOLLSTÄNDIGE PALETTE in der Gruppe AKTION.

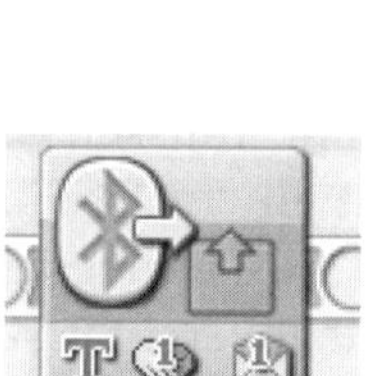

Abb. 20.2: »Nachricht senden«-Block

Der Block, den Sie suchen, ist der »Nachricht senden«-Block, der in Abbildung 20.2 zu sehen ist. Die Einstellungen des Blocks werden in Abbildung 20.3 gezeigt und sind, wie Sie sehen, relativ übersichtlich.

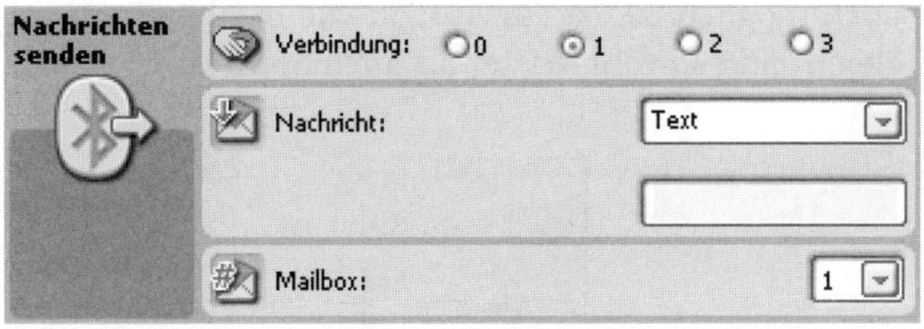

Abb. 20.3: Einstellungen »Nachricht senden«-Block

In der ersten Reihe geben Sie unter VERBINDUNG an, welche Nummer die Verbindung zum anderen NXT hat, hier ist also die Nummer gefragt, die Sie sich eben, hoffentlich gut, gemerkt haben.

Die Auswahlmöglichkeiten werden Sie eventuell etwas verwundern, schließlich konnten Sie beim Verbinden nur zwischen 1, 2 und 3 auswählen, nicht aber 0. Hier kommt wieder das Master-Slave-Prinzip zum Tragen. Während Sie am Master-NXT die Wahl zwischen 3 möglichen Verbindungen haben, speichert der Slave-NXT die Verbindung zum Master automatisch immer in der Verbindung mit der Nummer 0. Aus diesem Grund kann ein Slave auch nie mehr als einen Master haben, umgekehrt kann ein Master aber bis zu drei Slaves haben, wie Abbildung 20.4 verdeutlicht.

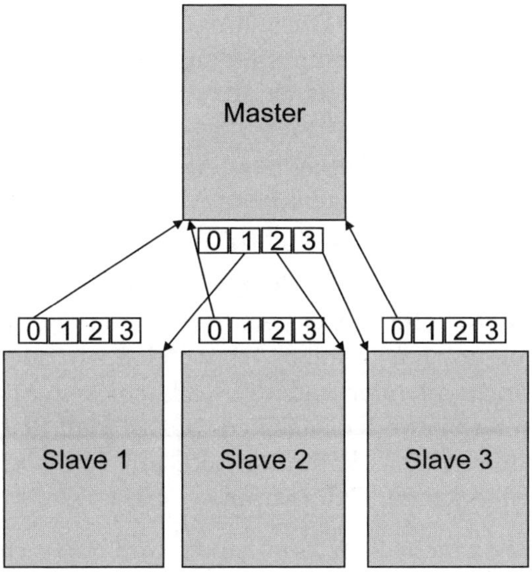

Abb. 20.4: Master-NXT verbunden mit drei Slaves

Trotzdem kann man auch drei NXTs miteinander kommunizieren lassen, die Kommunikation muss nur immer über den Master laufen, dazu aber später mehr.

Was übrigens auch möglich ist, ist ein Aufbau wie in Abbildung 20.5 gezeigt, bei dem ein NXT gleichzeitig sowohl Master als auch Slave ist.

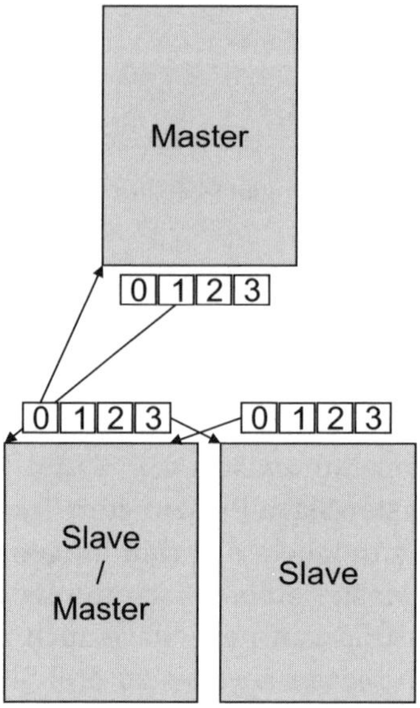

Abb. 20.5: Aufbau mit drei NXTs, einem Master, einem Slave/Master und einem Slave

Aber jetzt zunächst zurück zu den Einstellungen des »Nachricht senden«-Blocks. Nachdem Sie also die Verbindungsnummer angegeben haben, kommen Sie jetzt zur NACHRICHT. Hier haben Sie im ersten Auswahlfeld zunächst die Wahl, von welchem Typ Ihre Nachricht ist, entweder TEXT, ZAHL oder LOGIKSIGNAL. Da wir zunächst einen Text senden wollen, können Sie die Einstellung darauf belassen. Vom weiteren Ablauf macht es übrigens keinen Unterschied, welchen Typ Sie wählen, das Versenden von Zahlen und Logiksignalen funktioniert genau so einfach.

Jetzt fehlt nur noch die Einstellung für die Mailbox. Jeder NXT, egal ob Master oder Slave und egal mit wie vielen NXTs er gerade verbunden ist, hat zehn Mailboxen, nummeriert von 1 bis 10. Eine Mailbox ist wie eine Art Briefkasten. Jedes Mal, wenn Sie eine Nachricht an einen anderen NXT schicken, müssen Sie sagen, in welchen Briefkasten Sie sie werfen möchten. Das ist zum Beispiel wichtig, wenn ein Master mit mehreren NXTs kommuniziert, um den Überblick zu behalten, welche Nachricht von welchem NXT stammt.

Außerdem haben Sie so mehr Platz zum Senden von Nachrichten, denn in jeden solchen Briefkasten passen immer nur fünf Nachrichten. Kommt eine sechste Nachricht dazu, wird die älteste Nachricht, die sich noch in der Mailbox befindet, gelöscht, deshalb sollte der Empfänger stets darauf achten, seine Mailbox regelmäßig zu leeren.

Da wir in unserem ersten Beispielprogramm aber nur eine Nachricht an einen Empfänger senden wollen, belassen Sie die Einstellung für MAILBOX einfach auf 1.

Und damit ist Ihr Programm im Prinzip auch schon fertig, Sie können mit ihm jetzt Nachrichten über Bluetooth versenden.

20.3 Nachrichten empfangen

Wenn Sie das Programm jetzt zum Testen starten, passiert ... nichts. Warum? Der Master sendet die Nachricht an den Slave, zumindest falls Sie bei der Verbindung keinen Fehler gemacht haben, aber der braucht natürlich auch noch ein Programm, der die hereinkommenden Informationen verarbeitet.

Einen Block, der das ermöglicht, finden Sie ebenfalls unter der allgemeinen Palette, allerdings in der Kategorie SENSOR.

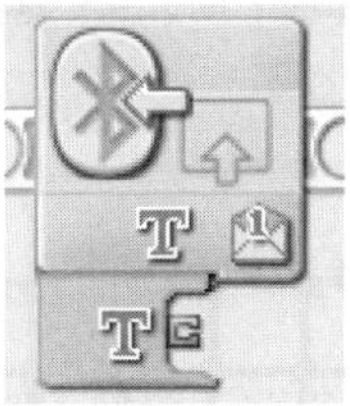

Abb. 20.6: »Eingehende Nachricht«-Block

Der Block, den Sie benötigen, ist der »Eingehende Nachricht«-Block, zu sehen in Abbildung 20.6. Die Einstellungen dieses Blocks fallen noch etwas spartanischer aus als die des »Nachricht senden«-Blocks, denn beim Empfangen ist es egal, über welche Verbindung Sie die Nachricht bekommen haben, alle eingehenden Nachrichten landen in den Mailboxes.

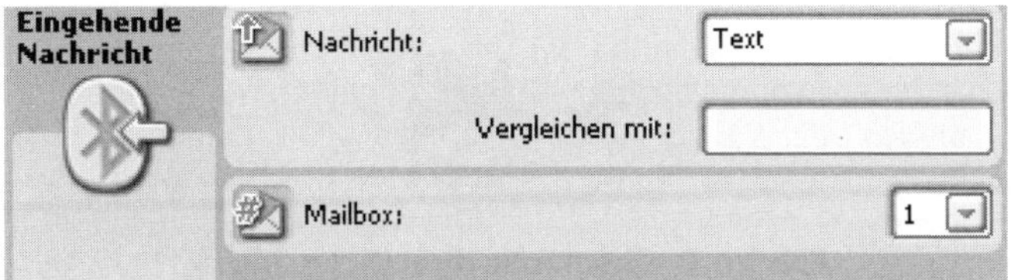

Abb. 20.7: Einstellungen für den »Eingehende Nachricht«-Block

Wie Sie in Abbildung 20.7 sehen können, müssen wir auch beim Empfangen von Nachrichten gleich mit angeben, um welchen Typ es sich handelt, denn das kann der NXT nicht automatisch erkennen; geben Sie hier einen falschen Typ an, empfangen Sie zwar eine Nachricht im angegebenen Typ, was die abgesendete Nachricht war, können Sie daraus aber nicht mehr schließen. Außerdem müssen Sie natürlich angeben, aus welcher MAILBOX Sie Nachrichten holen möchten.

Das Feld VERGLEICHEN MIT ermöglicht es, zwei Texte auf Gleichheit zu prüfen. Ist der empfangene Text gleich dem Text im Vergleichsfeld, erhalten Sie an einem Datenausgangsknoten des »Nachricht senden«-Blocks einen entsprechenden Logik-Block. Möchten Sie einen empfangenen Text einfach nur ausgeben, können Sie dieses Feld leer lassen und den Datenausgangsknoten des »Nachricht senden«-Blocks einfach mit einem Anzeige-Block verbinden.

Tipp

Unsere aktuelle Umsetzung hat einen kleinen Haken, der Master weiß nicht, ob die Nachricht wirklich beim Slave angekommen ist, in vielen Fällen ist es sinnvoll, wenn der Slave dem Master den Empfang einer Nachricht mit einer Nachricht seinerseits quittiert, so kann der Master versuchen, die Nachricht erneut zu senden, falls er keine Antwort vom Slave bekommt.

20.4 Verbinden über NXT-G

Zu Anfang dieses Kapitels haben wir gesagt, dass wir zwei NXTs über das Menü miteinander verbinden können und dies nicht über NXT-G machen können, das war aber nur die halbe Wahrheit.

Sobald zwei NXTs einmal miteinander verbunden waren und insbesondere der Schlüssel ausgetauscht wurde, können Sie die Verbindung zukünftig auch direkt über ein Programm herstellen. Dazu benötigen Sie den »Bluetooth-Verbindung«-Block aus der Kategorie GROSSER FUNKTIONSUMFANG aus der allgemeinen Palette.

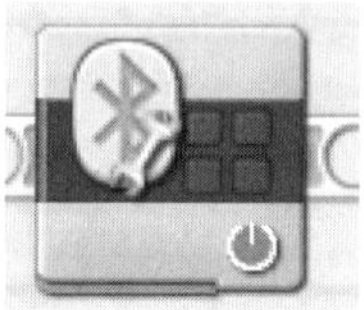

Abb. 20.8: »Bluetooth-Verbindung«-Block

In den Einstellungen des Blocks können Sie zwischen vier Aktionen wählen. Die beiden ersten Aktionen tragen den Namen EINSCHALTEN und AUSSCHALTEN und erlauben beide keine weiteren Einstellungen, benötigen diese aber auch gar nicht, denn sie sind lediglich dafür da, das Bluetooth-Modul des NXT an- beziehungsweise abzuschalten. Da das Bluetooth-Modul ziemlich energiehungrig ist, sollten

Sie es, wann immer Sie es nicht brauchen, abschalten, um die Laufzeit des NXT möglichst lang zu halten.

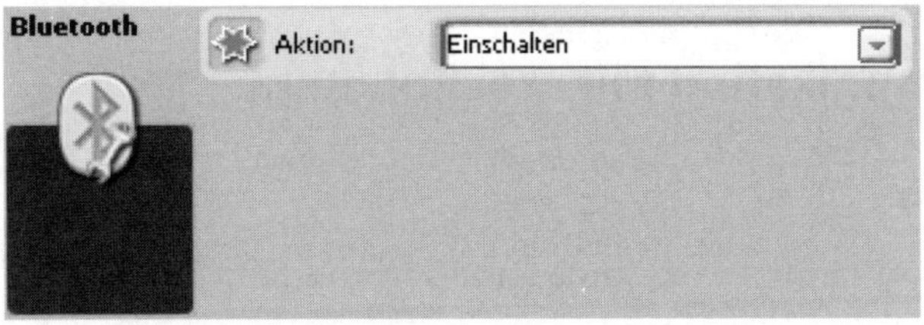

Abb. 20.9: AKTION: EINSCHALTEN

Ein paar mehr Einstellungen sind nötig, wenn Sie als Aktion VERBINDUNG AUFNEHMEN wählen.

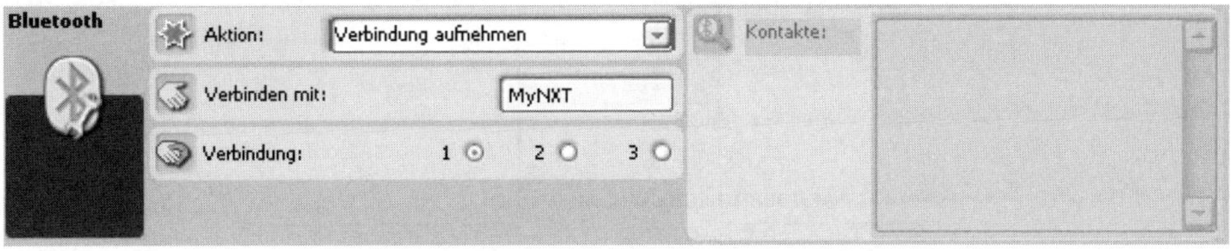

Abb. 20.10: AKTION: VERBINDUNG AUFNEHMEN

Zuerst einmal müssen Sie auswählen, mit welchen NXTs Sie sich verbinden möchten. Das können Sie entweder, indem Sie unter VERBINDEN MIT den BLUETOOTH-NAMEN des anderen NXT eingeben, den Sie angezeigt bekommen, wenn Sie die SEARCH-Funktion mit BLUETOOTH-Menü des NXT nutzen, oder, wenn der NXT, mit dem Sie sich verbinden wollen, eingeschaltet und sichtbar ist, können Sie ihn auch direkt aus der Liste auf der rechten Seite auswählen. Unter VERBINDUNG müssen Sie dann noch auswählen, welche Verbindungsnummer Sie der neuen Verbindung zuordnen wollen.

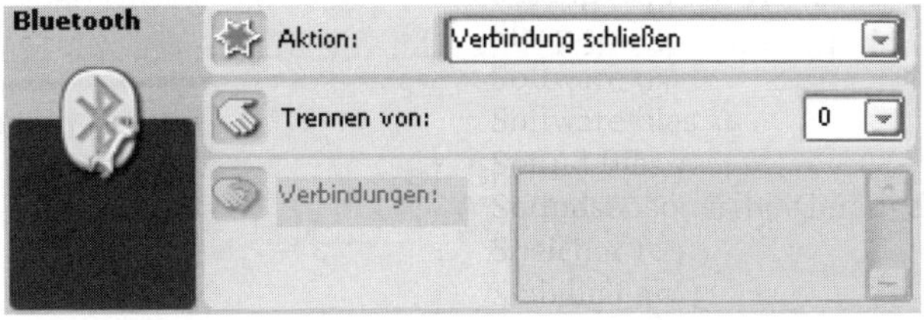

Abb. 20.11: AKTION: VERBINDUNG SCHLIESSEN

Mit der Aktion VERBINDUNG SCHLIESSEN können Sie bestehende Verbindungen beenden, indem Sie einfach die Verbindungsnummer der Verbindung angeben, die Sie trennen möchten. Im Gegensatz zu VERBINDUNG AUFNEHMEN können Sie hier auch die Verbindung mit der Nummer 0 auswählen, denn ein Slave kann sich auch selbst von seinem Master trennen.

20.5 Kommunikation mit drei Robotern

20.5.1 Theorie

Wie vorher schon einmal kurz angedeutet, ist die Kommunikation zwischen drei oder mehr Robotern beim Master-Slave-Prinzip nicht ganz trivial.

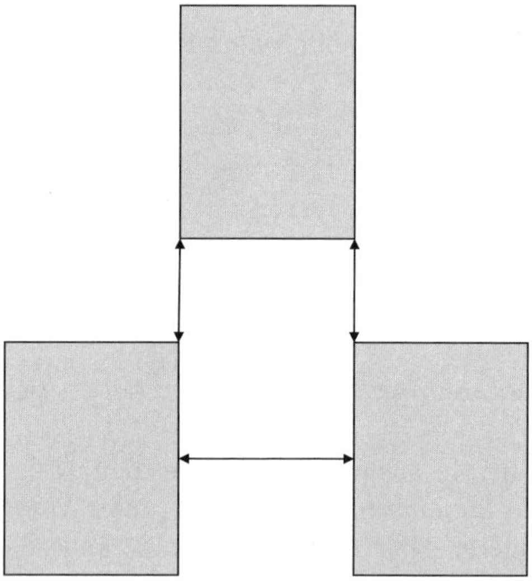

Abb. 20.12: Direkte Kommunikation zwischen drei Robotern

Der Grund dafür: Eine direkte Kommunikation zwischen allen drei NXTs wie in Abbildung 20.12 dargestellt ist nicht möglich, da ein Slave dann zwei Master haben müsste, was nicht möglich ist. Sie können sich aber trotzdem helfen, Sie müssen nur die gesamte Kommunikation über einen gemeinsamen Master mit zwei Slaves abwickeln, dabei kommen wieder die Mailboxes ins Spiel.

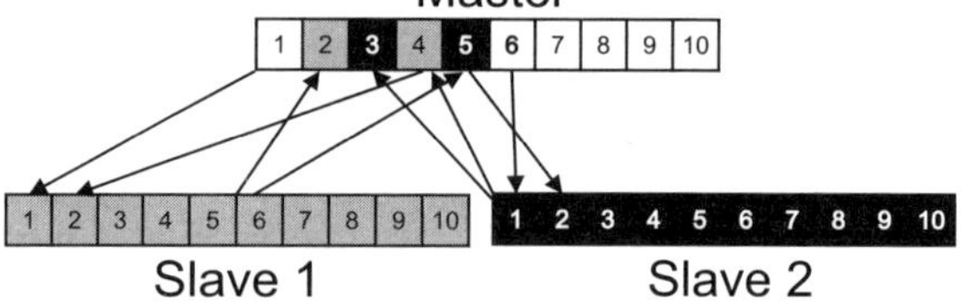

Abb. 20.13: Kommunikation zwischen zwei Robotern über einen gemeinsamen Master

Wie eine solche Kommunikation zwischen drei Robotern über das Master-Slave-Prinzip funktionieren kann, zeigt Abbildung 20.13. Lassen Sie sich nicht von den vielen Verbindungen einschüchtern, wir werden sie Schritt für Schritt aufschlüsseln.

Zunächst aber einmal, was wir eigentlich erreichen wollen:

- Jeder NXT soll Nachrichten an die anderen NXTs senden können.
- Jeder NXT soll Nachrichten von den anderen NXTs empfangen können.
- Bei jeder Nachricht muss klar sein, wer der Absender der Nachricht ist.

Besonders der letzte Punkt wird noch etwas Gehirnakrobatik verlangen. Fangen wir aber zunächst mit einem einfachen Fall an: Der Master möchte eine Nachricht an einen der Slaves senden. Sie vereinbaren einfach, dass der Master Nachrichten von ihm immer in die Mailbox 1 ablegt, egal bei welchem Slave. Somit kann jeder Slave vom Master Nachrichten empfangen und da nur der Master seine Nachrichten in Mailbox 1 ablegt, wissen Sie auch immer sicher, dass die Nachrichten, die Sie aus Mailbox 1 lesen, von Ihrem Master sind.

Wenn Slave 1 dem Master eine Nachricht sendet, legt er diese immer in Mailbox 2 ab, sendet Slave 2 eine Nachricht an den Master, so legt er sie in Mailbox 3. Damit kann der Master von beiden Slaves empfangen und weiß auch immer, von wem welche Nachricht kam.

Spannend wird es aber, wenn Sie eine Nachricht von Slave 1 an Slave 2 senden wollen und umgekehrt. Da die beiden Slaves nicht direkt miteinander kommunizieren können, müssen Sie den Master als Überbringer nutzen.

Möchte Slave 1 eine Nachricht an Slave 2 senden, sendet er sie zunächst in Mailbox 5 des Masters. Der Master weiß, dass alle Nachrichten in Mailbox 5 von Slave 1 kommen und für Slave 2 sind, also sendet er die Nachricht weiter an Mailbox 2 von Slave 2. Den interessiert es gar nicht weiter, wer die Nachricht übertragen hat, er weiß nur, dass der ursprüngliche Absender von allen Nachrichten in Mailbox 2 Slave 1 ist.

Umgekehrt sendet Slave 2 alle Nachrichten für Slave 1 an Mailbox 4 des Masters, der sendet alle dort eingehenden Nachrichten an Mailbox 2 von Slave 1. Der weiß dann, dass Nachrichten, die in dieser Mailbox landen, von Slave 2 abgesendet wurden.

Auf den ersten Blick vielleicht etwas verwirrend, aber im Prinzip gar nicht besonders schwer. Falls Sie das Prinzip nicht sofort verstehen, nehmen Sie sich einfach etwas Zeit und gehen Sie die Grafik und den Text noch einmal Schritt für Schritt durch.

20.5.2 Implementierung

Nachdem Sie nun wissen, wie die Kommunikation in der Theorie ablaufen muss, können Sie sich daranwagen, das Ganze in ein Programm umzusetzen. Um das Programm einigermaßen übersichtlich zu halten, verzichten wir an dieser Stelle darauf, die Verbindung zwischen den NXTs im Programm herzustellen, sondern gehen davon aus, dass Slave 1 über das Menü schon mit dem Master auf Verbindung 1 verbunden ist und Slave 2 auf Verbindung 2.

Ein kleines Problem bleibt aber doch noch, bevor wir uns an die konkrete Implementierung wagen können. Sie müssen in Ihrem Programm, zumindest laut Entwurf, ständig auf drei Postfächer achten und auch noch Daten versenden, wie soll Ihr Master das alles auf einmal schaffen? Das Zauberwort lautet hier Parallelisierung. Sie werden den NXT nicht mehr wie bisher einen Ablaufträger von vorne bis hinten durchlaufen lassen, Sie werden mehrere Ablaufträger gleichzeitig und vollkommen unabhängig voneinander abarbeiten.

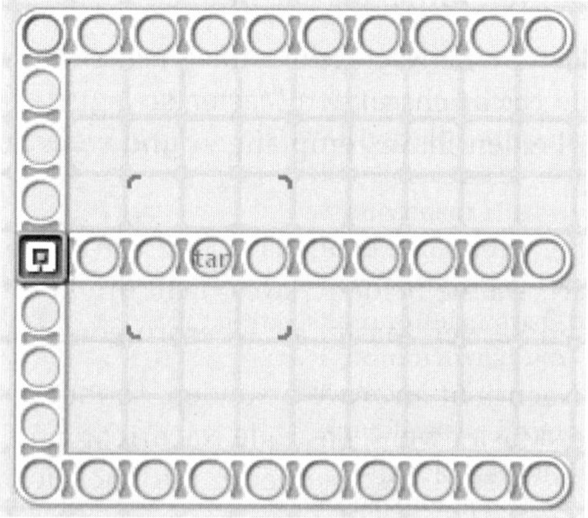

Abb. 20.14: Drei parallele Ablaufträger

Dazu klicken Sie einfach an die kleinen Stücke des Ablaufträgers, die sich oberhalb und unterhalb des Startpunktes befinden, nun können Sie von hier aus neue Ablaufträger auf die Programmieroberfläche ziehen, wie im Beispiel und in Abbildung 20.14 zu sehen drei oder auch noch mehr, wenn Sie möchten.

Das Ergebnis dieser Überlegungen in ein Programm umgesetzt können Sie in Abbildung 20.15 sehen. Der obere und der untere Träger sind jeweils für das Weiterreichen von Nachrichten zuständig. Auf dem mittleren Träger könnten Sie jetzt ein ganz normales Programm platzieren, das Nachrichten für sich selbst empfängt und an die beiden Slaves senden kann, der Kreativität sind hier wieder einmal keine Grenzen gesetzt.

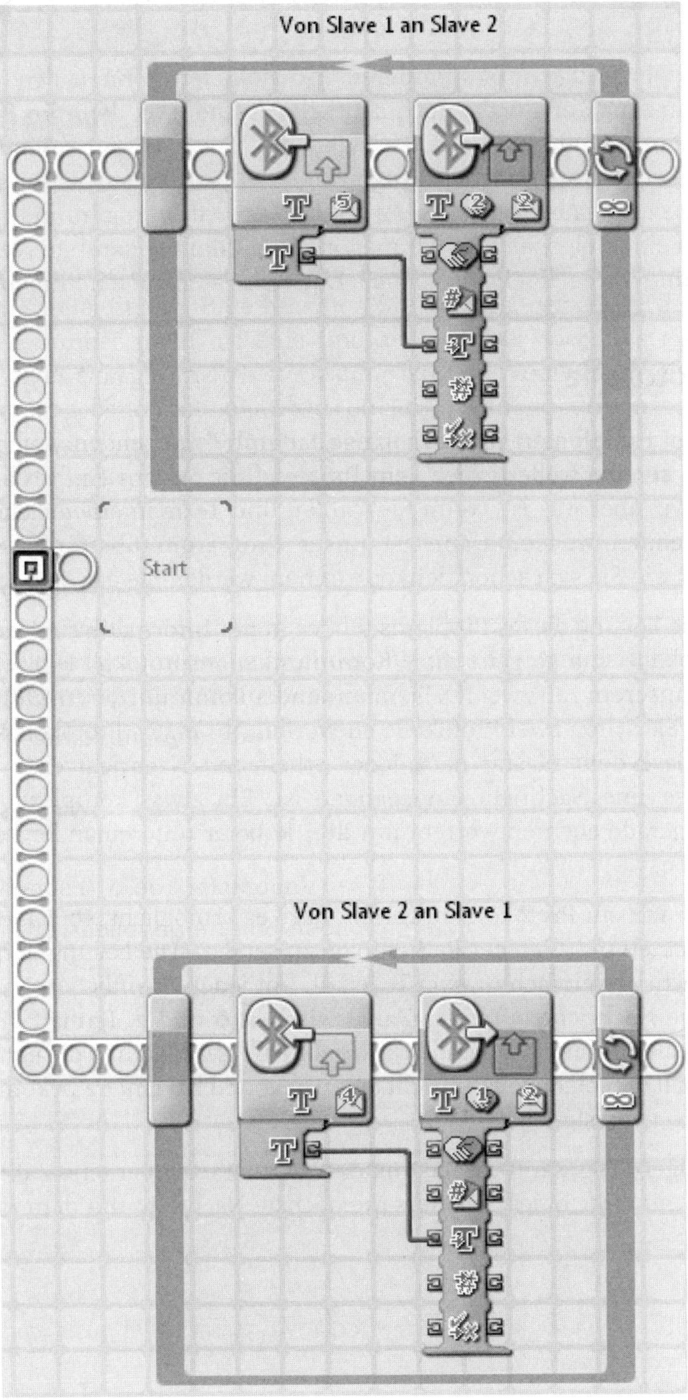

Abb. 20.15: Gerüst zur Kommunikation zwischen drei Robotern

Tipp

Besonders ehrgeizige Programmierer und Ästheten können den Programmabschnitt in Abbildung 20.15 noch deutlich verschönern, denn im Prinzip wurden hier einfach nur Blöcke kopiert und die Einstellungen verändert, das ist eigentlich kein besonders guter Programmierstil, auch wenn es für solch kleine Programme durchaus okay ist. Richtig schön wäre das Programm, wenn Sie die Schleife in einen eigenen Block transportieren, dem Sie dann die Verbindungsnummer und die beiden Postfächer als Dateneingangsknoten mitgeben können.

20.6 Protokolle

Das Konzept funktioniert prima, solange Sie nur Texte senden wollen, wenn Sie nur Zahlen senden wollen, auch kein Problem, Sie ändern einfach bei allen Blöcken den Typ, aber was ist, wenn Sie Zahlen und Texte in einer nicht festen Reihenfolge senden wollen? Dann ist unser Programm überfordert, zumindest bisher, aber wie Sie sich schon denken können, werden Sie das bald ändern.

Auch für die Lösung dieses Problems gibt es in der Informatik ein Zauberwort, es heißt Protokolle. Ein so genanntes Kommunikationsprotokoll legt fest, wie zwei Stellen, in unserem Fall zwei NXTs, miteinander kommunizieren. Ohne es zu wissen, haben Sie schon zwei Protokolle entworfen. Ihr erstes Protokoll war die Idee, dass der Slave dem Master nach jeder erhaltenen Nachricht eine Bestätigung schickt, dass eine Nachricht eingegangen ist. Ein etwas komplexeres Protokoll haben wir gerade eben entworfen, um drei Roboter untereinander kommunizieren zu lassen.

Jetzt wollen wir ein Protokoll entwerfen, dass es ermöglicht, verschiedene Typen von Nachrichten in beliebiger Reihenfolge zu senden. Die Lösung dafür: Sie splitten jede Nachricht einfach in zwei Teile auf. Vor jeder eigentlichen Nachricht senden Sie eine Nachricht mit einer Zahl zwischen 0 und 2. Enthält die Nachricht eine 0, enthält die darauf folgende Nachricht eine Zahl, enthält die erste Nachricht eine 1, enthält die folgende Nachricht einen Text und bei einer 2 bekommen Sie als Nächstes ein Logiksignal.

Ihr Empfänger-Programm weiß dann, dass es zuerst immer eine Zahl erhält, und kann dann mit Hilfe eines Schalters die nächste Nachricht mit dem richtigen Typ abrufen.

Wichtig

Mit einem Protokoll zu arbeiten funktioniert nur, wenn Sie sich sicher sein können, dass sich alle Kommunikationspartner auch an das vorgegebene Protokoll halten und das Protokoll eindeutig ist. Erhalten Sie zum Beispiel für das obige Beispiel eine 3 als erste Nachricht, führt das zu Fehlern in Ihrem Programm, da Sie die folgende Nachricht nicht korrekt werden lesen können.

20.7 Übungen

- Wie nennt man das vom NXT verwendete Kommunikationsprinzip?
- Wie viele Verbindungen kann der NXT über Bluetooth maximal aufbauen?
- Über wie viele Mailboxen verfügt jeder NXT?
- Entwickeln Sie ein eigenes Protokoll, über das man einem Slave-NXT folgende Befehle geben kann (gehen Sie dabei davon aus, dass der Roboter über zwei an A und C angeschlossene Motoren verfügt):
  - Fahre vorwärts mit einer angegebenen Geschwindigkeit.
  - Fahre rückwärts mit einer angegebenen Geschwindigkeit.
  - Halte an.

Kapitel 21

LEGO Digital Designer

Nachdem Sie sich nun sehr ausführlich mit dem Programmieren von Robotern beschäftigt haben und auch, wie Sie Programme und Blöcke mit anderen Programmierern teilen können, wollen wir zum Abschluss des Buches noch einmal auf das Bauen von Robotern zurückkommen.

Vielleicht haben Sie sich auch schon einmal gewünscht, Ihre Modelle mit anderen teilen zu können oder sie so digital abzulegen, dass Sie die Modelle auch später wieder nachbauen können oder sogar eine Bauanleitung dafür erstellen können.

Wie Sie all das schaffen können, wollen wir uns in diesem Kapitel anschauen, denn LEGO bietet mit dem Digital Designer ein kostenloses Programm zum Download an, mit dem Sie am Computer eigene NXT-Modelle entwerfen können und automatisch Bauanleitungen für Ihre Modelle erstellen lassen können.

21.1 Installation

Bevor Sie mit der Installation starten können, müssen Sie sich zuerst einmal die Installationsdatei besorgen. Die gibt es unter `http://ldd.lego.com` für Windows und OS X zum Download. Aber Achtung: Der Download ist stolze 140 MB schwer und dauert dementsprechend je nach Verbindungsgeschwindigkeit einige Zeit.

Dafür ist die eigentliche Installation dann recht unproblematisch und schnell erledigt.

Abb. 21.1: Sprachauswahl

Nach dem Öffnen der Installationsdatei entpackt der Installer automatisch die benötigten Daten. Wenn die Daten fertig entpackt wurden, fordert der in Abbildung 21.1 zu sehende Dialog dazu auf, eine Sprache zu wählen, in unserem Fall Deutsch. Ihre Eingabe bestätigen Sie mit OK.

Im darauffolgenden Fenster klicken Sie auf den Weiter-Button, danach werden Sie dazu aufgefordert, den Lizenzvertrag zu lesen und zu akzeptieren.

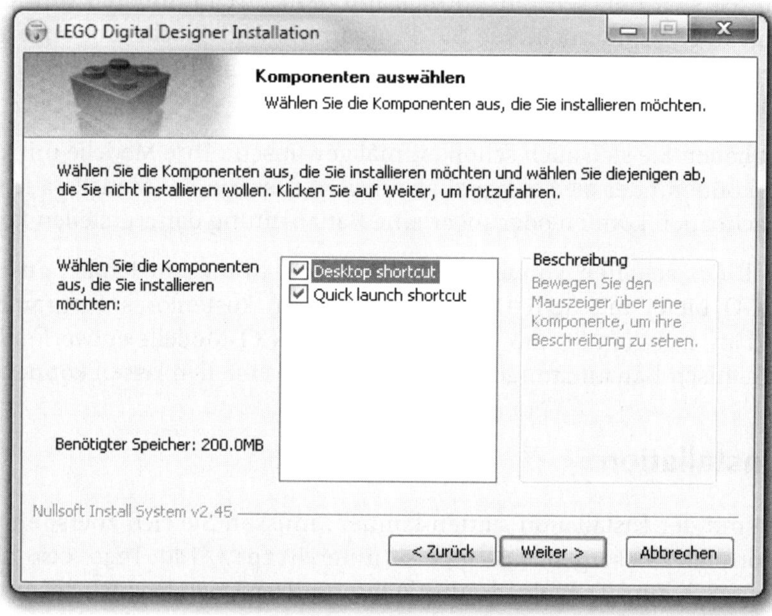

Abb. 21.2: Auswahl der Komponenten

Nachdem Sie auch dieses Fenster durch einen Klick auf Weiter hinter sich gelassen haben, kommen Sie zur Auswahl der Komponenten: Hier können Sie auswählen, ob Sie eine Verknüpfung für das Programm auf dem Desktop (Desktop shortcut) und in der Schnellstartleiste (Quick launch shortcut) anlegen möchten. Auch diese Auswahl bestätigen Sie wieder mit einem Klick auf den Weiter-Button, ebenso wie das darauffolgende Fenster.

Im in Abbildung 21.3 gezeigten Fenster können Sie dann noch auswählen, in welchem Ordner das Programm installiert werden soll. Um das Programm in den standardmäßigen Programme-Ordner zu installieren, können Sie diese Angabe unverändert lassen. Mit einem Klick auf Installation wird die eigentliche Installationsroutine gestartet.

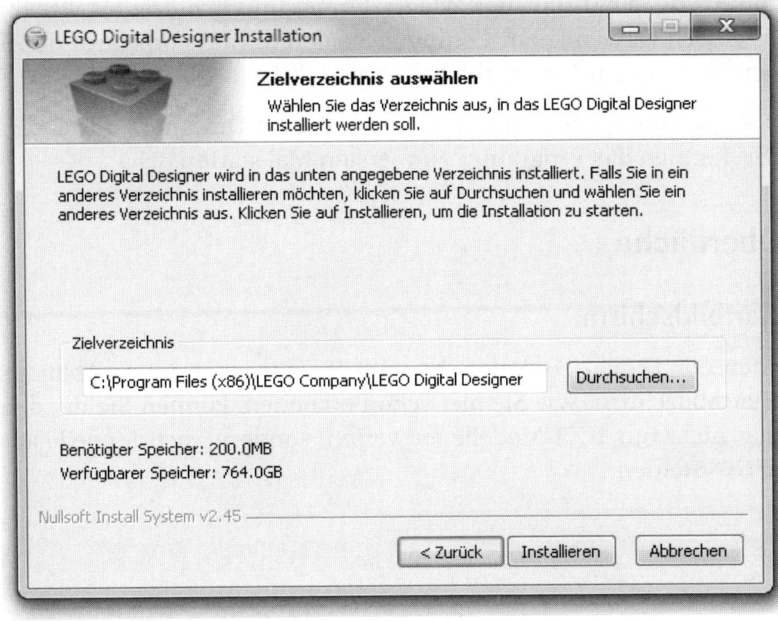

Abb. 21.3: Zielverzeichnis auswählen

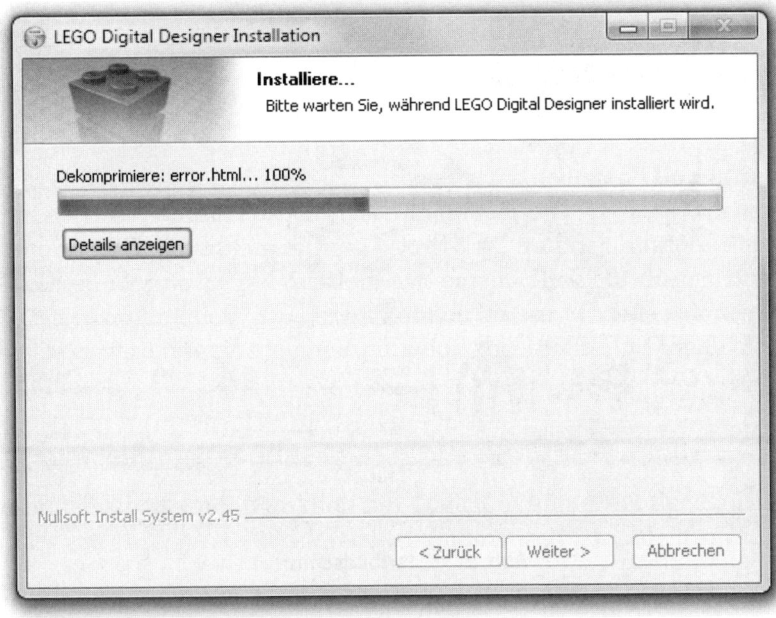

Abb. 21.4: Installation

Die Durchführung der Installation dauert durchschnittlich drei bis vier Minuten, kann aber je nach verwendetem Computer variieren. Den Fortschritt der Installation können Sie auf dem Fortschrittsbalken verfolgen.

Ist dieser Vorgang abgeschlossen, wurde der Digital Designer vollständig installiert und Sie können das Programm zum ersten Mal starten.

21.2 Oberfläche

21.2.1 Startbildschirm

Beim Starten des Digital Designers begrüßt Sie zunächst der in Abbildung 21.5 gezeigte Startbildschirm. Wie Sie hier schon erkennen, können Sie mit dem Digital Designer nicht nur NXT-Modelle entwerfen, sondern auch Modelle aus »normalen« LEGO-Steinen.

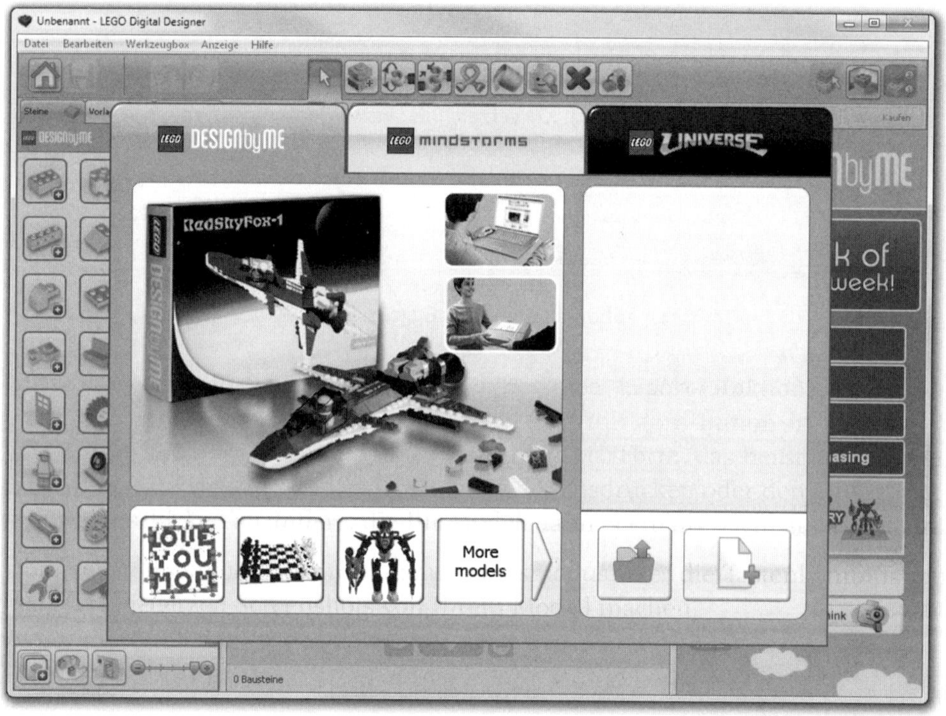

Abb. 21.5: Startbildschirm

Da wir aber mit dem NXT arbeiten, wählen Sie auf dem Startbildschirm den Reiter MINDSTORMS aus und erhalten den in Abbildung 21.6 zu sehenden Dialog.

Abb. 21.6: MINDSTORMS-Fenster des Startbildschirms

Am unteren Rand des Fensters sehen Sie schon, dass es bereits drei fertige Modelle gibt, die Sie öffnen, sich betrachten und auf Wunsch auch verändern können. Mit dem zweiten Button von links, auf dem ein gelbes Ordnersymbol abgebildet ist, können Sie eine bereits vorhandene Datei öffnen. Mit dem Blattsymbol daneben können Sie ein neues Modell erstellen und damit wollen wir nun auch anfangen.

Hinweis

Bewegen Sie die Maus über den Button zum Erstellen eines neuen Modells, so wird der Hinweis EINZELSTEINE angezeigt, lassen Sie sich davon nicht verwirren, dieser Button dient einfach dazu, ein neues Modell zu beginnen.

21.2.2 Hauptbildschirm

Nun öffnet sich der Hauptbildschirm des Digital Designers, der sich im Wesentlichen in vier Bereiche gliedern lässt.

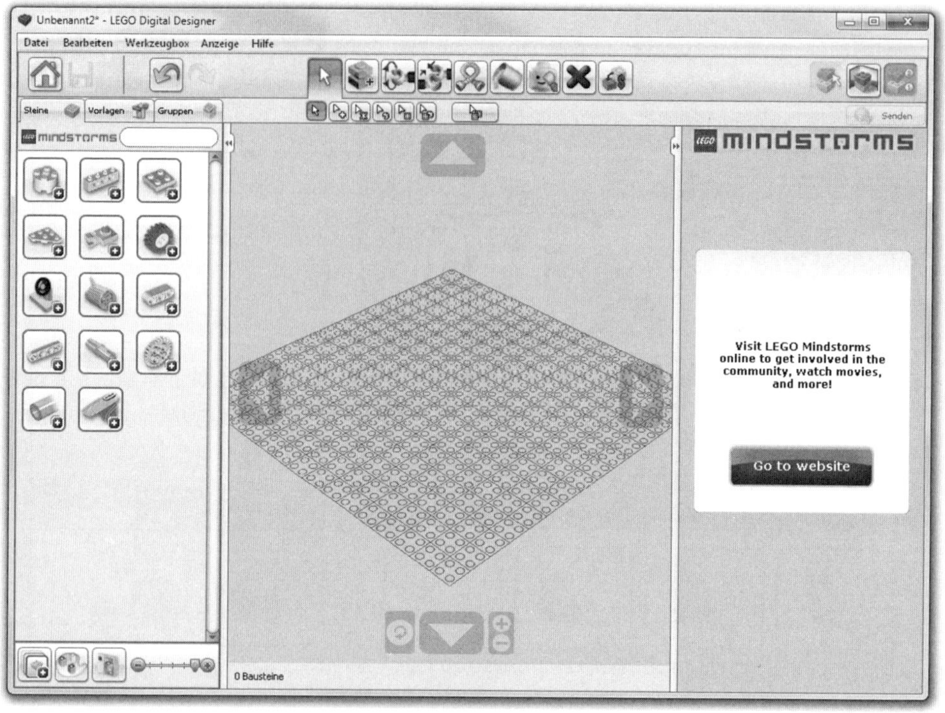

Abb. 21.7: Hauptbildschirm

Direkt unter der Menüleiste befindet sich die Werkzeugleiste mit Buttons für die verschiedenen Werkzeuge, die den ersten Bereich bildet. Mittig darunter befindet sich das eigentliche Baufenster, in dem Sie zum einen Ihr Modell sehen, aber auch Teile an Ihr Modell bauen können. Wie in Abbildung 21.7 zu sehen, ist dieser Bereich logischerweise direkt nach dem Erstellen eines neuen Modells noch leer.

Damit sich das bald ändert, befindet sich am linken Rand des Fensters der dritte Bereich. Hier werden die verschiedenen Steine sortiert nach Kategorien angezeigt. Klicken Sie auf eines der Kategorie-Symbole, klappen die zugehörigen Steine aus.

Der vierte und letzte Bereich befindet sich am rechten Rand und fordert lediglich dazu auf, die MINDSTORMS-Website von LEGO zu besuchen. Über einen Klick auf den kleinen Doppelpfeil am linken Rand dieses Bereichs können Sie ihn einklappen, um so mehr Platz für die wirklich wichtigen Bereiche zu haben.

21.3 Bedienung

Nun wollen wir aber auch endlich loslegen mit unserem ersten Modell. Wie immer fangen auch hier große Dinge klein an, nämlich mit einem einzelnen Stein. Den wählen Sie aus, indem Sie eine Kategorie öffnen, wie zum Beispiel in Abbildung 21.8 zu sehen, wo die Kategorie für elektronische Bauteile geöffnet wurde.

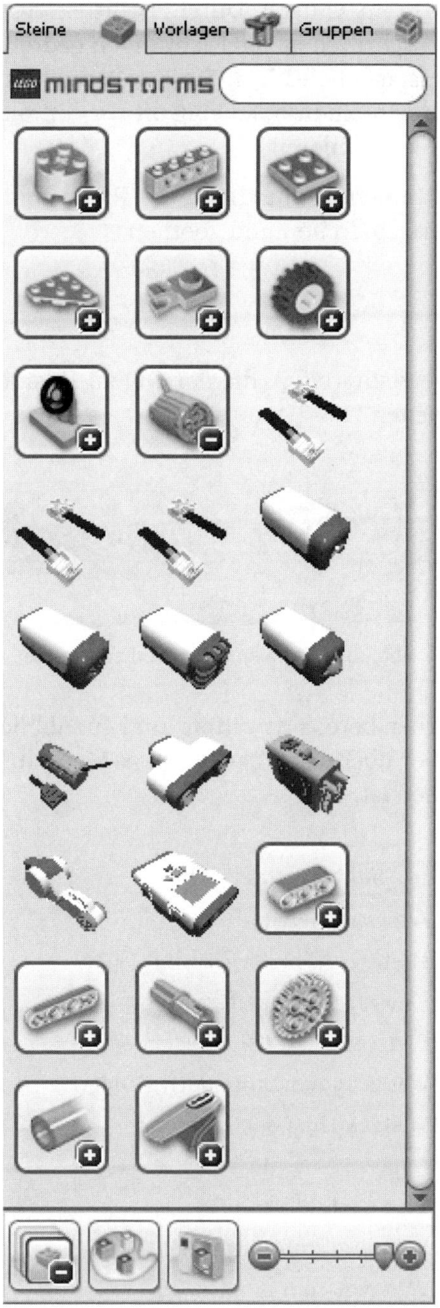

Abb. 21.8: Geöffnete Kategorie mit elektronischen Bauteilen

Nun klicken Sie wiederum mit der linken Maustaste auf eines der einzelnen Bauteile. Bewegen Sie den Mauszeiger nun in das Baufenster in der Mitte, so »folgt«

das gewählte Bauteil Ihrem Cursor. Durch Drücken der Pfeiltasten kann das gewählte Bauteil in 90°-Schritten in alle Richtungen gedreht werden. Durch einen Klick auf die linke Maustaste befestigen Sie das Bauteil an seiner aktuellen Position. Diesen Schritt können Sie nun beliebig oft wiederholen und somit verschiedene Teile miteinander kombinieren.

Die Bauansicht selbst können Sie durch die vier Pfeile an den Rändern sowie den Buttons im unteren Bereich drehen und zoomen.

21.4 Werkzeuge

Um auf die Werkzeuge zuzugreifen, die der Digital Designer bietet, gibt es zwei verschiedene Möglichkeiten.

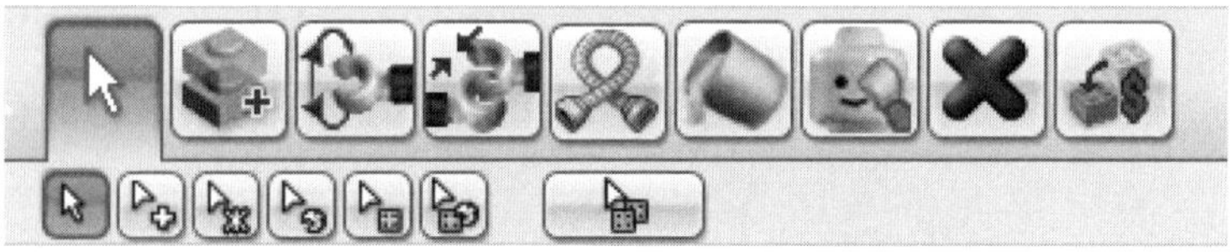

Abb. 21.9: Detailansicht Werkzeugleiste

Entweder über die vorher bereits erwähnte und in Abbildung 21.9 zu sehende Werkzeugleiste oder aber über das WERKZEUGBOX-Menü in der Menüleiste, das in Abbildung 21.10 zu sehen ist.

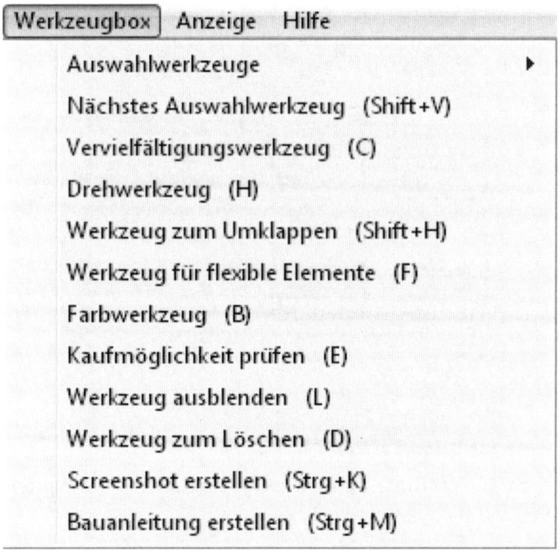

Abb. 21.10: WERKZEUGBOX

21.4.1 Auswahlwerkzeuge

Mit dem Überblick über die Werkzeuge des Digital Designers möchte ich beim Auswahlwerkzeug beginnen, oder vielmehr bei den Auswahlwerkzeugen, denn der Digital Designer verfügt insgesamt über acht Auswahlwerkzeuge.

Das einfachste dieser Auswahlwerkzeuge ist das Werkzeug zur Einzelauswahl, mit ihm können Sie immer genau ein Teil in Ihrem Modell markieren, um es dann zum Beispiel mit [Entf] zu löschen. Markierte Teile werden durch farbige Rahmen hervorgehoben.

Das Mehrfachauswahlwerkzeug ermöglicht es, wie der Name schon sagt, nicht nur ein Teil, sondern auch mehrere auszuwählen, in dem Sie sie nacheinander anwählen. Möchten Sie ein Teil wieder aus der Mehrfachauswahl entfernen, klicken Sie einfach erneut darauf.

In der Werkzeugleiste direkt daneben befindet sich das Werkzeug zur Verbindungsauswahl, das wählt nicht nur das angeklickte Element aus, sondern auch alle damit verbundenen Elemente. Klicken Sie zum Beispiel auf eine Stange, die in einem Stein steckt, dann wird nicht nur die Stange, sondern auch der Stein, in dem sie steckt, ausgewählt.

Das nächste Auswahlwerkzeug ist für die Sortierung nach Farben zuständig und wählt alle Teile im Modell aus, die die gleiche Farbe wie das angeklickte Teil besitzen.

Ganz ähnlich funktioniert das Werkzeug zum Sortieren nach Formen, nur dass hier, wie der Name schon verrät, nicht Teile gleicher Farbe, sondern gleicher Form ausgewählt werden.

Wer beides miteinander kombinieren möchte, also Teile gleicher Farbe **und** Form auswählen möchte, der kann das WERKZEUG ZUM SORTIEREN NACH FORM UND FARBE verwenden, was aber, zugegeben, in der Praxis wohl eher selten zum Einsatz kommt.

Deutlich praktischer ist da schon das letzte Werkzeug, oder vielmehr die letzte Funktion. Die ermöglicht es nämlich, eine getroffene Auswahl umzukehren. Wollen Sie also zum Beispiel alle Steine außer einem bestimmten auswählen, wählen Sie einfach diesen bestimmten Stein aus und nutzen dann die AUSWAHL UMKEHREN-Funktion. Das funktioniert natürlich auch mit Farben, Formen und so weiter.

21.4.2 Vervielfältigungswerkzeug

Das Vervielfältigungswerkzeug, das das zweite große Symbol in der Werkzeugleiste ist, dient dazu, ein bereits im Modell platziertes Teil zu duplizieren. Dazu klicken Sie zuerst auf das Vervielfältigungswerkzeug oder rufen es über das Tastenkürzel [C] auf, und dann klicken Sie auf das Teil, das Sie kopieren möchten. Danach können Sie die Kopie des Teils platzieren, wie Sie es gewohnt sind.

Vorsicht

Wie auch alle anderen Werkzeuge bleibt das Vervielfältigungswerkzeug so lange ausgewählt, bis Sie manuell ein neues Werkzeug auswählen. Möchten Sie also das kopierte Teil nach dem Platzieren noch einmal verschieben, können Sie nicht einfach noch einmal darauf klicken, denn dann erstellen Sie eine weitere Kopie. Stattdessen müssen Sie zuerst wieder zum Auswahlwerkzeug wechseln.

21.4.3 Drehwerkzeug

Auch zum Drehen von Teilen bietet der Digital Designer ein Werkzeug. Allerdings ist die Benennung hier nicht ganz eindeutig, denn wie Sie sich erinnern, können Sie Teile beim Platzieren schon mit den Pfeiltasten drehen. Mit dem Drehwerkzeug können Sie dagegen nicht einfach jedes Teil drehen, sondern nur Teile, die beweglich in anderen Teilen stecken, wie zum Beispiel Stangen oder die kleinen schwarzen Verbindungsstücke.

21.4.4 Umklappwerkzeug

Für das Erstellen von NXT-Modellen ist das Umklappwerkzeug kaum relevant, da der NXT standardmäßig nicht mit Teilen ausgeliefert wird, die ein Gelenk haben, und für genau diese Teile ist das Umklappwerkzeug gedacht. Der Vollständigkeit halber sei trotzdem noch erwähnt, dass Sie dieses Werkzeug auch über die Tastenkombination [Shift]+[H] erreichen können.

21.4.5 Werkzeug für flexible Elemente

Auch das Werkzeug für flexible Elemente hat für den Bau von NXT-Modellen, zumindest mit den Standardkästen, keine weitere Bedeutung, da es hier keine flexiblen Teile gibt, zumindest nicht im Sinne des Digital Designers. Natürlich sind zum Beispiel die Kabel, die den NXT mit Motoren und Sensoren verbinden, flexibel, allerdings werden diese im Digital Designer nur durch ihren Anfang und ihr Ende dargestellt, das Mittelstück existiert für den Digital Designer nicht. Flexible Elemente sind zum Beispiel Hydraulikschläuche, die es von LEGO gibt.

21.4.6 Farbwerkzeug

Der Name lässt es schon erahnen, dieses Werkzeug dient dazu, die Farbe von Teilen zu ändern. Allerdings können Sie nicht jeden beliebigen Stein mit jeder Farbe versehen, sondern Sie können jeden Stein nur mit einer Farbe versehen, in der es ihn auch wirklich in einem Set von LEGO gibt. Welche das sind, bekommen Sie allerdings angezeigt, sobald Sie mit dem Farbwerkzeug auf ein Teil klicken, wie in Abbildung 21.11 zu sehen. Das Tastenkürzel für das Farbwerkzeug ist [B].

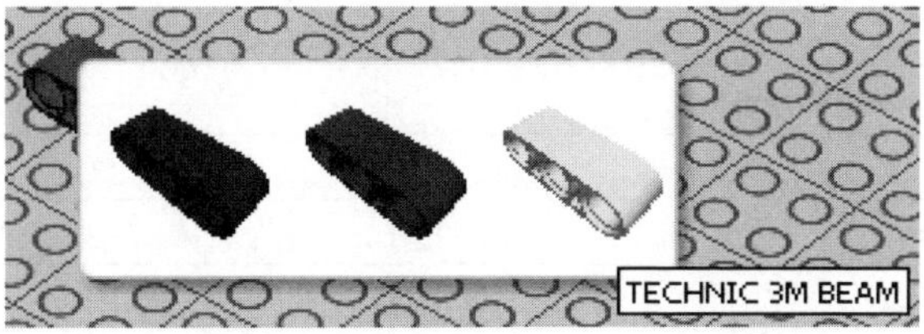

Abb. 21.11: Farbauswahl für Technic Beam

21.4.7 Ausblendewerkzeug

Mit dem Ausblendewerkzeug können einzelne Teile im Modell unsichtbar gemacht werden, ohne dass sie jedoch entfernt werden. Sobald mindestens ein Teil unsichtbar gemacht wurde, erscheint in der oberen rechten Ecke des mittleren Fensters das in Abbildung 21.12 zu sehende Symbol. Klicken Sie auf dieses Symbol, werden alle ausgeblendeten Teile wieder angezeigt.

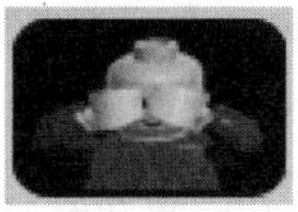

Abb. 21.12: Alle verborgenen Steine zeigen

Das Ausblendenwerkzeug kann über das Tastenkürzel [L] aufgerufen werden.

21.4.8 Löschwerkzeug

Das Löschwerkzeug, das auch über das Tastenkürzel [D] aufgerufen werden kann, tut im Prinzip das Gleiche, das Sie vorher dadurch getan haben, dass Sie ein Teil auswählen und [Entf] drücken, das Teil wird einfach aus dem Modell gelöscht.

Das letzte Symbol in der Werkzeugleiste, mit dem geprüft werden kann, was ein Modell kostet, werde ich an dieser Stelle komplett ignorieren, da sämtliche NXT-Teile nicht enthalten sind und diese Funktion damit niemals für uns funktioniert.

21.4.9 Tastenkürzel für Werkzeuge

Werkzeug	Tastenkürzel
Auswahlwerkzeuge	[V]
Vervielfältigungswerkzeug	[C]
Drehwerkzeug	[H]
Umklappwerkzeug	[Shift]+[H]

Tabelle 21.1: Tastenkürzel für Werkzeuge

Werkzeug	Tastenkürzel
Werkzeug für flexible Elemente	---
Farbwerkzeug	B
Ausblendewerkzeug	L
Löschwerkzeug	D

Tabelle 21.1: Tastenkürzel für Werkzeuge (Forts.)

21.5 Modi

Drei Buttons am oberen rechten Rand des Digital-Designer-Fensters, zu sehen in Abbildung 21.13, haben wir bisher noch nicht genauer betrachtet. Mit diesen Buttons, oder alternativ mit den Tastenkürzeln aus Tabelle 21.2, können Sie zwischen drei verschiedenen Modi wechseln.

Abb. 21.13: Buttons für die drei verschiedenen Modi

Modus	Tastenkürzel
Aufbaumodus	F5
Anzeigemodus	F6
Bauanleitungsmodus	F7

Tabelle 21.2: Tastenkürzel für die verschiedenen Modi

21.5.1 Aufbaumodus

Der erste Modus, den der Digital Designer zu bieten hat, ist der so genannte Aufbaumodus. Wofür dieser Modus gedacht ist, ist recht schnell erklärt, denn der Aufbaumodus ist der Modus, den wir bisher die ganze Zeit verwendet haben. Im Aufbaumodus werden Modelle gebaut und bearbeitet, er stellt damit das Herzstück des Digital Designers dar.

21.5.2 Anzeigemodus

Den Anzeigemodus kennen Sie im Gegensatz zum Aufbaumodus noch gar nicht. Im Wesentlichen tut der Anzeigemodus nichts anderes als der mittlere Bereich im Aufbaumodus, nämlich das Modell in 3D anzeigen, auch die Steuerung der 3D-Ansicht funktioniert genau wie im Aufbaumodus.

Abb. 21.14: Anzeigemodus

Allerdings bietet der Anzeigemodus noch einige zusätzliche Funktionen, die Sie über die drei Buttons in der oberen linken Ecke ansprechen können.

Mit dem rechten Button können Sie zwischen verschiedenen Hintergrundbildern wechseln, alternativ können Sie die Tastenkombination [Strg]+[F] verwenden, der linke Button macht einen Screenshot, [Strg]+[K], und der mittlere Button bietet noch eine besonders witzige Funktion. Mit einem Klick auf diesen Button, oder mit der Tastenkombination [Strg]+[U], können Sie Ihr Modell explodieren lassen, keine Angst, es wird nur eine kleine Animation abgespielt, Ihr Modell bleibt natürlich unverändert.

21.5.3 Bauanleitungsmodus

Eine besonders spannende Funktion am Digital Designer ist der Bauanleitungsmodus, der aus Ihren erstellten Modellen automatisch Bauanleitungen erzeugen kann.

Im Digital Designer selbst können Sie die Anleitung über die Navigationsleiste am oberen Rand des Fensters Schritt für Schritt durchgehen und damit nachbauen, jedes einzelne Teil fliegt dabei hübsch animiert ein.

Allerdings eignet sich diese Form nur sehr bedingt für die Weitergabe der Bauanleitung und schon gar nicht zum Ausdrucken.

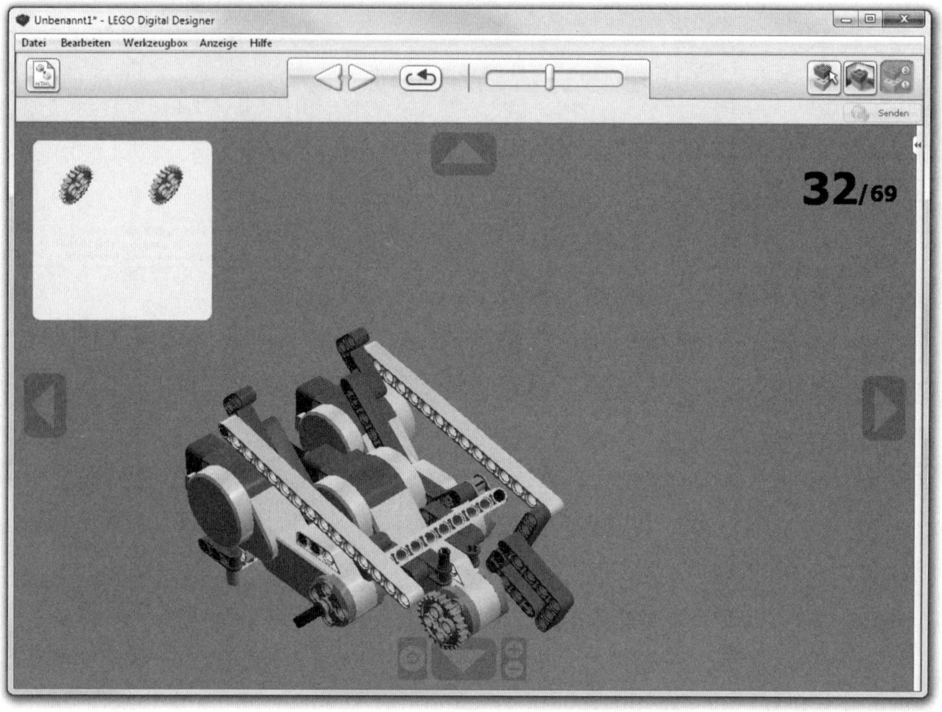

Abb. 21.15: Bauanleitungsmodus

Glücklicherweise bietet der Digital Designer eine Export-Funktion, die beides erfüllt, leicht verbreitbar und ausdruckbar. Denn mit dem Button in der oberen linken Ecke können Sie Ihre Bauanleitung in HTML-Form, das heißt als Website, exportieren. Danach können Sie diese entweder ausdrucken oder den Ordner einfach weiterschicken an andere, die Ihr Modell dann ebenfalls nachbauen können.

Übrigens können Sie auch im Bauanleitungsmodus über die Tastenkombination `Strg`+`K` jederzeit Screenshots von Ihrem Modell machen.

Hinweis

Die Bauanleitungen in diesem Buch wurden nicht mit dem LEGO Digital Designer erstellt, sondern mit dem Programm MLCAD. Das bietet zwar wesentlich mehr Möglichkeiten, besonders bei der Erstellung von Bauanleitungen, ist dafür aber auch deutlich schwerer zu bedienen.

Kapitel 22

Perspektiven

Sie haben das Ende dieses Buches fast erreicht, aber Ihre Karriere als NXT-Programmierer fängt hoffentlich gerade erst an. Sie sollten sich zunächst einige Zeit mit NXT-G beschäftigen und Ihre erlernten Fähigkeiten festigen und ausbauen. Allerdings werden Sie irgendwann an den Punkt kommen, an dem Ihnen die Möglichkeiten von NXT-G vielleicht nicht mehr ausreichen. Inzwischen gibt es eine Vielzahl von Programmen und Programmiersprachen rund um den NXT-G, die den NXT auch für erfahrenere Programmierer interessant machen. Zum Abschluss dieses Buches möchte ich Ihnen in diesem Kapitel einen kleinen Überblick über einige dieser zahlreichen Möglichkeiten geben.

22.1 Programmiersprachen

Neben der grafischen NXT-G-Programmiersprache, die von LEGO mit dem NXT geliefert wird, gibt es inzwischen auch zahlreiche textbasierte Programmiersprachen für den NXT, die von Fans entwickelt werden. Diese zu erlernen ist zwar etwas aufwendiger, oft bieten sie aber zusätzliche Möglichkeiten und wer sich einmal eingearbeitet hat, wird damit wesentlich schneller Programme erstellen können als mit der grafischen Oberfläche. Außerdem bietet der NXT die ideale Plattform, um das Programmieren mit einer solchen Sprache zu erlernen. In diesem Abschnitt werden wir uns einen kleinen Überblick über die am weitesten verbreiteten Vertreter dieser Art anschauen.

22.1.1 NXC

Man kann inzwischen wohl sagen, dass NXC die Standardsprache für den NXT ist. Entwickelt wurde die Sprache von John Hansen und erschien schon kurz nach der Veröffentlichung des NXT im Jahr 2007. NXC ist unter der Mozilla Public License veröffentlicht.

Hinweis

Die Mozilla Public License, kurz MPL, ist eine so genannte Open-Source-Lizenz, das heißt, der Quellcode und die Programme selbst, die unter ihr lizenziert wurden, stehen nicht nur kostenlos zur Verfügung, sondern dürfen auch selbst angepasst und geändert werden.

Für Windows gibt es außerdem eine mächtige IDE für NXC, sie trägt den Namen BricxCC und bietet zahlreiche Tools, um den NXT zu steuern.

NXC ist nicht nur die wahrscheinlich am weitesten verbreitete Sprache, sie bietet darüber hinaus den Vorteil, dass NXC-Programme auch ohne spezielle Firmware auf dem NXT ausgeführt werden können und man somit auch jederzeit problemlos NXC- und NXT-G-Programme gleichzeitig verwenden kann.

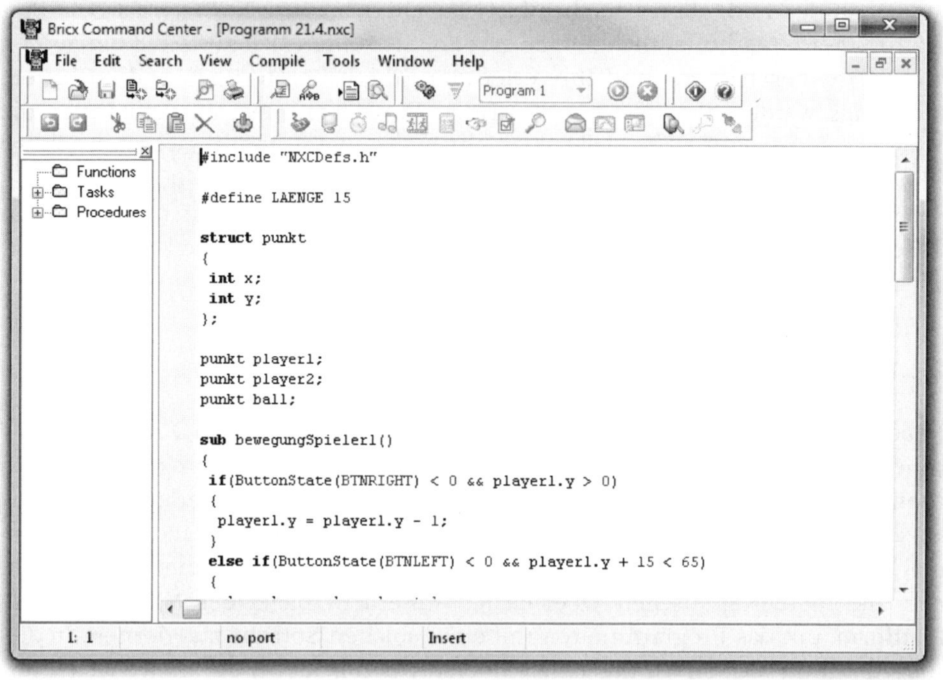

Abb. 22.1: BricxCC mit geöffnetem NXC-Programm

Der Name NXC steht übrigens für Not eXactly C, übersetzt »nicht genau C«, da die Syntax, also der Aufbau, von NXC an die Programmiersprache C angelehnt ist. Das hat den Vorteil, dass das Umsteigen von NXC auf eine andere Programmiersprache später etwas leichter fällt, da viele moderne Sprachen eine C-ähnliche Syntax haben.

Sie können NXC und BricxCC in der aktuellsten Version kostenlos unter `bricxcc.sourceforge.net` herunterladen, allerdings ist BricxCC nur in englischer Sprache verfügbar. Wenn Sie beim Erlernen der Sprache Hilfe suchen, kann ich Ihnen mein, ebenfalls bei mitp erschienenes, Buch »Roboter programmieren mit NXC für LEGO MINDSTORMS NXT« ans Herz legen, das das Programmieren mit NXC und generell textbasierten Sprachen von null auf erklärt.

22.1.2 NBC

NBC ist eine weitere Programmiersprache von John Hansen für den NXT. Die Abkürzung steht für Next Byte Codes und die Sprache hat, was Funktionsumfang und Befehle angeht, viele Parallelen zu NXC, außerdem kann sie auch mit BricxCC programmiert werden. Hauptunterschied ist, dass die Syntax von NBC nicht an C, sondern an Assembler angelehnt ist, was dazu führt, dass NBC eher der kleine Bruder von NXC ist und lange nicht so häufig verwendet wird.

22.1.3 leJOS / Java

Die Programmiersprache Java kennt wohl inzwischen fast jeder auf Handys. Am Computer und im Internet begegnet sie uns regelmäßig, im Internet auch häufig in Form des kleinen Bruders JavaScript. Und wer schon einmal mit Java-Programmen zu tun hatte, der weiß auch, dass man, um Java-Programme ausführen zu können, erst einmal ein so genanntes Runtime Environment braucht. Wir wollen an dieser Stelle nicht zu tief in die Informatik absteigen, um zu klären, wieso das gebraucht wird und welche Vor- und Nachteile es hat, klar ist aber, Java benötigt diese Umgebung, um ausgeführt werden zu können.

Warum uns das alles interessiert? Weil leJOS genau so ein Runtime Environment für den NXT, und übrigens auch für den Vorgänger RCX, bereitstellt. Nach der Installation der leJOS-Firmware ist der NXT also in der Lage, Java-Code auszuführen, und man kann den NXT in Java programmieren. Das hat diverse Vorteile, wie zum Beispiel, dass Java auch Kommazahlen und viele mathematische Operationen unterstützt, die normalerweise nicht zur Verfügung stehen. Dafür ist das Lernen der Programmiersprache auch nicht so einfach wie zum Beispiel bei NXC und NBC, es muss eine neue Firmware auf dem NXT installiert werden und durch das Runtime Environment laufen Java-Programme nicht ganz so schnell auf dem NXT wie zum Beispiel NXC-Programme, was aber wohl in den meisten Fällen nur einen sehr geringen Unterschied ausmachen dürfte.

Downloaden kann man leJOS, das auch unter der MPL veröffentlicht wurde, unter `lejos.sourceforge.net`.

Tipp

Auch für NXC und NBC gibt es eine angepasste Firmware, die auf dem NXT installiert werden kann, dann unterstützen beide Programmiersprachen auch Kommazahlen und viele zusätzliche mathematische Operationen und noch einige Befehle mehr.

22.1.4 pbLua

Etwas exotischer als die drei Vorgänger ist pbLua, eine Umsetzung der Skriptsprache Lua für den NXT. Wie Java benötigt auch Lua ein Runtime Environment auf dem NXT, das mit einer eigenen Firmware installiert wird. Ein Vorteil von Lua gegenüber Java, NXC und NBC ist allerdings, dass man auf dem Computer keine spezielle Software braucht, um die Programme zu übersetzen, da pbLua direkt den vom Nutzer erstellten Programmcode verwenden und selbst übersetzen kann. Den Download für pbLua finden Sie unter `www.hempeldesigngroup.com/lego/pbLua`.

22.2 Hardware

Aber nicht nur, was Programmiersprachen angeht, hat der NXT mehr zu bieten als das, was LEGO standardmäßig mitgibt, auch in Sachen Hardware, speziell im Bereich Sensoren, wird einiges mehr angeboten als das, was LEGO in die normale Verkaufsverpackung steckt, von LEGO selbst, aber auch von anderen Herstellern.

22.2.1 LEGO-Sensoren

LEGO selbst bietet einige Sensoren mehr an, als dem NXT beiliegen, aber auch alle Sensoren, die dabei sind, sind einzeln erhältlich, falls man einmal mehr von ihnen braucht.

RFID-Sensor

RFID ist eine auf zwei Komponenten aufbauende Technologie, auf der einen Seite ein Chip mit Antenne, auf der anderen Seite ein Lesegerät. Auf dem Chip können Informationen gespeichert werden, die dann vom Lesegerät ausgelesen werden können. Das Besondere an der Technik ist zum einen, dass die Chips, die die Informationen speichern, sehr klein sein können und außerdem keine eigene Stromversorgung benötigen. Das Auslesen der Daten funktioniert je nach Stärke des Lesegeräts bis auf eine Entfernung von einigen Metern, im Normalfall allerdings meist auf die Entfernung von wenigen Zentimetern.

LEGO bietet ein solches Lesegerät als Sensor an, inklusive zweier so genannter Tags, so werden die Chips, die die Informationen speichern, auch genannt.

Beschleunigungssensor

Auch einen Beschleunigungssensor bietet LEGO für den NXT an, der misst die Geschwindigkeit von Bewegungen in drei Dimensionen. Beschleunigungssensoren sitzen auch in Handys und erkennen dort Kipp-Bewegungen oder Schüttelgesten. Die Einsatzmöglichkeiten sind also vielfältig. Im Internet finden Sie zum Beispiel zahlreiche Videos von NXTs, die mit einem Beschleunigungssensor ausgestattet auf zwei Rädern fahren und die Balance halten können.

Kompass

Ein Kompass hilft bei der Orientierung, nicht nur Menschen, sondern auch Robotern. Deshalb bietet LEGO für den NXT auch einen Kompass-Sensor an, über den Sie die aktuelle Ausrichtung des NXT bezogen auf die Himmelsrichtungen herausfinden können. Ein Kompass ist besonders dann praktisch, wenn der NXT längere Strecken zurücklegt und Sie nicht mehr sicher sein können, dass er auch hundertprozentig dort ankommt, wo Sie es geplant hatten, dann können Sie mit Hilfe eines Kompasses nachjustieren.

22.2.2 HiTechnic-Sensoren

Noch ein paar mehr Sensoren im Angebot hat der Sensor-Hersteller HiTechnic.

IR-Seeker

Roboter-Fußball ist inzwischen zu einer sehr beliebten Sportart unter NXT-Freunden geworden. Damit die elektronischen Spieler den Ball auch erkennen können, handelt es sich bei den Bällen um durchsichtige Plastikkugeln, in denen eine Vielzahl von Infrarot-LEDs angebracht ist.

Um diese Bälle zu »sehen«, benötigt der Roboter natürlich einen entsprechenden Sensor und den hat HiTechnic mit dem IR-Seeker im Angebot.

Abb. 22.2: »Sichtfeld« des IR-Seeker

Der erkennt nämlich nicht nur Infrarotquellen, sondern kann sie auch, wie in Abbildung 22.2 gezeigt, in neun verschiedenen Sektoren orten und ermöglicht es dem NXT damit, sich auf den Ball zuzubewegen.

Barometer

Wer seinen NXT in eine Wetterstation umbauen möchte, der kommt um den Barometer-Sensor von HiTechnic nicht herum, der kann nämlich nicht nur den Druck messen, sondern auch die aktuelle Temperatur. Für reine Temperaturmessungen gibt es übrigens auch einen Sensor von LEGO, der aber eher für konkrete

Messungen und nicht für die Messung der Raum- beziehungsweise Umgebungstemperatur gedacht ist.

Angle-Sensor

Etwas ausgefallener ist der Angle- beziehungsweise, auf Deutsch, Winkel-Sensor. Dieser Sensor besitzt an der Vorderseite eine Aufnahme für die kreuzförmigen LEGO-Stangen und kann dann den Rotationswinkel, die Umdrehungen und die Umdrehungsgeschwindigkeit messen, mit der sich die dort befestigte Stange bewegt, egal ob sie direkt von einem Motor, per Hand, über Zahnräder oder wie auch immer angetrieben wird.

22.2.3 Mindsensors-Sensoren

Während die LEGO-Sensoren und auch die Sensoren von HiTechnic in originalen Sensor-Gehäusen verbaut sind, geht es bei Mindsensors etwas rustikaler zu, hier sind die Sensoren meist deutlich größer und statt schöner Plastikverpackung gibt es blanke Platinen.

Multiplexer / Port Splitter

Vielleicht haben Sie sich schon gefragt, was Sie eigentlich mit den ganzen Sensoren machen sollen, schließlich hat der NXT doch nur vier Ports, um Sensoren anzuschließen. Um dieses Problem zu lösen, bietet Mindsensors die passende Lösung, so genannte Multiplexer oder Port Splitter. Mit deren Hilfe kann man bis zu drei Sensoren an einen Port anschließen und auch für Motoren gibt es eigene Multiplexer.

Numpad

Auch Sie haben sich im Rahmen dieses Buches einige Male mit Benutzereingaben herumgeschlagen, zum Beispiel als es darum ging, dass der Nutzer einen Sensor-Port angeben kann. Mit effektiv drei nutzbaren Tasten verlangen komplexere Benutzereingaben mit vielen Auswahlmöglichkeiten einiges an Akrobatik von Nutzer wie Programmierer.

Um hier Abhilfe zu schaffen, hat Mindsensors eine Zahlen-Tastatur für den NXT im Angebot. Darauf befinden sich, in klassischem Telefon-Layout, elf Tasten, 0 bis 9, # und *. Damit werden Benutzereingaben deutlich einfacher, für Nutzer und Programmierer.

Kamera

Ja, auch eine Kamera gibt es für den NXT, sie trägt den schönen Namen NXT Cam. Die Kamera verfügt über einen Standardsensoranschluss und zusätzlich noch über einen USB-Anschluss. Über den USB-Anschluss kann die Kamera mit einem PC verbunden werden und dort wie jede normale Webcam genutzt werden, auch wenn die Bildqualität nicht gerade berauschend ist.

Aber eigentlich ist die Kamera ja auch für den Einsatz am NXT gedacht. Der wäre allerdings mit Bewegtbildern und deren Verarbeitung hoffnungslos überfordert. Deshalb besitzt die Kamera auch eingebaute Elektronik, die unabhängig vom NXT läuft. Diese Elektronik kann bis zu acht verschiedenfarbige Objekte im Sichtfeld der Kamera erfassen und deren Bewegungen verfolgen und sendet dann an den NXT keine Bilder, sondern Informationen über die Anzahl, Farbe und Position der Objekte. Damit ist es also zum Beispiel auch möglich, Objekten zu folgen. Mit knapp 150 US-Dollar ist die NXT Cam aber auch nicht gerade ein Schnäppchen.

22.3 Community

Einen wichtigen Teil, wenn nicht sogar den wichtigsten Teil, zum Erfolg des NXT trägt die Community bei, die sich rund um den kleinen Roboter gebildet hat. Es gibt Foren und Websites in den verschiedensten Sprachen, in denen Nutzer Ideen austauschen, eigene Kreationen vorstellen oder anderen bei Problemen helfen.

Alle in diesem Kapitel vorgestellten Programmiersprachen stammen aus der Community und wurden von Fans des NXT entwickelt, ohne dass sie eine Gegenleistung dafür bekommen hätten.

Insbesondere für Kinder und Jugendliche gibt es auch zahlreiche Wettbewerbe und Veranstaltungen rund um den NXT, die einen Besuch wert sind, allen voran natürlich die First LEGO League.

Zum Abschluss des Buches möchte ich Sie deshalb dazu ermuntern: Werden Sie ein Teil dieser Community, lassen Sie sich helfen, helfen Sie anderen, teilen Sie Ihr Wissen und lassen Sie sich von anderen Projekten inspirieren, das macht die Faszination des NXT aus.

Lösungen

Auf den folgenden Seiten finden Sie die Antworten zu den Fragen, die Sie am Ende einiger Kapitel finden. Bitte beachten Sie, dass es, gerade für die Programmieraufgaben, immer mehr als eine und auch immer mehr als eine richtige Lösung gibt. Die angegebene Musterlösung ist zum Vergleichen gedacht, vielleicht ist die angegebene Lösung ja etwas effektiver als Ihre oder verbraucht weniger Speicher, es kann aber auch durchaus sein, dass Ihre Idee viel besser ist, als die hier abgedruckte, es liegt also an Ihnen, zu entscheiden, was Sie in Ihr Programm übernehmen und was nicht.

A.1 Kapitel 7

- Sequenzielle Programmierung zeichnet aus, dass alle Anweisungen der Reihe nach, nacheinander, ausgeführt werden.
- Eingabe-Verarbeitung-Ausgabe

A.2 Kapitel 8

- 1 Millisekunde (= 0,001 Sekunden)
- Lösung siehe Abbildung A.1 und Abbildung A.2

Abb. A.1: Programm Kapitel 8

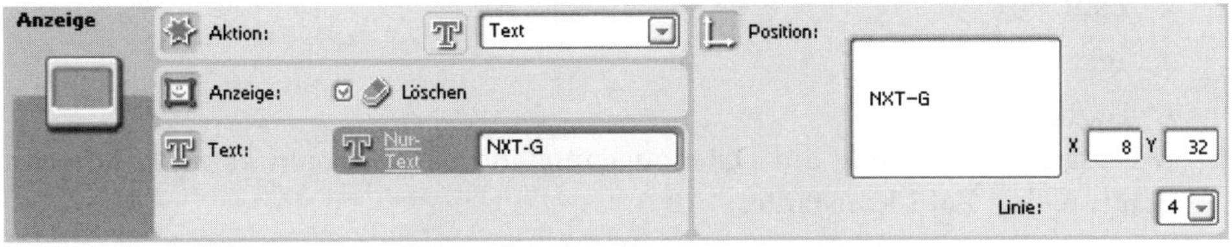

Abb. A.2: Einstellungen Anzeige-Block

A.3 Kapitel 9

- Mit einem Motor-Block kann immer nur ein Motor gesteuert werden, während ein Bewegungs-Block bis zu drei Motoren gleichzeitig steuern kann.
- Die einfachste Lösung ist ein Programm bestehend aus einem einzelnen Bewegungs-Block mit einer entsprechenden Zeitangabe in den Einstellungen, wie in Abbildung A.3. Alternativ können Sie einen unbegrenzten Bewegungs-Block verwenden und dahinter einen Warten-Block platzieren, wie in Abbildung A.4. Beide Lösungen lassen sich auch mit zwei Motoren-Blöcken realisieren statt mit einem Bewegungs-Block.

Abb. A.3: Lösung mit einem Bewegungs-Block

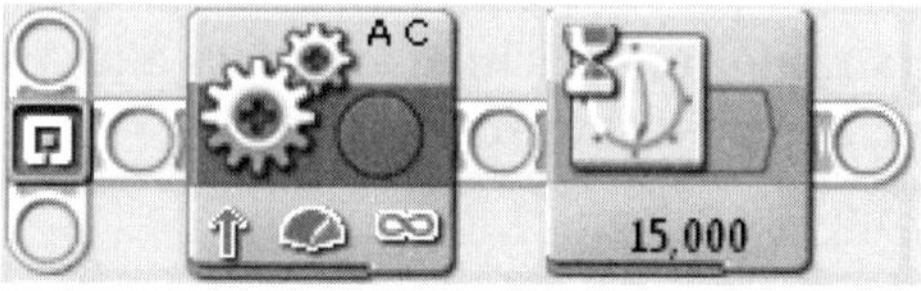

Abb. A.4: Lösung mit einem Bewegungs- und einem Warten-Block

Abb. A.5: Lösung mit zwei Motor-Blöcken

A.4 Kapitel 10

- NXT-G kennt folgende Datentypen:
  - Zahl
  - Text
  - Logiksignal
- Wie man an der Raute am Datenausgangsknoten erkennen kann, handelt es sich um eine Zahl-Konstante.

A.5 Kapitel 11

- Die Ergebnisse der logischen Operationen sind:
  - 0
  - 1
  - 0
  - 1
  - 0 XOR 1 = 1
- Die Ergebnisse der Vergleiche sind:
  - 0
  - 1
  - 0

A.6 Kapitel 12

- Lösung siehe Abbildung A.6.

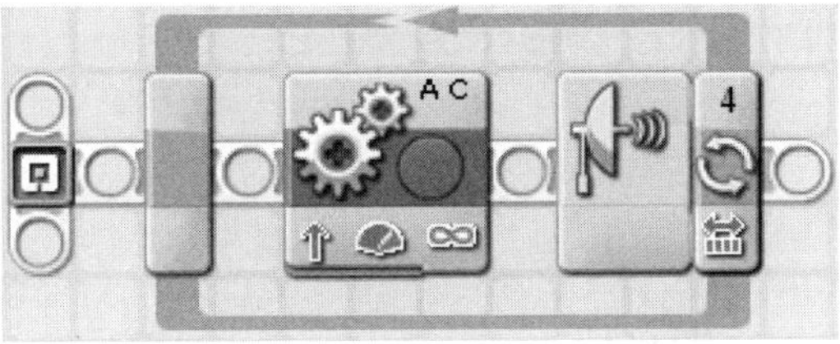

Abb. A.6: Lösung zur ersten Aufgabe

A.7 Kapitel 13

- Lösung siehe Abbildung A.7 und Abbildung A.8.
- Lösung siehe Abbildung A.9.
- Lösung siehe Abbildung A.10.

Abb. A.7: Lösung zur ersten Aufgabe

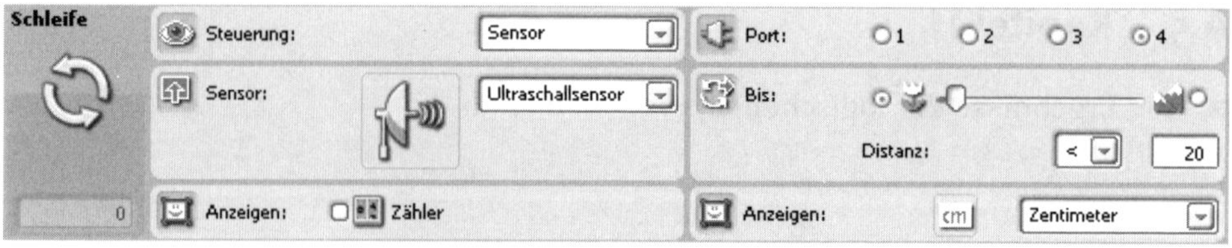

Abb. A.8: Einstellungen der Schleife

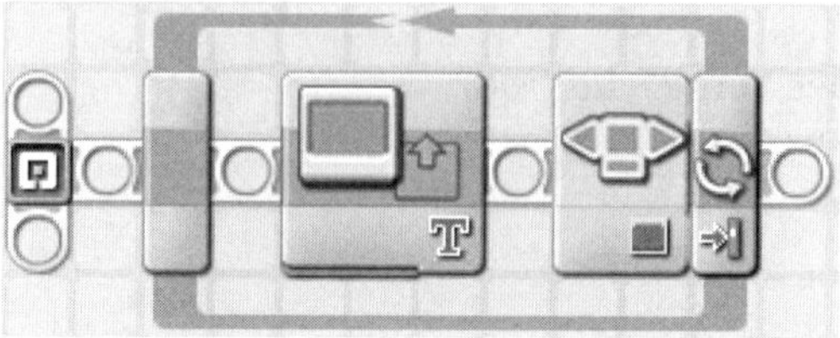

Abb. A.9: Lösung zur zweiten Aufgabe

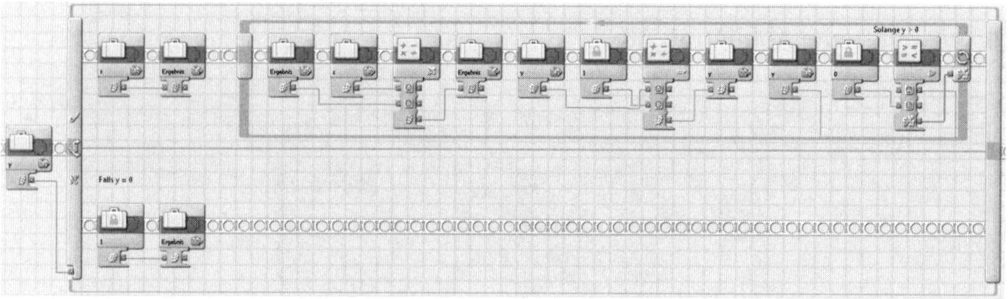

Abb. A.10: Lösung zur dritten Aufgabe

A.8 Kapitel 14

- 99
- 63
- Lösung siehe Abbildung A.11.
- Lösung siehe Abbildung A.12.

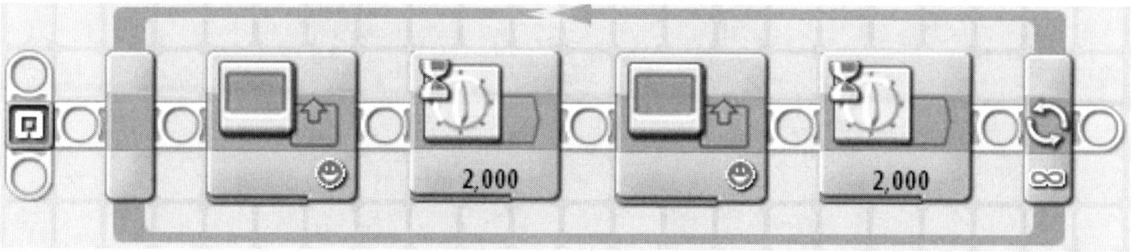

Abb. A.11: Lösung zur dritten Aufgabe

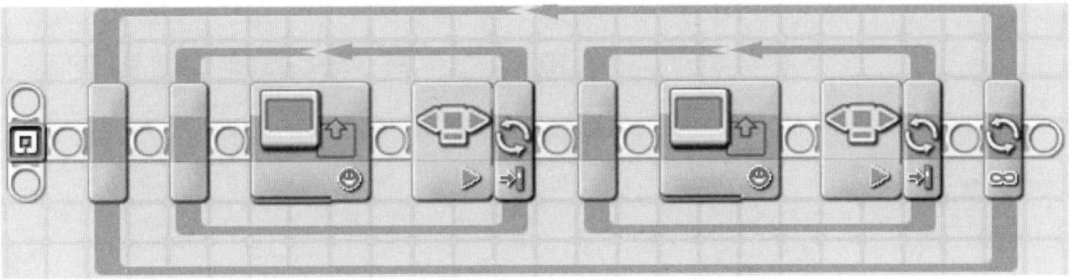

Abb. A.12: Lösung zur vierten Aufgabe

A.9 Kapitel 16

- .rso
- Lösung siehe Abbildung A.13.

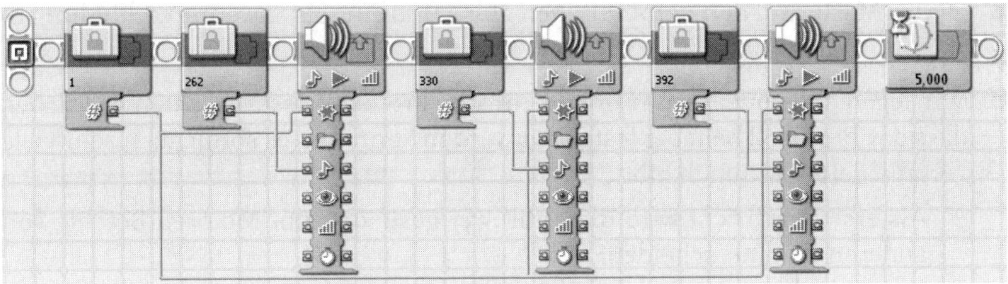

Abb. A.13: Lösung zur zweiten Aufgabe

A.10 Kapitel 17

- »HalloWelt« (ohne Leerzeichen)
- Zahlen und Texte, aber keine Logiksignale.
- Die Datei schließen.

A.11 Kapitel 18

- Die Lösung zu dieser Aufgabe befindet sich im Prinzip schon in Abbildung A.10 Sie müssen sie nur noch in einen eigenen Block auslagern und darauf achten, die entsprechenden Datenknoten zu erstellen.
- Lösung siehe Abbildung A.14. Aus Platzgründen sind die Variablen für den Dateneingangs- beziehungsweise Datenausgangsknoten weggelassen.

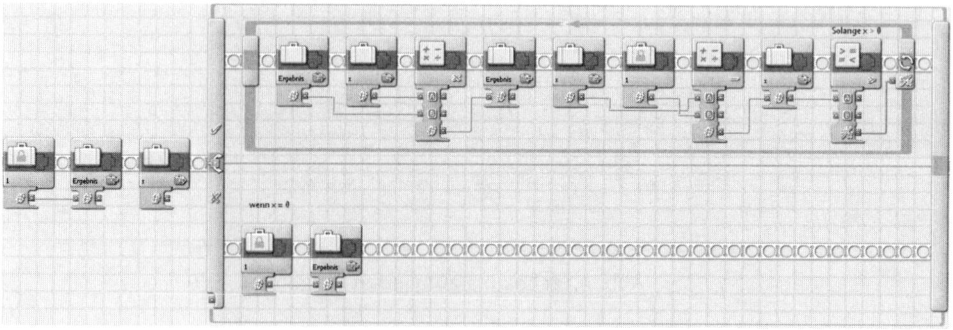

Abb. A.14: Lösung zur zweiten Aufgabe

A.12 Kapitel 20

- Master-Slave-Prinzip
- 4 (3 als Master auf den Verbindungen 1 bis 3 und eine als Slave auf Verbindung 0)
- 10
- Wir legen folgende Konventionen für ein Protokoll fest, beachten Sie dabei, dass das Protokoll beliebig festgelegt werden kann und es somit auch sehr viele verschiedene Lösungen gibt:
  - Als erste Nachricht wird die Zahl 1337 gesendet, um Motoren-Befehle von anderen zu unterscheiden.
  - Danach folgt eine weitere Zahl, die die Fahrtrichtung angibt, 1 für vorwärts, -1 für rückwärts und 0 zum Anhalten
  - War die vorangegangene Zahl 1 oder -1, wird noch eine Zahl zwischen 0 und 100 gesendet, die die Geschwindigkeit angibt.

Stichwortverzeichnis

Numerisch
3D 278

A
Abbruchbedingung 195
Ablaufträger 100
Abspielen 216
Adapterkabel 22
Allgemeine Palette 119
Angle-Sensor 286
Antrieb 42
  Beine 43
  Dreiradantrieb 42
  Ketten 43
  Vierradantrieb 42
Anzeigemodus 278
ATMEL 14
Audio-Datei 104
Aufbaumodus 278
Aufnehmen 215
Ausgangspunkt 100
Automatische Abschaltung siehe Sleep

B
Barometer 285
Bauanleitung 45
Bedingte Programmierung 139, 166
  Konditionale Programmierung 117
Beispielprogramme 245
Berührungssensor 159, 166
Beschleunigungssensor 284
Bildbearbeitung
  Ausfüllen 109
  Ellipse 109
  Löschen 109
  Rechteck 109
  Stift 110
  Text 110
Bildbearbeitungsprogramm 107
Binär 144
Block 100, 119
  Anzeige 119, 203
  Aufnahme/Abspielen 214
  Bereich 156
  Berührungssensor 166
  Bewegung 123
  Bluetooth-Verbindung 258
  Dateizugriff 225
  Drehsensor 174
  Eigene Blöcke 233
  Eingehende Nachricht 257
  Farbsensor 177
  importieren 241
  kalibrieren 245
  Klang 221
  Klangsensor 168
  Konvertierung von Zahlen in Text 206
  Lebenserhaltung 213
  Lichtsensor 170
  Logiksignal 149
  Motor 128
  Nachricht senden 254
  NXT-Tasten 173
  Schalter 166, 167
  Schleife 189
  Stopp 160
  teilen 239
  Text 207
  Timer 176
  Ultraschallsensor 172
  Variable 182, 184
  Vergleichen 154
  Warten 159
  Zeit 120
Bluetooth 15, 27, 253, 258
  Mailbox 256
  Master 254, 255
  Slave 255
  Visibility 253
Boolean 140

Boolesche Algebra 143
BricxCC 282
Build 31
Button 26

C

Case sensitivity 205

D

Datalog files 31
Datei 225
    Error handling 229
    lesen 227
    löschen 31, 230
    schließen 227
    schreiben 226
Dateien löschen 31
Daten-Ausgänge 134
Daten-Eingänge 133
Datenknoten 133
Digital Designer 267
    Installation 267
    Oberfläche 270
    Werkzeuge 274
Display 15, 26, 203
Division 212
Divisor 212
Drehsensor 160

E

Eigenschaftsfeld 100
Endlosschleife 189
EVA-Prinzip 117

F

Fakultät 243
Farbsensor 18, 27, 161
Fernbedienung 106
Firmware 30
Flussdiagramm 118
Fotozelle 18
Frequenz 19

G

Geräuschsensor 20
Gewichtsverteilung 40
Grobwert 170
Grundmodell 45

H

Hallo Welt 119
Hansen, John 281
Herunterladen 104
HiTechnic 18, 285
Hochladen 104
Humanoid 43

I

IDE 282
Infrarot 285
Initialisierung 185
IR-Seeker 285

J

Java 283
John Hansen 281
John Venn siehe Venn-Diagramm

K

Kamera 286
Kettenantrieb 72
Klangbearbeitungsprogramm 104
Klangdatei 224
Klangsensor 162
Kommentar 187
Kommunikation 101, 253
Kommunikationsprotokoll siehe Protokoll
Kommutativität 150
Kompass 285
Konditionelle Programmierung siehe Bedingte Programmierung
Konstante 134, 184

L

LabView 13
Lautstärke 30
Lautstärkesensor siehe Klangsensor
LEGO Digital Designer siehe Digital Designer
Leistung 124
leJOS 283
Lichtsensor 17, 29, 161, 163, 170
Logik 143
Logiksignal 140
    verarbeiten 230
Logischer Operator 143
Löschen 104
Lua 284

M

Master-Slave-Prinzip 255, 260
Mikrofon 21
Mikroprozessor siehe Prozessor
MINDSTORMS 13, 14
MLCAD 280
Motor 27, 29, 123
Mozilla Public License 281
MP3-Datei 104
MPL siehe Mozilla Public License
Mutliplexer 286
My Files 27, 106
My files
    Sound files 106

N

Name 103
NBC 283
Next Byte Codes 283
Noppen 14, 39
Not eXactly C 282
Numpad 286
NXC 281, 282, 283
NXT 13, 14
NXT Datalog 27
NXT files 31
NXT Program 27, 32
NXT Version 30
NXT-Daten 103
NXT-Fenster 101
NXT-Tasten 163
    Eingabetaste 164
    Linke Taste 164
    Rechte Taste 164

O

Offene Ansicht 142
Open Source 281
Operator 143
    AND 143
    Exklusives Oder 143
    logische 143
    Nicht 143
    NOR 151
    NOT 143
    Oder 143
    OR 143
    Und 143
    XOR 143, 152
OS X 267

P

Palette
    allgemeine 119
    vollständige 128
Parallelisierung 262
pbLua 284
Peripherie 15
Planung 41
Port 123
Port Splitter 286
Profil 242
Programm 115
    sequenziell 115
Programmierung
    bedingte 139, 166
    konditionale 117
Protokoll 264
Prozessor 14
Pseudocode 117

R

RCX 13, 15
RFID 284
Rotationssensor 15
rso 224
RSO-Format 106

S

Schallimpuls 19
Schalter 139
Schleife 181, 189
    fußgesteuert 195
    kopfgesteuert 195
    Rumpf 190
Search 253
Sensor 15, 16, 159
    kalibrieren 111, 245
Sensorwert 165
Settings 27, 29, 31
Sleep 30
Software 93
Software files 31
Sound files 31
Soundsensor siehe Geräuschsensor
Speicher 103
Stabilität 40
Startbildschirm 97
Stoppuhr 211
Struktogramm 118
Symmetrie 40
Systemdateien 104

T

Tastenton 30
Tastsensor 16, 28
Timer 164
Ton 221
Tonfrequenz 223
Treiber 93
Try Me 27
Try Me files 31
Try-Color 28
Try-Touch 28

U

Ultraschallsensor 29, 164
Unär 144
USB 15
USB-Buchse 100
USB-Kabel 100
USB-Verbindung 100

V

Variable 159, 182
    Datenformat 184
    definieren 182
Venn-Diagramm 146
Verbinden 100
Verbindung 135
Vergleichsoperator 154
Verknüpfung
    zweistellige siehe Zweistellige Verknüpfung
View 27, 31
Vollständige Palette 128
Volume siehe Lautstärke

W

Wahrheitstabelle siehe Wahrheitstafel
Wahrheitstafel 144
Wellenlänge 18
Werkzeugbox 274
Werkzeuge 104, 241
Windows 267
Winkel-Sensor 286

Z

Zahnrad 41
Zweistellige Verknüpfung 144

Ulla Kirch-Prinz · Peter Prinz

C

Einführung und professionelle Anwendung

- **Auf Basis des neuen Standards ANSI C 99**
- **Anwendungen: Windows-Programmierung, Grafik, hardwarenahe Programmierung**
- **Auf CD: Microsoft C/C++-Compiler (Book Edition, VC 6.0), GNU C/C++-Compiler, Programmbeispiele, Musterlösungen**

Dieses Lehrbuch wendet sich an jeden Leser, der die Programmiersprache C lernen und vertiefen möchte, gleich ob Anfänger oder Fortgeschrittener. Die Sprachbeschreibung basiert auf dem Standard ANSI C 99.

Die Autoren führen Schritt für Schritt von elementaren Sprachkonzepten hin zur Entwicklung professioneller C-Programme. Der Leser erhält eine fundierte Einführung in C und wird mit einem breiten Anwendungsspektrum vertraut gemacht. Die Entwicklung professioneller Anwendungen ist das Ziel dieses Lehrbuches.

Jedes Kapitel bietet dem Programmierer Gelegenheit, anhand von Übungen mit Musterlösungen seine Kenntnisse zu überprüfen und zu vertiefen. Damit die erstellten Programme unmittelbar getestet werden können, sind auf der beiliegenden CD der Microsoft C/C++-Compiler (Book Edition, VC 6.0) und der GNU C/C++-Compiler mit integrierter Entwicklungsumgebung beigefügt.

Der erste Teil des Buches stellt eine vollständige Einführung in die Programmiersprache C dar. Die Beispielprogramme wurden mit dem Ziel konzipiert, von Anfang an sinnvolle Programme zu entwickeln. Im zweiten Teil programmieren Sie dynamische Datenstrukturen und erstellen Windows-Anwendungen in C. Ebenso werden Techniken der hardwarenahen Programmierung vorgestellt. Der dritte Teil des Buches enthält die Beschreibung aller Bibliotheksfunktionen. Hierbei sind die neuen Funktionen des C99-Standards besonders hervorgehoben. Dieser Teil macht zusammen mit den zahlreichen Tabellen und Übersichten das Buch zu einem praktischen Nachschlagewerk.

Probekapitel und Infos erhalten
Sie unter: **www.mitp.de**

ISBN 978-3-8266-1766-9